高等院校数字化课程创新教材

供高职高专护理、临床医学、助产及医学类相关专业使用

生物化学
（第二版）

主　编　杨胜萍
副主编　吕慧玲　莫小卫　杨　洁　王贞香
编　者　（按姓氏汉语拼音排序）
　　　　郭赟婧（长沙卫生职业学院）
　　　　卢秀真（镇江市高等专科学校）
　　　　卢英芹（唐山职业技术学院）
　　　　吕慧玲（运城护理职业学院）
　　　　莫小卫（梧州职业学院）
　　　　宋庆凤（辽宁何氏医学院）
　　　　王晓琼（贵阳护理职业学院）
　　　　王贞香（河西学院医学院）
　　　　杨　洁（黑龙江农垦职业学院）
　　　　杨胜萍（铜仁职业技术学院）
　　　　张晓燕（包头医学院职业技术学院）
　　　　周治玉（毕节医学高等专科学校）

科学出版社
北　京

·版权所有 侵权必究·

举报电话：010-64030229；010-64034315；13501151303（打假办）

内 容 简 介

本教材是由科学出版社组织全国卫生职业院校编写的数字化教材。全书分理论与实践两部分，其中理论15章，主要包括绪论、蛋白质结构与功能、核酸结构与功能、维生素、酶、生物氧化、糖代谢、脂类代谢、氨基酸代谢、核苷酸代谢、血液的生物化学、肝的生物化学、水和无机盐代谢、酸碱平衡、遗传信息传递与表达等内容，书尾为实践部分。教材每章章尾附有自测题，最后附有参考文献及自测题选择题参考答案。

本教材适用于高职高专护理、临床医学、助产及医学类相关专业使用。

图书在版编目（CIP）数据

生物化学 / 杨胜萍主编 . —2 版 . —北京：科学出版社，2018.1
高等院校数字化课程创新教材
ISBN 978-7-03-055304-1

Ⅰ. 生… Ⅱ. 杨… Ⅲ. 生物化学－高等职业教育－教材 Ⅳ. Q5

中国版本图书馆 CIP 数据核字（2017）第 277614 号

责任编辑：张映桥 / 责任校对：邹慧卿
责任印制：李 彤 / 封面设计：张佩战

版权所有，违者必究。未经本社许可，数字图书馆不得使用

科 学 出 版 社 出版
北京东黄城根北街 16 号
邮政编码：100717
http://www.sciencep.com

北京虎彩文化传播有限公司 印刷
科学出版社发行 各地新华书店经销

*

2013 年 3 月第 一 版 开本：787×1092 1/16
2018 年 1 月第 二 版 印张：14 1/2
2023 年 7 月第十一次印刷 字数：343 000
定价：55.00 元
（如有印装质量问题，我社负责调换）

高等院校数字化课程创新教材评审委员会名单

主 任 委 员

    单伟颖 屈 刚 孙国兵

副主任委员

    梁 勇 刘更新 马 莉

    黎 梅 夏金华 吴丽文

    司 毅

委　　员（按姓氏汉语拼音排序）

    范 真 高云山 韩新荣

    李希科 刘 琳 武新雅

    叶宝华 张彩霞 周恒忠

前　言

党的二十大报告指出："人民健康是民族昌盛和国家强盛的重要标志。把保障人民健康放在优先发展的战略位置，完善人民健康促进政策。"贯彻落实党的二十大决策部署，积极推动健康事业发展，离不开人才队伍建设。党的二十大报告指出："培养造就大批德才兼备的高素质人才，是国家和民族长远发展大计。"教材是教学内容的重要载体，是教学的重要依据、培养人才的重要保障。本次教材修订旨在贯彻党的二十大报告精神和党的教育方针，落实立德树人根本任务，坚持为党育人、为国育才。

为贯彻《国家中长期教育改革和发展规划纲要（2010-2020 年）》《高等职业教育创新发展行动计划（2015-2018 年）》和《教育信息化十年发展规划（2011-2020 年）》的精神，落实教育部最新《高等职业学校专业教学标准（试行）》要求，满足院校教育数字化转型的改革需求，促进教学资源共建、共享，科学出版社组织全国各卫生职业院校专业教师携手推动教育信息化资源及课程建设，倾力打造高职高专医学类专业使用的数字化教材，以深化医学教育教学改革，全面提高教学质量，为培养高素质技能型人才服务。

《生物化学》是本套数字化配套教材之一，主要供临床医学及护理专业使用，教材的任务是使学生通过本教材学习获取必备的生化基本知识，为后续课程学习奠定基础，同时更加注重学生能力的培养，全面提高学生的综合素质。按照数字化教材编写总的指导思想，在编写过程中紧密围绕医学类专业人才培养目标，严格贯彻"以就业为导向，以能力为本位，以学生为中心"的教材编写理念。本教材编写理论知识满足"必需、够用、实用"的原则。考虑到高职高专临床医学、护理专业学生的知识基础、知识水平，合理选择和精心设计，教材内容力求遵循学生的认知规律，教材中设计以蓝色为主的各种彩色图片，通过辨别色彩间的差异，使学生更深入、透彻地理解生物化学的基础知识，便于学生自主学习；考虑到高职高专临床医学及护理专业培养职业标准和岗位工作需要，在教材中相关章节开头插入与生物化学知识点紧密联系的典型临床案例，通过案例导入一方面提高学习兴趣，另一方面由案例引出问题，启发学生积极思维，强调学以致用，培养理论联系临床实际的能力，基础知识应用能力，分析问题、解决问题的能力；考虑到高职高专临床医学及护理专业执业考试需要，自测题穿插执业考试考点，以突出重点，强化记忆。教材中还同步穿插知识链接，以拓宽学生的知识面，培养学生发散思维。教材内容丰富、重点突出、文字流畅，易于老师教、学生学。

本教材最大的特色是将文本材料与科学出版社自有的"爱医课"互动教学平台、

医学教育多媒体资源库的技术与资源进行整合，将教材建设成一个动态的学习平台，使课堂教学、课堂管理和网络紧密结合，使传统的教学模式向交互学习模式转变。教材中的图片或重点、难点内容可以动画、视频及三维模型等方式呈现，探索和开发"互联网＋教育"模式，打造"教材＋教学平台"的新型数字化教材模式。学生用手机扫描常规书页可浏览书中配套3D模型、动画、视频等教学资源，既便于学生理解，又充分提高学生的学习兴趣，使其利用"碎片化时间"轻松掌握学习中的重点、难点，提高学生学习效率和学习成绩，达到辅助课堂教学的效果，有助于教学活动的高效开展。

　　本教材由12所高职院校12位长期从事生物化学教学的教师共同编写。由于编者水平有限，时间仓促，数字化教材编写经验不足，难免存在缺陷，敬请使用本教材的广大师生提出宝贵意见。

编　者

2023年7月

目录 CONTENTS

第1章　绪论 /1
- 第1节　生物化学的定义及研究内容 /1
- 第2节　生物化学的发展简史 /2
- 第3节　生物化学与医学的关系 /3

第2章　蛋白质结构与功能 /5
- 第1节　蛋白质的分子组成 /5
- 第2节　蛋白质的分子结构 /9
- 第3节　蛋白质结构与功能的关系 /13
- 第4节　蛋白质的理化性质 /14

第3章　核酸结构与功能 /20
- 第1节　核酸的分子组成 /20
- 第2节　核酸的分子结构 /24
- 第3节　核酸的理化性质 /29

第4章　维生素 /32
- 第1节　概述 /32
- 第2节　脂溶性维生素 /33
- 第3节　水溶性维生素 /36

第5章　酶 /45
- 第1节　概述 /45
- 第2节　酶的分子组成与分子结构 /47
- 第3节　影响酶促反应速度的因素 /50
- 第4节　酶在医学上的应用 /56

第6章　生物氧化 /60
- 第1节　生物氧化的特点 /60
- 第2节　生物氧化过程中 CO_2 和 H_2O 的生成 /60
- 第3节　ATP 的生成与能量的转换及利用 /62
- 第4节　线粒体外 NADH 的氧化 /66
- 第5节　其他重要的氧化体系 /67

第7章　糖代谢 /70
- 第1节　概述 /70
- 第2节　糖的分解代谢 /71
- 第3节　糖原的合成与分解 /80
- 第4节　糖异生 /82
- 第5节　血糖 /84

第8章　脂类代谢 /89
- 第1节　概述 /89
- 第2节　三酰甘油的代谢 /90
- 第3节　磷脂的代谢 /97
- 第4节　胆固醇代谢 /99
- 第5节　血脂与血浆脂蛋白 /102

第9章　氨基酸代谢 /108
- 第1节　概述 /108
- 第2节　氨基酸的一般代谢 /111
- 第3节　个别氨基酸的代谢 /118

第10章　核苷酸代谢 /126
- 第1节　核酸的消化与吸收 /126
- 第2节　核苷酸的合成代谢 /127
- 第3节　核苷酸的分解代谢 /132
- 第4节　核苷酸抗代谢物 /133

第11章 血液的生物化学 / 137
第1节 血液的组成及其化学成分 / 137
第2节 血浆蛋白质 / 138
第3节 红细胞代谢 / 140

第12章 肝的生物化学 / 146
第1节 肝脏在物质代谢中的作用 / 146
第2节 肝脏的生物转化作用 / 148
第3节 胆汁酸代谢 / 151
第4节 胆色素代谢 / 154

第13章 水和无机盐代谢 / 162
第1节 体液 / 162
第2节 水代谢 / 164
第3节 无机盐代谢 / 165
第4节 水和无机盐平衡的调节 / 167
第5节 钙磷代谢 / 169
第6节 微量元素代谢 / 170

第14章 酸碱平衡 / 174
第1节 体内酸碱物质的来源 / 174
第2节 体内酸碱平衡的调节 / 175
第3节 体内酸碱平衡失调 / 179

第15章 遗传信息传递与表达 / 183
第1节 DNA的生物合成（复制）/ 183
第2节 RNA的生物合成（转录）/ 186
第3节 蛋白质的生物合成（翻译）/ 189
第4节 蛋白质生物合成与医学的关系 / 194
第5节 基因工程与分子生物学常用技术 / 195

生物化学实验指导 / 201
实验一 生物化学实验基本操作 / 201
实验二 蛋白质沉淀 / 203
实验三 醋酸纤维素薄膜电泳分离血清蛋白 / 204
实验四 酶的特异性 / 205
实验五 温度、pH、激活剂与抑制剂对酶促作用的影响 / 207
实验六 丙二酸对琥珀酸脱氢酶的竞争性抑制作用 / 209
实验七 葡萄糖氧化酶法测定血糖浓度 / 211
实验八 血清谷丙转氨酶（ALT）活性测定（赖氏法）/ 212

参考文献 / 214

生物化学教学基本要求 / 215

自测题选择题参考答案 / 222

第1章 绪 论

第1节 生物化学的定义及研究内容

 生物化学的定义

生物化学（biochemistry）是运用物理和化学的原理及方法从分子的水平探索生命现象的一门学科，主要是探索生物体物质的化学组成、分子结构、理化性质及物质在体内发生的化学变化，又名生命的化学。生物化学研究对象为自然界一切生物体，即动物、植物、微生物及人体。根据研究对象的不同，生物化学包括动物生物化学、植物生物化学、微生物生物化学、人体生物化学，而人体生物化学又叫医学生物化学。

医学生物化学的理论和技术现阶段已渗透到医学的各个领域，它与其他的医学基础课程及临床专业课程有密切的联系，并且这些学科的研究均已深入到分子的水平，并由此延伸出许多与分子相关的新兴学科，如分子遗传学、分子免疫学、分子药理学、分子病理学、分子微生物学、分子肿瘤学等。

 生物化学的研究内容

（一）生物体的组成物质

自然界中一切生物体都是由物质组成的。构成生物体的各种物质主要由 C、H、O、N、P、Ca 和其他一些元素组成，这些化学元素以无机化合物和有机化合物的形式组成自然界纷繁复杂的生物体，如参与组成人体的化学物质有糖、脂肪、蛋白质、水、无机盐、维生素、核酸等成分，其中有机化合物包括糖类、脂类、蛋白质、核酸、维生素等，无机化合物主要有水和无机盐。这些物质对机体具有重要的生理功能。

（二）生物大分子物质的结构、功能与性质

在生物化学研究的组成物质中，有些物质分子量小，有些物质分子量大，通常将分子量大于 10^4 的物质称为生物大分子，生物大分子是生物化学研究内容的重要组成部分，又称其为分子生物学（molecular biology）。分子生物学与生物化学是目前自然科学中进展最迅速、最

具活力的前沿领域，在整个基础医学与临床医学占据着重要的地位。

生物大分子物质都是以某些小分子有机物作为基本结构单位并按照一定的顺序通过一定的化学键连接而成，主要包括蛋白质、核酸、酶等物质。研究这些物质，除了分子组成，还要研究其分子结构、结构与功能的关系及理化性质。结构与功能的关系密切相关，结构一旦改变，功能也随之改变。

（三）物质代谢及其调节

生命最基本的特征是新陈代谢（metabolism）。新陈代谢是指体内全部有序化学变化的总称，是生物体生存的基本条件。它包括物质代谢和能量代谢两个方面，而物质代谢又包括合成代谢和分解代谢。在生命活动过程中，需要从外界环境不断地摄取营养物质转变成自身的组成成分并储存能量，称为合成代谢，是生物体利用小分子或大分子结构元件合成所需的生物大分子的过程；生物体又不断地分解自身的成分，同时释放能量供生命活动所需，并将分解所产生的终产物排出体外，称为分解代谢，其规律是将有机营养物（外界、自身）通过一系列化学反应转变成结构简单的小分子化合物。

生物体内的物质代谢在体内多种酶的催化下有条不紊、时时刻刻地进行着，当代谢异常时会引起疾病的发生，代谢一旦停止，生命也就结束了。物质代谢主要有糖代谢、脂类代谢、氨基酸代谢和核苷酸代谢。

（四）遗传信息传递与表达

生命现象的另一个特征是遗传。遗传的物质基础是DNA，DNA分子上的功能片段称为基因，储存有生物体的遗传信息，并决定生物体的遗传性状。遗传信息传递包括DNA合成、RNA合成、蛋白质合成等过程，主要介绍这些大分子物质的合成原料、所需要的酶类、合成过程等内容，涉及遗传、变异、生长和分化等生命过程。临床上有多种疾病的发病机制与其相关，如恶性肿瘤、遗传性疾病、心血管疾病、免疫缺陷病等，可见，遗传信息传递的研究在生命科学特别是在医学上都显示出其重要的意义。

第2节 生物化学的发展简史

生物化学是一门较年轻的学科，1903年才以"生物化学"这个名词命名并成为一门独立的学科。生物化学的研究可追溯到18世纪，从20世纪初期开始，生物化学进入蓬勃发展的阶段，20世纪后半叶，生物化学又有许多重大的发展和突破，成为生命科学领域重要的前沿学科。生物化学的发展可分为叙述生物化学、动态生物化学及分子生物学三个阶段。

  叙述生物化学阶段

从18世纪中叶到19世纪末是生物化学的初期，主要完成了各种生物体化学组成的分析研究，又叫叙述生物化学阶段。此阶段发现生物体主要由糖、脂肪、蛋白质和核酸四大类有机物质组成；证实了肽的结构并合成简单的多肽；发现酵母发酵过程中的生物催化剂——酶，在酶学方面，酶结晶获得成功；发现并分离出多种维生素和激素；从血液中分离出血红蛋白等。

动态生物化学阶段

从 20 世纪初到 20 世纪 50 年代，科学家们在规律地研究生物体物质的组成后，主要研究生物体内各种分子转变的相互规律，对各种化学物质的代谢途径有了一定的了解，又叫动态生物化学阶段。此阶段主要阐明了各类生物分子的主要代谢途径，如脂肪酸 β-氧化、鸟氨酸循环、三羧酸循环、糖酵解、氧化磷酸化、磷酸戊糖途径等。

分子生物学阶段

从 1953 年至今进入分子生物学阶段，开始从分子水平研究生命活动的本质，这一阶段的主要研究工作就是探讨各种生物大分子的结构与功能之间的关系。1953 年 James Watson 和 Francis Crick 提出 DNA 的双螺旋结构模型，这是生物化学的发展进入了分子生物学时代的标志。此后，这一阶段又提出了遗传信息传递的中心法则，破译了 RNA 分子中的遗传密码，建立了 DNA 序列测定方法，出现 DNA 重组技术、转基因技术、基因剔除技术和基因芯片技术等，使疾病的基因诊断和基因治疗成为可能。1965 年我国生物化学家首次合成结晶牛胰岛素，1981 年首次合成酵母丙氨酸转运核糖核酸。20 世纪 80 年代中期，人类基因组计划提出，2001 年 2 月完成人类基因组草图等。

生物化学发展史上所取得的成就为人类改造自然、促进生产、提高人类健康水平、造福于人类作出了卓越的贡献。目前，生物化学发展到了基因组学及其他组学的研究阶段，如以基因编码蛋白质结构和功能为重点之一的功能基因组学研究已迅速崛起。当前出现的蛋白质组学（proteomics）领域，包括研究蛋白质定位、结构和功能、特定时空的表达图谱等，成为生物化学研究的又一热点。随着科学技术的不断进步，将会有更多的生命奥秘被揭开。

第 3 节　生物化学与医学的关系

生物化学与医学有着紧密的联系。首先是疾病的发生方面，许多疾病的发生机制可利用生物化学的理论进行解释，如严重贫血、呼吸循环障碍的患者，机体因缺氧而加强糖的无氧氧化获得能量，导致乳酸生成过多，可发生乳酸酸中毒；严重肝功能受损时，鸟氨酸循环障碍，尿素合成减少，血氨浓度升高，氨进入脑细胞消耗了 α-酮戊二酸，干扰了三羧酸循环，ATP 生成减少，大脑功能活动出现障碍而引起昏迷。在疾病的诊断方面，常通过检测体液中物质含量或酶的活性作为疾病诊断的重要指标，如糖尿病时，空腹血糖浓度升高；急性肝炎时，血清氨基转移酶 ALT（谷丙转氨酶）活性增高；急性心肌梗死时，血清肌酸激酶（CK）在发病 6 小时内升高，血清乳酸脱氢酶（LDH）1 显著升高。另外还可以利用生物化学的理论知识为依据，指导某些疾病防治及护理。

近年来，随着生物化学与分子生物学的迅猛发展，引起人们关注的心脑血管疾病、代谢性疾病、免疫性疾病、神经系统疾病、恶性肿瘤等重大疾病的本质得以认识，生物化学从分子的水平研究这些疾病的发生、发展机制及诊断和治疗，并取得了长足的进步。

生物化学是医学各专业重要的必修基础课程。掌握生物化学基本理论知识，可为后续学习其他基础课程及临床专业课程打好坚实的基础。

自 测 题

一、名词解释

1. 生物化学　2. 新陈代谢

二、填空题

1. 生物化学是一门从_____水平上研究生命现象的科学。
2. 新陈代谢包括_____代谢和_____代谢。
3. 生物化学的发展包括_____、_____、_____三个阶段。

三、简答题

1. 简述生物化学研究的内容。
2. 简述生物化学与医学的关系。

（杨胜萍）

第 2 章　蛋白质结构与功能

蛋白质（protein）是由氨基酸（amino acid）连接而成的生物大分子物质，是生物体重要的组成成分。在自然界中，凡是有生命的物体都离不开蛋白质，离开蛋白质，生命将不复存在。参与生物体组成的蛋白质种类繁多，单细胞生物大肠杆菌就含蛋白质3000多种，人体内可达10万余种，这些蛋白质各自有其特异的分子结构和生物学功能。就人体而言，蛋白质表现的功能多种多样，如氧化供能、构成细胞组织的结构成分、维持渗透压平衡、催化功能、运输功能、调节物质代谢、免疫功能等。这些功能与人类的生长、发育、繁衍和遗传相关。蛋白质的功能是由其结构决定的；结构改变，功能也随之改变，甚至引起疾病的发生。因此，学习蛋白质的基本知识，对了解某些疾病的发病原因、发病机制具有重要意义。

第 1 节　蛋白质的分子组成

一、蛋白质的元素组成

蛋白质的种类繁多、结构各异，但元素组成相似，主要有碳（C）50%～55%、氢（H）6%～7%、氧（O）19%～24%、氮（N）13%～19%和硫（S）0%～4%。此外有些蛋白质还含有少量磷、硒、铁、铜、锌、锰、钴、钼等。

蛋白质元素组成的特点是各种蛋白质的含氮量很接近，平均为16%。由于蛋白质是体内的主要含氮物质，因此根据这一特点，可通过测定生物样品的含氮量计算出蛋白质的大致含量。

100g 样品中蛋白质含量（g%）= 每克样品中含氮克数 ×6.25×100

上式中，6.25 是 16% 的倒数，每测定 1g 氮相当于 6.25g 蛋白质，也就是 1g 氮所代表的蛋白质质量。

> **链接**
>
> **三聚氰胺**
>
> 食品中蛋白质含量的测定一般采用"凯氏定氮法"，通过测定食品中的含氮量来推算蛋白质的量。具体方法：将蛋白质与硫酸催化剂一同加热，使其分解，分解出的氨与硫酸结合生成硫酸铵；然后再通过碱化蒸馏使氮游离，用硼酸吸收后，再用盐酸标准溶液滴定，根据酸的消耗量乘以换算系数，即为蛋白质含量。该方法适用于各类食品中蛋白质的测定。三聚氰胺是一种三嗪类含氮杂环有机化合物，其含氮量远远高于蛋白质，向食品（如牛奶）中加入三聚氰胺，通过凯氏定氮法测定，会提高食品中蛋白质的检测量，从而使劣质食品通过食品检验机构的检测。

二 蛋白质的基本组成单位——氨基酸

蛋白质经酸、碱或蛋白酶水解后生成的产物都是氨基酸,说明氨基酸是蛋白质的基本组成单位。

自然界中的氨基酸有 300 余种,组成人体蛋白质的氨基酸只有 20 种,除甘氨酸外,均属 L-α- 氨基酸。这 20 种氨基酸在结构上有一个共同点,即在其 α- 碳原子上结合 4 个不同原子或原子团,分别是—COOH、—NH₂、—H 和—R。氨基酸的结构通式如图 2-1 所示。

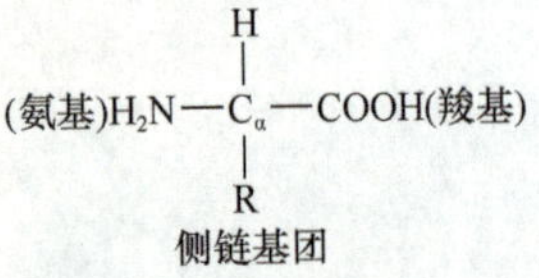

图 2-1 氨基酸结构通式

根据氨基酸的侧链 R 基团的结构和理化性质不同,可将 20 种氨基酸分为 4 类(表 2-1)。

表 2-1 20 种氨基酸的分类

名称	结构式	中文缩写	英文缩写	等电点
非极性疏水性氨基酸				
甘氨酸(glycine)	CH₂—COO⁻ / ⁺NH₃	甘	Gly	G	5.97
丙氨酸(alanine)	CH₃—CH—COO⁻ / ⁺NH₃	丙	Ala	A	6.00
亮氨酸(leucine)	(CH₃)₂CHCH₂—CHCOO⁻ / ⁺NH₃	亮	Leu	L	5.98
异亮氨酸(isoleucine)	CH₃CH₂CH—CHCOO⁻ / CH₃ ⁺NH₃	异亮	Ile	I	6.02
缬氨酸(valine)	(CH₃)₂CH—CHCOO⁻ / ⁺NH₃	缬	Val	V	5.96
脯氨酸(proline)	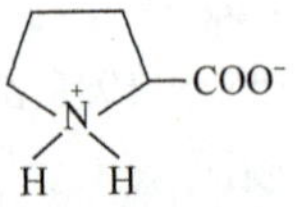 (吡咯烷-COO⁻)	脯	Pro	P	6.30
苯丙氨酸(phenylalanine)	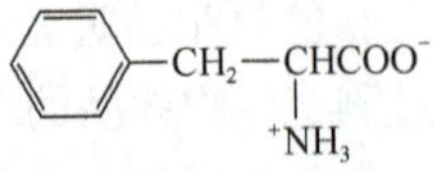 C₆H₅—CH₂—CHCOO⁻ / ⁺NH₃	苯丙	Phe	F	5.48
极性中性氨基酸				
甲硫(蛋)氨酸(methionine)	CH₃SCH₂CH₂—CHCOO⁻ / ⁺NH₃	甲硫	Met	M	5.74
色氨酸(tryptophan)	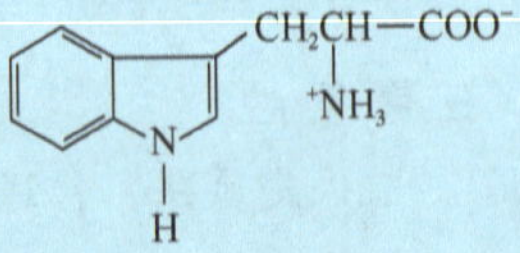 (吲哚)—CH₂CH—COO⁻ / ⁺NH₃	色	Trp	W	5.89
丝氨酸(serine)	HOCH₂—CHCOO⁻ / ⁺NH₃	丝	Ser	S	5.68
谷氨酰胺(glutamine)	H₂N—C(O)—CH₂CH₂CHCOO⁻ / ⁺NH₃	谷酰	Gln	Q	5.65

续表

名称	结构式	中文缩写	英文缩写	等电点
苏氨酸（threonine）	CH₃CH—CHCOO⁻ 　　|　　| 　　OH　⁺NH₃	苏	Thr	T	5.60
半胱氨酸（cysteine）	HSCH₂—CHCOO⁻ 　　　　　| 　　　　⁺NH₃	半胱	Cys	C	5.07
天冬酰胺（asparagine）	O 　　　‖ H₂N—C—CH₂CHCOO⁻ 　　　　　　　| 　　　　　　⁺NH₃	天冬酰	Asn	N	5.41
酪氨酸（tyrosine）	HO—⟨⟩—CH₂—CHCOO⁻ 　　　　　　　　| 　　　　　　　⁺NH₃	酪	Tyr	Y	5.66

酸性氨基酸

名称	结构式	中文缩写	英文缩写	等电点
天冬氨酸（aspartic acid）	HOOCCH₂CHCOO⁻ 　　　　　| 　　　　⁺NH₃	天	Asp	D	2.97
谷氨酸（glutamic acid）	HOOCCH₂CH₂CHCOO⁻ 　　　　　　　| 　　　　　　⁺NH₃	谷	Glu	E	3.22

碱性氨基酸

名称	结构式	中文缩写	英文缩写	等电点
赖氨酸（lysine）	NH₂CH₂CH₂CH₂CH₂CHCOO⁻ 　　　　　　　　　| 　　　　　　　　⁺NH₃	赖	Lys	K	9.74
精氨酸（arginine）	NH 　　‖ H₂N—C—NHCH₂CH₂CH₂CHCOO⁻ 　　　　　　　　　　| 　　　　　　　　　⁺NH₃	精	Arg	R	10.76
组氨酸（histidine）	[咪唑环]—CH₂—CHCOO⁻ 　　　　　　　| 　　　　　　⁺NH₃	组	His	H	7.59

1. **非极性疏水性氨基酸** 其特征是含有非极性的 R 侧链，它们显示出不同程度的疏水性。属于这一类的氨基酸包括甘氨酸、丙氨酸、缬氨酸、亮氨酸、异亮氨酸、苯丙氨酸、脯氨酸。但甘氨酸的侧链仅为氢原子，无疏水性。

2. **极性中性氨基酸** 其特点是 R 侧链带有羟基、巯基或酰胺基等极性基团，具有亲水性，但在中性水溶液中不电离。这类氨基酸包括色氨酸、丝氨酸、酪氨酸、半胱氨酸、甲硫氨酸、天冬酰胺、谷氨酰胺、苏氨酸。

3. **酸性氨基酸** 其特征是侧链都含有羧基，易解离出 H^+ 而具有酸性。这类氨基酸包括天冬氨酸和谷氨酸。

4. **碱性氨基酸** 其特征是侧链含有氨基、胍基或咪唑基，易于接受 H^+ 而具有碱性。此类氨基酸有赖氨酸、精氨酸、组氨酸。

三 肽与生物活性肽

肽与肽单位

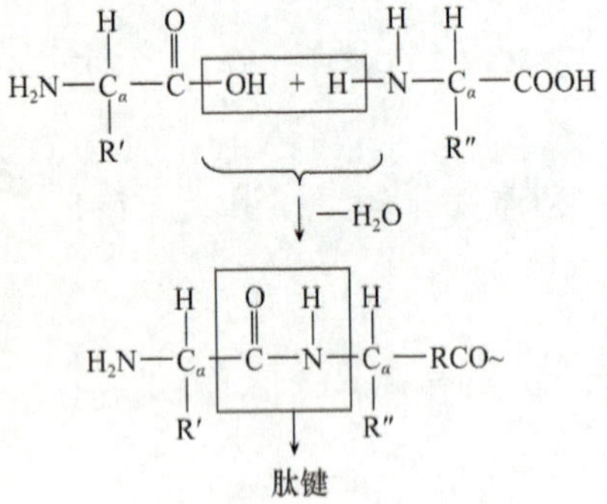

1. 肽键　肽键是由一个氨基酸的 α-羧基（—COOH）与另一个氨基酸的 α-氨基（—NH$_2$）脱水缩合而成的酰胺键（图2-2）。肽键是蛋白质分子中主要的化学键。

2. 肽单位（peptide unit）　肽键属于共价键，肽键的键长（0.132nm），介于单键（0.149nm）和双键（0.127nm）之间，故有一定的双键性质，不能自由旋转。用X线衍射技术发现参与组成肽键的C、O、N、H四个原子和与它们相邻的两个 α-碳原子（C$_{α1}$、C$_{α2}$）位于同一平面上，因此，将C、O、N、H、C$_{α1}$、C$_{α2}$ 六个原子构成的平面，称为肽单位，又称肽平面（图2-3）。

图2-2　肽键

图2-3　肽单位

3. 肽（peptide）　氨基酸通过肽键相连而成的化合物称为肽。由两分子氨基酸脱水缩合成的肽称为二肽，三分子氨基酸脱水缩合成的肽称为三肽。一般来说，由10个以内氨基酸相连而成的肽称为寡肽，由10个以上氨基酸相连而成的肽称为多肽。多肽分子中的氨基酸相互衔接，形成长链，称为多肽链。多肽链中的氨基酸分子因为脱水缩合导致基团不全，称为氨基酸残基。一条多肽侧链通常有两个游离末端：多肽链中未参与肽键形成的 α-氨基称为氨基末端，简称N端，通常写在多肽链的左端；多肽链中未参与形成肽键的 α-羧基，称为羧基末端，简称C端，通常写在多肽链的右端。多肽链的方向从N端到C端，肽链也是从N端到C端按氨基酸的顺序来命名的。

例如，由谷氨酸-半胱氨酸和甘氨酸缩合成重要的三肽（图2-4），俗称谷胱甘肽；丝氨酸-缬氨酸-酪氨酸-天冬氨酸-谷氨酰胺形成一种五肽（图2-5）。

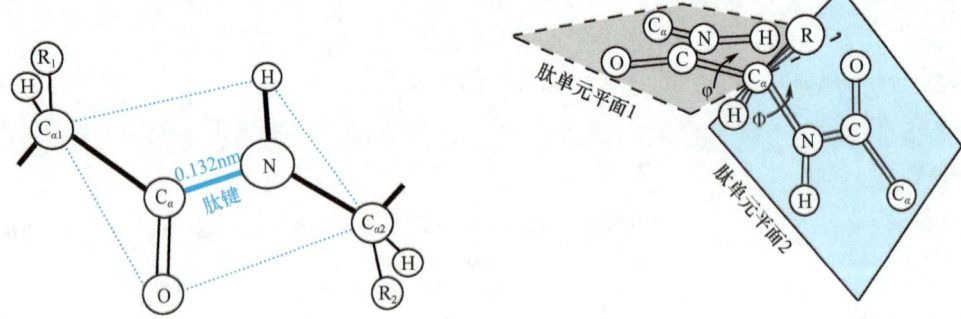

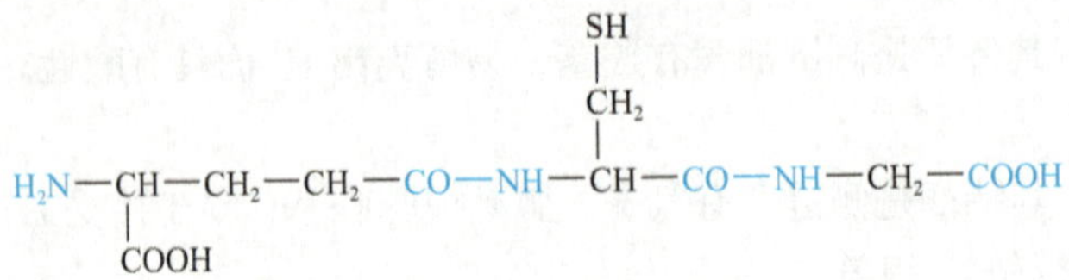

图2-4　谷胱甘肽结构

图 2-5　五肽

第 2 节　蛋白质的分子结构

组成人体蛋白质的 20 种氨基酸以不同的数量和不同的顺序通过肽键相连形成体内数量众多、结构各异、功能不同的蛋白质。一般将蛋白质复杂的分子结构分成基本结构和空间结构。

一 蛋白质的基本结构

蛋白质的基本结构是一级结构。在蛋白质分子中，从 N 端到 C 端的氨基酸排列顺序称为蛋白质的一级结构。维系一级结构主要化学键是肽键，此外，有些蛋白质还含有二硫键，是由两个半胱氨酸的巯基（—SH）脱氢形成的化学键（—S—S—）。

1953 英国化学家 F. Sanger 完成了牛胰岛素全部氨基酸序列的测定，确定了牛胰岛素的一级结构，这是世界上第一个被确定一级结构的蛋白质。牛胰岛素由 A、B 两条多肽链组成，其中 A 链由 21 个氨基酸残基构成，B 链由 30 个氨基酸残基构成（图 2-6）。

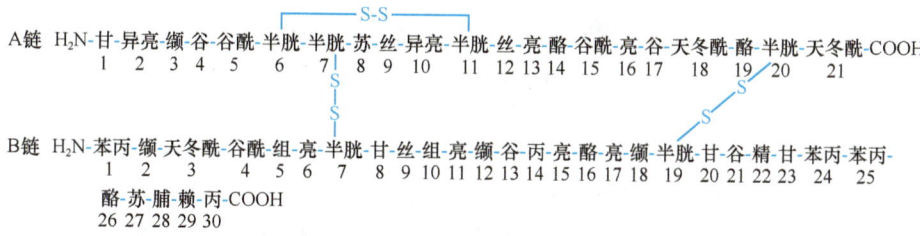

图 2-6　牛胰岛素一级结构简图

二 蛋白质的空间结构

蛋白质在一级结构的基础上，其多肽链在空间进行折叠和盘曲，从而形成特有的空间结构。蛋白质的空间结构可分为二级结构、三级结构和四级结构。

（一）蛋白质的二级结构

蛋白质的二级结构是指蛋白质分子中某一段多肽链主链的局部空间构象，不涉及氨基酸残基的侧链构象。蛋白质的二级结构是以肽单位（肽平面）为基础形成的，肽单位围绕 α- 碳原子旋转、折叠、卷曲形成四种二级结构的结构类型，分别是 α- 螺旋、β- 折叠、β- 转角和无规卷曲。其中 α- 螺旋和 β- 折叠是蛋白质二级结构的主要形式。

1. α- 螺旋（α-helix）　Pauling 等对 α- 角蛋白进行 X 线衍射分析，提出了 α- 螺旋模型（图

2-7）。其结构特点：①多肽链主链以肽单位为基础，以 α-碳原子为转折点，按顺时针方向围绕中心轴盘曲形成右手螺旋。②肽单位与螺旋中心轴平行，每 3.6 个氨基酸残基螺旋上升一圈，螺距为 0.54nm。③相邻螺旋之间，每个肽键的亚氨基（N—H）氢与第 4 个肽键的羰基（C=O）氧形成氢键，氢键的方向与螺旋中心轴大致平行。肽链中的全部肽键都可形成氢键，因此 α-螺旋非常稳固。④肽链中氨基酸残基 R 基团分布在螺旋外侧，其形状大小及所带电荷对 α-螺旋的形成及稳定都有影响。

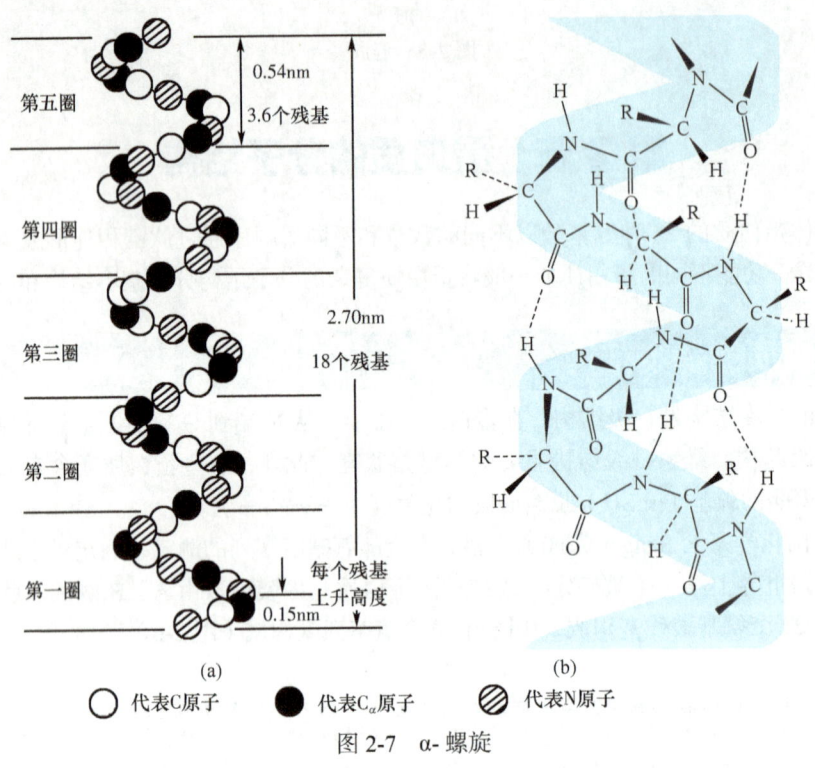

图 2-7　α-螺旋

2. β-折叠（β-pleated sheet）　β-折叠也称为 β-片层，是多肽链主链以肽单位为基础折叠成锯齿状的结构，氨基酸残基的侧链基团分别交替位于锯齿状结构的上下方。β-折叠可由一条多肽链折返而成，也可由两条及以上多肽链顺向或反向平行排列而成；相邻肽链的肽键的亚氨基氢与羰基氧形成链间氢键，以使结构稳定，氢键的方向与折叠的长轴垂直（图 2-8）。β-折叠是蛋白质二级结构中较为常见的形式。

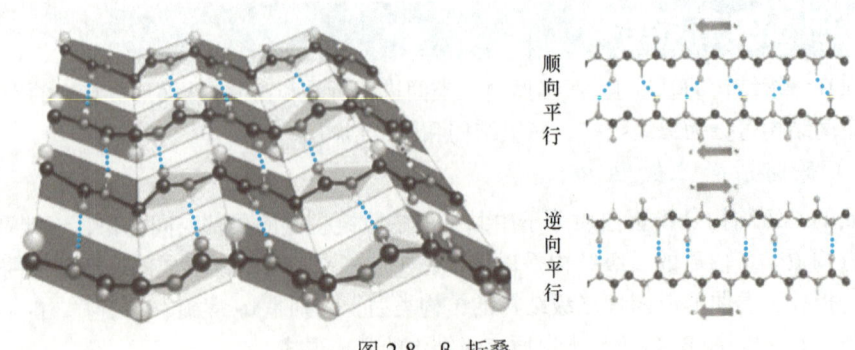

图 2-8　β-折叠

3. β-转角（β-turn） β-转角（U形转折或发夹结构）通常发生在肽链进行180°回折时的转角上，由4个氨基酸残基构成，第1个氨基酸残基的羰基氧与第4个氨基酸残基的亚氨基氢形成氢键，以维持该构象的稳定。一些氨基酸如Pro、Gly经常出现在β-转角中（图2-9）。

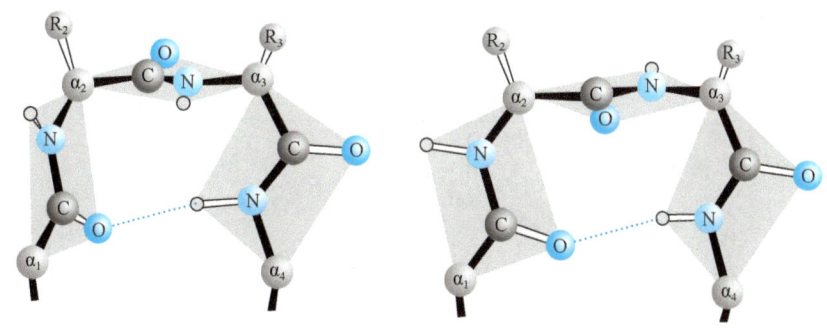

图2-9 β-转角

4. 无规卷曲（random coil） 无规卷曲是指多肽链的主链除上述三种构象外还存在着一种没有确定规律可循的构象。无规卷曲约占球蛋白分子结构的一半，蛋白质（酶）的功能部位常常位于这种构象之中。

研究表明，许多蛋白质分子是由不同长短的α-螺旋和β-折叠，再加上一些β-转角或无规卷曲的肽链部分装配而成，其各组分含量多少，由多肽链的氨基酸组成决定。

许多蛋白质分子有特定功能的空间构象，或是一个有特定功能的很短的肽段称为模体（motif）。模体具有特征性的氨基酸序列，发挥特异性的功能。例如，锌指结构，由一个α-螺旋和两个反向平行的β-折叠三个肽段组成，形似手指，能特异地结合锌离子，使模体中的α-螺旋更稳固，具有该结构的蛋白质能与DNA或RNA结合，调节基因表达（图2-10）。

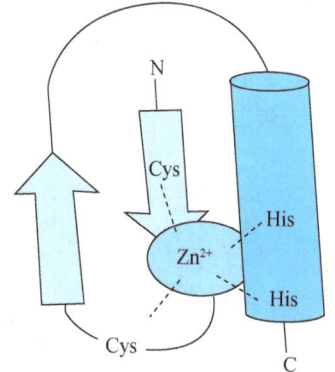

图2-10 锌指结构

（二）蛋白质的三级结构

蛋白质的三级结构是指整条肽链中全部氨基酸残基的相对空间位置，包括主链和侧链的空间结构。蛋白质三级结构形成和稳定的主要化学键是多肽链侧链基团之间相互作用形成的次级键，如疏水作用、离子键、氢键、范德瓦耳斯力等。其中疏水作用是维持蛋白质三级结构稳定的最主要的作用力，疏水基团因疏水作用积聚于分子的内部，亲水基团则多分布于分子表面。分子量较大的蛋白质在二级结构的基础上，可折叠成若干个结构较为紧密的区域，执行不同的生物学功能，称为结构域。结构域通常呈"口袋""缝隙"等形状，如酶的活性中心等功能活性部位。多肽链特定的氨基酸排列顺序决定了其特定的三级结构，仅以一条多肽链构成的蛋白质，只要形成了三级结构即可具有生物学活性（图2-11）。

（三）蛋白质的四级结构

生物体内的许多蛋白质分子都是由2条或2条以上具有独立三级结构的多肽链组成的，其中每1条具有完整三级结构的多肽链称为亚基（subunit）。亚基之间的相互作用力主要是氢键和离子键。在具有四级结构的蛋白质分子中，亚基可以相同也可以不同。单独存在的亚基没有生物学功能，只有具备四级结构才有生物学功能。由1条肽链形成的蛋白质只有一级结构、二级结构、三级结构；由2条或2条以上的多肽链形成的蛋白质才有四级结构。

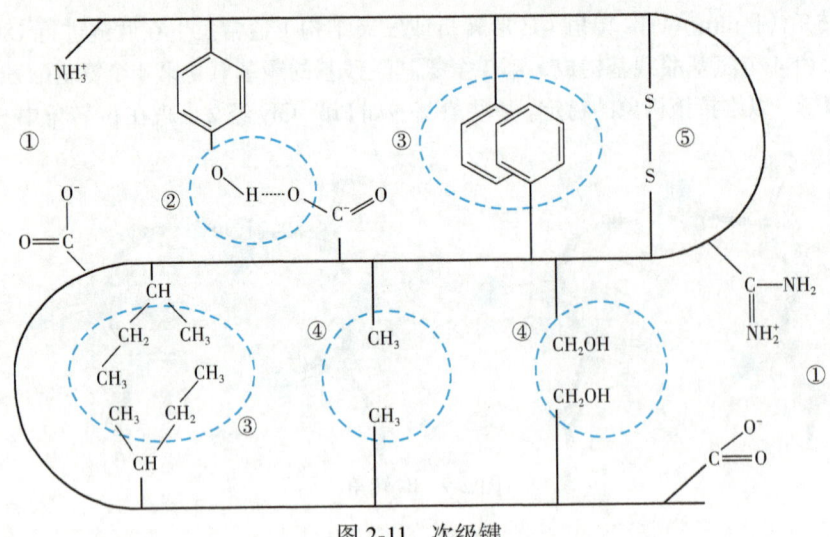

图 2-11 次级键

注：图中①离子键，②氢键，③④疏小键，⑤二硫键

过氧化氢酶是由 4 个相同的亚基构成的，而血红蛋白是由 2 个 α 亚基和 2 个 β 亚基构成的四聚体，具有运输 O_2 和 CO_2 的功能，每个亚基单独存在，其虽与氧的亲和力较强，能与氧结合，但在体内组织中难以释放。

蛋白质的一级结构至四级结构如图 2-12 所示。

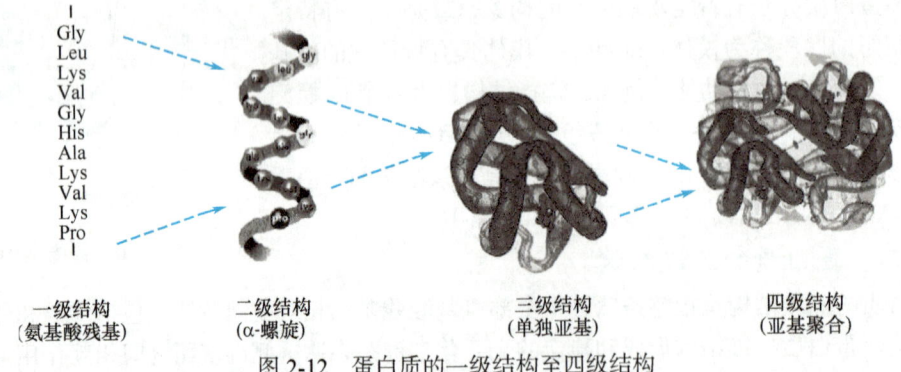

图 2-12 蛋白质的一级结构至四级结构

三 蛋白质的分类

蛋白质结构复杂、种类繁多，分类方法也是多样。通常的分类方法有根据组成分类、根据形状分类和根据功能分类。

（一）根据蛋白质组成分类

根据蛋白质分子组成的特点，将蛋白质分为单纯蛋白质和结合蛋白质两大类。

1. 单纯蛋白质 分子组成中仅含有氨基酸。

2. 结合蛋白质 由蛋白质部分和非蛋白质部分构成。非蛋白质部分称为辅基，常见的辅基有糖类、脂类、金属离子、色素化合物等。

（二）根据蛋白质形状分类

根据蛋白质分子形状不同，可将蛋白质分成球状蛋白质和纤维状蛋白质两大类。

1. 球状蛋白质 其形状近似于球形或椭圆形。酶与免疫球蛋白等功能蛋白质均属此类。
2. 纤维状蛋白质 其长轴的长度比短轴长10倍以上，如胶原蛋白、角蛋白等结构蛋白均属此类。

（三）根据蛋白质功能分类

蛋白质按其功能分为活性蛋白质和非活性蛋白质两大类。活性蛋白质有调节蛋白、收缩蛋白、抗体蛋白等；非活性蛋白质有结构蛋白等。

第3节 蛋白质结构与功能的关系

> **案例 2-1**
>
> 患者，女性，15岁。因发热，间歇性上下肢关节痛就诊。体格检查：体温38.5℃，面色苍白，轻度黄疸，肝脾肿大。实验室检查：血红蛋白71g/L，红细胞3.0×10^{12}/L，白细胞7×10^{9}/L，白细胞分类正常。血红蛋白（Hb）电泳产生一条带，所带正电荷较HbA多，与HbS同一部位。红细胞形态：镰刀形。
>
> 问题：1. 此患者可诊断为何种疾病？
> 2. 此病的发病基础是什么？

蛋白质无论是基本结构还是空间结构，都与其生物学功能密切相关。因此蛋白质结构的细微改变都可能会影响到蛋白质的功能。

一 蛋白质一级结构与功能的关系

蛋白质的一级结构决定其空间结构，并进一步决定蛋白质的功能。蛋白质分子中起关键作用的氨基酸残基缺失或被替代，就会严重影响其空间结构和生物功能，甚至导致疾病的发生。

例如，镰状细胞贫血，是一种因蛋白质一级结构发生改变导致血红蛋白异常而引起的疾病。正常人血红蛋白β亚基的第6位氨基酸残基是谷氨酸，当谷氨酸突变成了缬氨酸，则引起镰状细胞贫血，仅一个氨基酸的改变使水溶性的血红蛋白易于聚集黏着，进而使红细胞变形为镰刀形。镰刀形细胞僵硬、变形性差，易破而溶血，造成血管阻塞、组织缺氧、损伤、坏死（图2-13）。

图2-13 镰状细胞贫血β链结构

一级结构相似的多肽或蛋白质，其功能也相似。例如，促肾上腺皮质激素和促黑素有一段相同的氨基酸序列，因此，促肾上腺皮质激素也可促进黑色素的形成，但作用较弱。催产素和升压素均为9肽，其中仅2个氨基酸不同，因此，催产素兼有升压素样的作用，升压素兼有催产素样的作用。

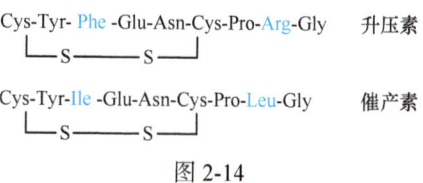

图2-14

一级结构不同，蛋白质的功能也不同。催产素和升压素的分子结构中，仅有2个氨基酸不同，催产素对子宫平滑肌的收缩作用远比升压素强，而对血管壁的加压效应和抗利尿作用只有升压素的1%左右（图2-14）。

当然，并非蛋白质分子一级结构中的每个氨基酸都很重要，如细胞色素 C 分子中某些位点即使置换数十个氨基酸残基，其功能依然不变。

 蛋白质空间结构与功能的关系

空间结构是蛋白质功能的基础，体内各种蛋白质都有特殊的生物学功能，这与其空间构象有着密切关系。下面以血红蛋白为例，说明蛋白质空间结构与功能的关系。

Hb 是由两个 α 亚基和两个 β 亚基组成的四聚体，每个亚基都含有一个血红素，每个血红素分子中含有的铁（Fe^{2+}）都能与一个 O_2 结合，其功能是运输 O_2。在肺部毛细血管，O_2 分压高，当 Hb 的一个 α 亚基与一个 O_2 结合后，其空间构象发生变化，使其与相邻亚基的空间构象也随之改变，与 O_2 的亲和力加强，易于与 O_2 结合，这种效应属于正协同效应。在全身组织的毛细血管，O_2 分压低，而 CO_2 和 H^+ 浓度高，CO_2 和 H^+ 与 HbO_2 的空间构象发生变化，四个亚基的结合变得紧密，将所携带的 O_2 "挤"掉，即 O_2 从 HbO_2 中释放出来，供组织利用。这种调节机制充分说明蛋白质的空间结构与功能有着密切的关系。

 蛋白质构象病

蛋白质的折叠发生错误，尽管其一级结构不变，但蛋白质的空间结构发生严重改变所导致的疾病称为蛋白质构象病。疯牛病是典型的蛋白质构象病。

目前研究发现疯牛病是由存在神经元和胶质细胞表面的朊病毒蛋白（prion protein，PrP）引起的，导致神经元进行性退化变性。正常动物和人的 PrP 为分子量 33～35kDa 的蛋白质，水溶性强，其二级结构为多个 α- 螺旋，称为 PrPC。富含 α- 螺旋的 PrPC 在某种未知蛋白质的作用下可转变成全为 β- 折叠的 PrP 致病分子，称为 PrPSc。可见 PrPC 转变成 PrPSc 涉及蛋白质 α- 螺旋重新排布成 β- 折叠的过程。PrPSc 水溶性差，对热稳定，可以相互聚集，最终形成淀粉样纤维沉淀而导致疾病。

第 4 节　蛋白质的理化性质

● **案例 2-2**

患者，男性，45 岁。因转移性右下腹疼痛诊断为阑尾炎，需行阑尾切除术，术前准备工作如下。

1. 手术室整洁、无菌，室内空间用紫外线照射消毒。
2. 检查备用手术包消毒有效期。手术包准备过程：将手术专用器械及敷料备齐、刷净、包好，按要求进行高压蒸汽消毒，并注明消毒日期。
3. 手术人员用肥皂刷洗双手及上臂，用 5% 聚维酮碘（碘伏）涂抹双手、上臂，穿无菌手术衣、戴无菌手套等。
4. 患者备皮后腹部手术区用 5% 聚维酮碘常规皮肤消毒，铺无菌手术巾。

问题：1. 术前采取上述措施的目的是什么？
2. 采取这些措施依据的原理是什么？

蛋白质由氨基酸组成，其理化性质与氨基酸相同或相关，如两性解离及等电点、紫外吸收性质及呈色反应等。但蛋白质又是生物大分子，还具有胶体性质、沉淀、变性和凝固等理化性质。以下主要介绍蛋白质几种重要的理化性质及其在医学上的应用。

 蛋白质的紫外吸收

蛋白质分子中常含有酪氨酸、色氨酸和苯丙氨酸残基，这三种氨基酸分子中均含有共轭双键，因此在 280nm 波长处有特征性吸收峰。这一性质常用于蛋白质定性、定量的测定。

 蛋白质的两性解离与等电点

蛋白质分子除多肽链两端的游离 α- 氨基和 α- 羧基可解离外，氨基酸残基侧链中某些基团，如谷氨酸、天冬氨酸残基中的 γ- 羧基、β- 羧基，赖氨酸残基中的 ε- 氨基，精氨酸残基中的胍基及组氨酸残基中的咪唑基，在一定溶液的 pH 条件下，都可解离成带负电荷或正电荷的基团。由于蛋白质分子中既含有能解离出 H^+ 的酸性基团，又含有能结合 H^+ 碱性基团，因此蛋白质分子有两性解离的性质。

当蛋白质处于某一 pH 溶液时，蛋白质解离成正、负离子的趋势相等，成为兼性离子，净电荷为零，此时溶液的 pH 称为蛋白质的等电点（isoelectric point，pI）。当蛋白质溶液的 pH>pI 时，该蛋白质颗粒带负电荷，成为阴离子；当蛋白质溶液的 pH<pI 时，该蛋白质颗粒带正电荷，成为阳离子；当蛋白质溶液的 pH=pI 时，该蛋白质颗粒对外表现不带电（图 2-15）。

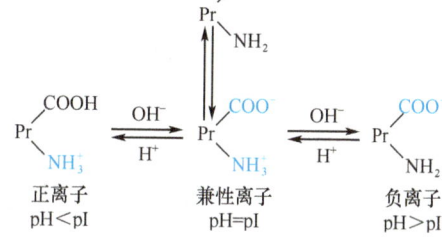

图 2-15　pH 与等电点的关系

等电点是蛋白质的特征性常数，血浆中各种蛋白质的等电点不同，但大多数接近于 pH5.0。因此，在人体体液 pH7.4 的生理环境中，血浆蛋白质可解离成阴离子，带负电荷，在电场中向正极方向移动。这种带点粒子在电场中向电性相反的方向移动的现象称为电泳（electrophoresis）。在电场中，各种蛋白质带电荷多少、分子量大小及分子形状不同，移动速度不同。带电荷多、分子量小、球形分子移动快；带电荷少、分子量大、纤维状分子移动慢。利用这一原理，通过电泳技术对蛋白质进行分离、纯化、鉴定（图 2-16）。

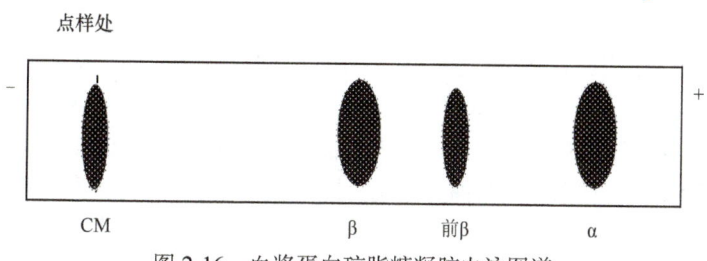

图 2-16　血浆蛋白琼脂糖凝胶电泳图谱

 蛋白质的胶体性质

蛋白质属于生物大分子，其分子量大多在 1 万～10 万，分子的直径在 1～100nm，属于胶体颗粒，故蛋白质具有胶体性质。蛋白质颗粒表面大多为亲水基团，可吸收水分子，并在其表面形成一层水化膜，从而阻断蛋白质颗粒间的相互聚集，防止蛋白质从溶液中沉淀析出。此外，在非等电状态下，蛋白质颗粒表面带有一定量的相同电荷，由于同性电荷相互排斥，也使得蛋白质颗粒不能聚集。因此，蛋白质分子表面的水化膜和表面电荷是蛋白质胶体溶液稳定的两个重要因素，若去掉其中水化膜，中和表面电荷，蛋白质则聚集而沉淀（图 2-17）。

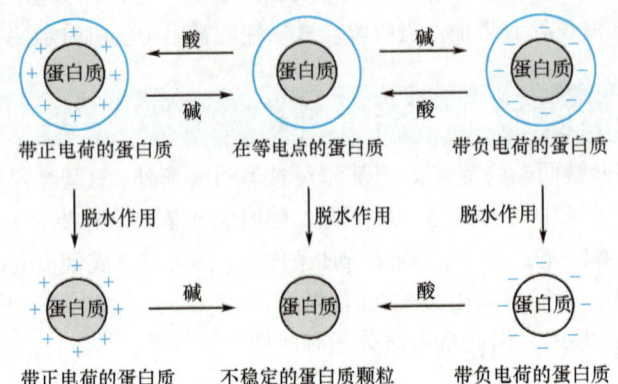

图 2-17　蛋白质稳定因素与沉淀

蛋白质溶液具有胶体溶液的性质，如布朗运动、丁铎尔现象、不能透过半透膜等。当蛋白质溶液中混有小分子物质时，最简单的方法就是将蛋白质混合液放入半透膜内，小分子物质从半透膜中溢出，蛋白质则留在半透膜内，从而达到纯化蛋白质的目的，这种利用半透膜将蛋白质分子与无机盐等小分子物质分离的方法叫透析（dialysis）。

人体的细胞膜、线粒体膜和微血管壁等都具有半透膜的性质，对维持细胞内外的水和电解质平衡及血管内外的水平衡均具有重要生理意义。临床上抢救急、慢性肾衰竭等疾病常用的血液透析就是利用半透膜的原理，通过扩散将流体内各种有害及多余的代谢废物和过多的电解质移出体外，达到净化血液、纠正水电解质及酸碱平衡的目的。

蛋白质溶液在超高速离心时可发生沉降，沉降系数与蛋白质分子量的大小、分子形状、密度及溶剂密度的高低有关。分子量大，颗粒紧密，沉降系数大，故利用超速离心法，可达到分离蛋白质的目的。

四　蛋白质变性

在某些物理或化学因素作用下，蛋白质特定的空间构象被破坏，从而导致其理化性质的改变和生物学活性的丧失，这个现象称为蛋白质的变性（denaturation）。蛋白质变性的本质是破坏了维系蛋白质空间结构的次级键，而不涉及一级结构的改变或肽键的断裂。

引起蛋白质变性的物理因素有高温、高压、振荡或搅拌、紫外线照射、超声波及 X 线等；化学因素有强酸、强碱、重金属离子、有机溶剂（尿素、乙醇、丙酮等）等。蛋白质变性后，其溶解度降低，黏度增加，结晶能力消失，生物学活性丧失，易被蛋白酶水解。

若蛋白质变性后不能复性，称为不可逆变性。蛋白质的变性作用如果不过于剧烈，则是一种可逆过程，变性蛋白质通常在除去变性因素后，可缓慢地重新自发折叠成原来的构象，恢复原有的理化性质和生物学活性，这种现象称为复性（renaturation）（图 2-18）。

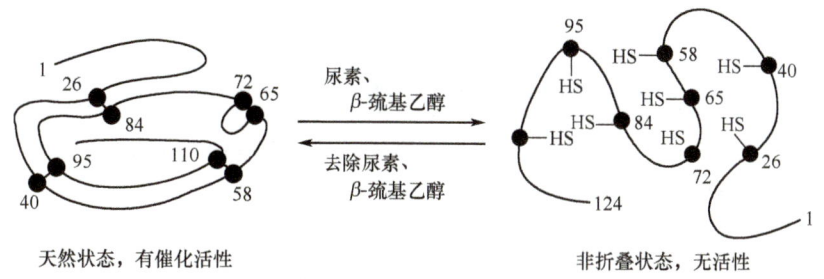

图 2-18 核糖核酸酶的变性与复性

临床上，变性因素常被应用于消毒及灭菌，如 75% 乙醇、高温、高压和紫外线等。此外，蛋白质变性的应用还有临床化验时常用钨酸、三氯乙酸沉淀蛋白质，制备无蛋白血滤液，采用热凝法检查尿蛋白，低温保存激素、酶、疫苗和免疫血清等蛋白质生物制剂等。

> **链接**
>
> **高压蒸汽灭菌法**
>
> 高压蒸汽灭菌法是一种迅速而有效的灭菌方法。使用高压蒸汽灭菌器，利用加热产生蒸汽，随着蒸汽压力不断增加，温度随之升高，通常压力在 103.4kPa 时，器内温度可达 121.3℃，维持 15～30 分钟，导致菌体蛋白质变性，失去生物学活性，从而达到灭菌的目的。

五、蛋白质沉淀与凝固

蛋白质变性后，疏水侧链暴露在外，肽链相互缠绕而聚集，易从溶液中析出，这一现象称为蛋白质的沉淀（precipitation）。变性的蛋白质易于沉淀，但沉淀的蛋白质不一定变性。天然蛋白质变性后，变性蛋白质分子互相凝集或相互穿插缠绕在一起的现象称为蛋白质的凝固（coagulation）。

蛋白质沉淀的方法主要有以下几种：

1. 盐析法　在蛋白质溶液中加入高浓度的盐类（如硫酸铵、硫酸钠或氯化钠等），可破坏蛋白质分子表面的水化膜，中和部分表面电荷，蛋白质在水溶液中的稳定性因素被去除而沉淀析出，称为盐析（salting out）。

盐析法沉淀蛋白质不引起蛋白质变性，经透析除去盐后，即可得到较纯的保持活性的蛋白质。

2. 有机溶剂沉淀法　有机溶剂如乙醇、甲醇、丙酮等对水的亲和力强，能破坏蛋白质的水化膜，在等电点时使蛋白质沉淀。在常温下，有机溶剂沉淀蛋白质往往引起变性。例如，酒精消毒灭菌就是如此，但若在低温条件下，则变性进行较缓慢，可用于分离制备各种血浆蛋白质。

3. 重金属盐沉淀法　重金属离子如 Pb^{2+}、Cu^{2+}、Hg^{2+}、Ag^+ 等可与带负电荷的蛋白质结合，使蛋白质变性、沉淀。因此，临床上根据蛋白质与重金属盐结合的性质，常用三氯乙酸、高氯酸沉淀除去体液中的蛋白质，用于检验尿中的蛋白质；常用口服大量牛奶或鸡蛋清等方法抢救误服重金属盐引起的中毒。

4. 生物碱制剂沉淀法　鞣酸、苦味酸、磷钨酸等生物碱试剂的酸根离子与蛋白质阳离子结合成中性盐而沉淀。此方法可用于检验尿中蛋白质。

六 蛋白质显色反应

蛋白质可以与某些化学试剂作用产生显色反应，如与酚试剂发生反应呈蓝色，与双缩脲反应呈紫色等。此特性可以用于蛋白质定性、定量检测。

自 测 题

一、名词解释

1. 肽　2. 肽键　3. 蛋白质一级结构　4. 蛋白质等电点　5. 蛋白质变性　6. 蛋白质沉淀

二、选择题

（一）单项选择题

1. 维系蛋白质一级结构的化学键（　　）
   A. 氢键　　　　　　B. 离子键
   C. 肽键　　　　　　D. 疏水作用
   E. 二硫键

2. 维系蛋白质二级结构稳定的主要化学键是（　　）
   A. 离子键　　　　　B. 氢键
   C. 疏水作用　　　　D. 肽键
   E. 二硫键

3. 蛋白质空间结构的基础是（　　）
   A. 一级结构
   B. α- 螺旋
   C. 蛋白质肽链中的肽键
   D. 蛋白质肽链中的肽单位
   E. 蛋白质二级结构

4. 组成人体蛋白质的氨基酸有（　　）
   A. 20 种　　　　　　B. 10 种
   C. 15 种　　　　　　D. 25 种
   E. 300 种

5. 关于 α- 螺旋叙述正确的是（　　）
   A. 左手螺旋
   B. 由 4.6 个氨基酸残基构成一圈

   C. 由氢键维系稳定
   D. 在脯氨酸残基处螺旋最稳定
   E. 多肽链以肽单位为转折点

（二）多项选择题

6. 关于蛋白质的分子组成，下列说法正确的是（　　）
   A. 主要由 C、H、O、N 四种元素组成
   B. 平均含氮量约为 16%
   C. 组成人体蛋白质的氨基酸有 20 种
   D. 除甘氨酸外，均为 L-α- 氨基酸
   E. 蛋白质水解后产生游离氨基酸

7. 维系蛋白质空间结构的化学键是（　　）
   A. 肽键　　　　　　B. 氢键
   C. 二硫键　　　　　D. 疏水作用
   E. 离子键

8. 下列有关肽单位的叙述正确的是（　　）
   A. 参与肽键的 6 个原子被约束在一个平面上
   B. $C_{\alpha 1}$ 和 $C_{\alpha 2}$ 在平面上
   C. 肽键的键长介于单键与双键之间
   D. 肽键能自由旋转
   E. 肽键不能自由旋转

9. 关于肽键叙述正确的是（　　）
   A. 肽键是维系蛋白质一级结构主要的化学键
   B. 肽键是酰胺键
   C. 肽键有部分双键的性质
   D. 肽键是双键
   E. 肽键是典型的单键

10. α- 螺旋的特点是（　　）
    A. 为右手螺旋状

B. 由 3.6 个氨基酸残基螺旋上升一周
C. 稳定螺旋是氢键
D. 是蛋白质二级结构主要形式
E. 维系稳定是肽键

三、填空题

1. 蛋白质二级结构的主要形式有_____、_____、_____、_____。
2. 蛋白质胶体溶液的稳定因素是_____和_____。
3. 各种蛋白质含_____很接近,平均为_____。
4. 当溶液 pH 大于蛋白质等电点时,蛋白质带_____电,电泳时向_____极移动。

四、简答题

1. 人体内大多数蛋白质在体液 pH 下以什么形式存在?为什么?
2. 蛋白质二级结构的主要形式及其结构特征是什么?
3. 阐明蛋白质一、二、三、四级结构概念及维系稳定的化学键。

(张晓燕)

第 3 章　核酸结构与功能

核酸（nucleic acid）是一类以核苷酸为基本组成单位的含磷的生物大分子化合物，具有复杂的结构和重要的生物学功能，是生命的最基本物质之一。从高等动植物到细菌、病毒都含有核酸，它在生物的个体发育、生长、繁殖和遗传变异等生命过程中都起着极为重要的作用。根据化学组成不同，核酸可分为核糖核酸（ribonucleic acid，RNA）和脱氧核糖核酸（deoxyribonucleic acid，DNA）。DNA 存在于细胞核和线粒体内，携带遗传信息，并通过复制的方式将遗传信息传递给下一代。RNA 存在于细胞核、细胞质和线粒体内，是 DNA 的转录产物，参与遗传信息的复制和表达。

> **链接**
>
> **核酸的发现**
>
> 1868 年，瑞士青年科学家 F.Miescher 从外科绷带上脓细胞的细胞核中分离出了一种富含磷的酸性有机物质，当时称之为"核素"，即今天我们所说的脱氧核糖核蛋白，其中脱氧核糖核酸的含量为 30%。1889 年，Altman 等又从酵母和动物的细胞核中制得了不含蛋白质的核酸，并首次使用"核酸"一词命名。1944 年，O.T.Avery 等通过细菌转化实验证明核酸是遗传物质。目前，核酸的研究已成为生物学研究中最活跃的一个领域。

第 1 节　核酸的分子组成

核酸的元素组成

核酸分子的元素组成为 C、H、O、N 和 P。其中磷元素在核酸分子中含量比较恒定，占 9%~10%，是特征元素，可以作为核酸定量的依据。

核酸的基本组成成分

核酸可经核酸酶水解为核苷酸（nucleotide），核苷酸完全水解可以释放出等摩尔量的磷酸、戊糖和含氮碱基（图 3-1），这三种物质是构成核酸的基本组成成分。

（一）戊糖

参与组成核酸分子骨架的戊糖有两种：β-D 核糖（R）和 β-D-2' 脱氧核糖（dR）（图 3-2）。它们在核酸中均以呋喃糖态存在。二者的区别在 C-2' 原子所连接的基团：核糖 C-2' 原子上有一个羟基，脱氧核糖 C-2' 原子上连接氢原子。核糖存在于 RNA 当中，脱氧核糖存在于 DNA 当中。这种结构上的差异，使 DNA 分子具有更大的化学稳定性，因而成为自然选择的遗传信息的载体。

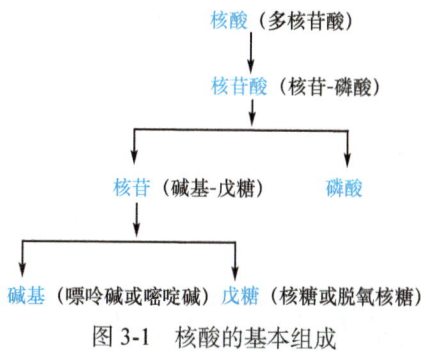

图 3-1 核酸的基本组成

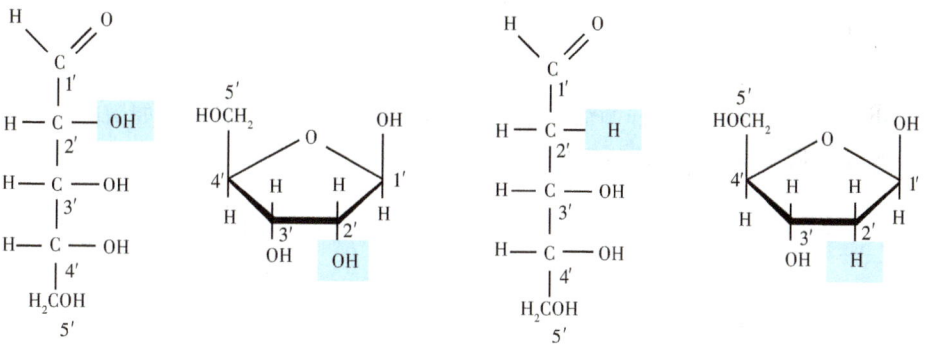

图 3-2 β-D 核糖（R）和 β-D-2' 脱氧核糖（dR）的结构

（二）碱基

核苷酸中的碱基是含氮杂环化合物，按结构母核分为嘌呤（purine）和嘧啶（pyrimidine）两类。常见的嘌呤碱有腺嘌呤（A）和鸟嘌呤（G），常见的嘧啶碱有胞嘧啶（C）、胸腺嘧啶（T）和尿嘧啶（U）。两类核酸所含的主要碱基都是 4 种，DNA 中的碱基有 A、G、C 和 T；RNA 中的碱基有 A、G、C 和 U（图 3-3）。

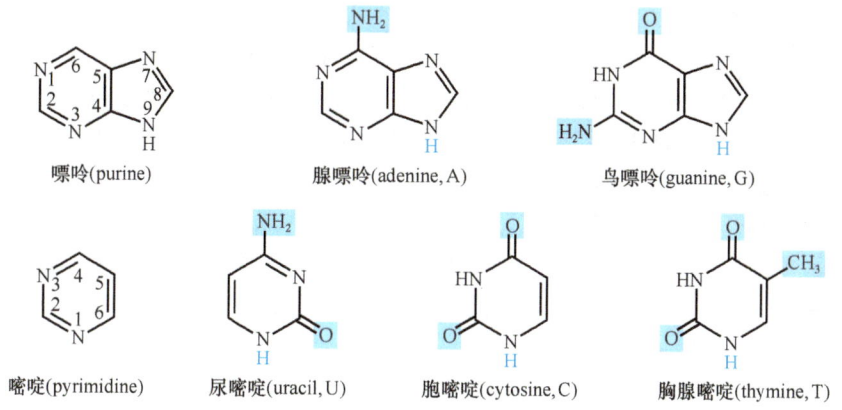

图 3-3 参与组成核酸的主要碱基结构

（三）磷酸

磷酸（H_3PO_4）是构成核苷酸的另一基本组成成分，在一定条件下，磷酸可通过酯键同时连接两个核苷酸中的戊糖，使多个核苷酸聚合成链（图 3-4）。

核糖核酸和脱氧核糖核酸的分子组成差异如下（图 3-5）。

图 3-4　磷酸的结构

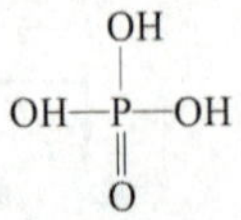

核酸	嘌呤碱	嘧啶碱	戊糖	磷酸
DNA	A、G	C、T	dR	Pi
RNA	A、G	C、U	R	Pi

图 3-5　DNA 和 RNA 分子的组分

三　核酸的基本组成单位——核苷酸

（一）核苷

碱基与戊糖的第 1 位碳原子通过糖苷键连接形成核苷（nucleoside）。由碱基与核糖形成的糖苷称为核糖核苷（ribonucleoside），由碱基与脱氧核糖形成的核苷称为脱氧核糖核苷（deoxyribonucleoside）。核苷的命名是在核苷前面加上碱基的名字，如腺嘌呤核苷，简称腺苷；胞嘧啶脱氧核苷，简称脱氧胞苷等（图 3-6）。

腺嘌呤核苷(腺苷)　　胞嘧啶脱氧核苷(脱氧胞苷)

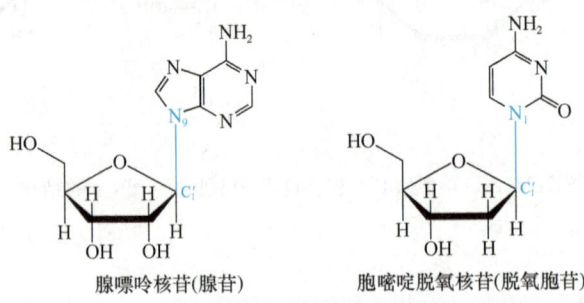

图 3-6　核苷的结构

DNA 中含有的核苷有脱氧腺苷、脱氧鸟苷、脱氧胞苷和脱氧胸苷；RNA 中含有的核苷有腺苷、鸟苷、胞苷和尿苷。

（二）核苷酸

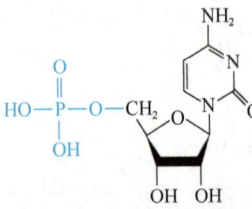

图 3-7　核苷酸的结构——胞苷一磷酸

核糖核苷酯或脱氧核糖核苷糖环上第 5 位碳原子上的羟基与磷酸脱水后通过磷酸酯键相连而生成核苷酸或脱氧核苷酸。核苷酸是核酸的基本组成单位。常见的核苷一磷酸（NMP）有 4 种，即腺苷一磷酸（AMP）、鸟苷一磷酸（GMP）、胞苷一磷酸（CMP）和尿苷一磷酸（UMP）。常见的脱氧核苷一磷酸（dNMP）亦有 4 种，即脱氧腺苷一磷酸（dAMP）、脱氧鸟苷一磷酸（dGMP）、脱氧胞苷一磷酸（dCMP）和脱氧胸苷一磷酸（dTMP）。核苷酸的结构见图 3-7。

DNA 和 RNA 的组成见表 3-1。

表 3-1　DNA 和 RNA 的组成

	DNA	RNA
戊糖	脱氧核糖	核糖
碱基	A、G、C、T	A、G、C、U
磷酸	H_3PO_4	H_3PO_4
核苷酸	dAMP、dGMP、dCMP、dTMP	AMP、GMP、CMP、UMP

四、其他重要的游离核苷酸

除参与组成 DNA 和 RNA 的核苷酸外，体内还有少量游离在细胞内的核苷酸及其衍生物，这些游离核苷酸及其衍生物在体内具有多种重要的生理功能。

（一）多磷酸核苷酸

根据连接的磷酸基团的数目，核苷酸可分为核苷一磷酸（NMP）、核苷二磷酸（NDP）及核苷三磷酸（NTP），其中将与 2 个或者 3 个磷酸基团连接在一起的核苷酸称为核苷多磷酸。例如，常见的 ADP（腺苷二磷酸）和 ATP（腺苷三磷酸），它们分子中含有高能磷酸键（图 3-8），作为能量的直接载体，常参与细胞代谢、能量转换，在机体的物质和能量代谢中发挥重要作用。此外，GTP、CTP、UTP 在某些生化反应中也具有传递能量的作用，但远没有 ATP 普遍。UDP、ADP、GDP 还是多糖合成中葡萄糖基的载体，CDP 参与甘油磷脂的生物合成。

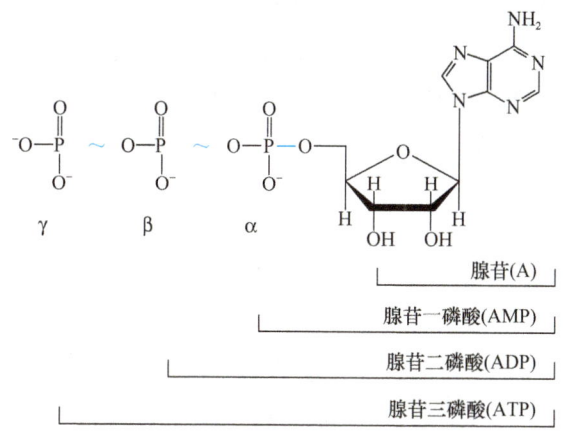

图 3-8　AMP、ADP 和 ATP 的结构

（二）环化核苷酸

在生物体内，普遍存在一类环化核苷酸，是由戊糖上的 3′- 羟基和 5′- 羟基与同一磷酸基团结合而成的具有内酯环结构的核苷酸。其中重要的为 3′,5′- 环腺苷酸（3′,5′-cAMP）和 3′,5′- 环鸟苷酸（3′,5′- cGMP），在细胞的代谢调节中有重要作用，被称为"第二信使"（图 3-9）。

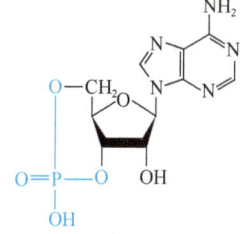

图 3-9　cAMP 的结构

（三）辅酶类核苷酸

一些核苷酸或其衍生物还是重要的辅酶或辅基的组成成分，是酶在体内发挥催化作用不可缺少的成分之一。例如，NAD⁺（辅酶Ⅰ，烟酰胺腺嘌呤二核苷酸）、NADP⁺（辅酶Ⅱ，烟酰胺腺嘌呤二核苷酸磷酸）、FMN（黄素单核苷酸）及 FAD（黄素腺嘌呤二核苷酸）是多种脱氢酶的辅酶，在传递质子和电子的过程中具有重要的作用。HSCoA（辅酶 A）是酰基转移酶的辅酶，在物质代谢过程中起到酰基载体的作用。

第 2 节 核酸的分子结构

> **链接**
>
> **DNA 分子结构的解析**
>
> 解析 DNA 的结构是 20 世纪最重要的生物学发现。1953 年，美国生物学家沃森（Watson）和英国物理学家克里克（Crick）合作在英国剑桥卡文迪许研究所揭示了核酸的化学结构，提出了著名的 DNA 分子结构的双螺旋模型，即著名的"沃森-克里克模型"，这一成就后来被誉为"20 世纪生物学中最伟大的发现"和"生物学中的决定性突破"，又被视为"分子生物学诞生的标志"。Watson 和 Crick 二人也因此获得了 1962 年的诺贝尔生理学或医学奖。

一、核酸的一级结构

核酸是由核苷酸通过 3′,5′-磷酸二酯键连接起来的生物大分子（图 3-10）。核酸的一级结构就是多核苷酸链中核苷酸的排列顺序。不同的 DNA 分子具有不同的核苷酸排列顺序，携带有不同的遗传信息。不同多核苷酸链上核苷酸之间的不同仅在于碱基的不同，所以核酸的一级结构通常表示为碱基的排列顺序。

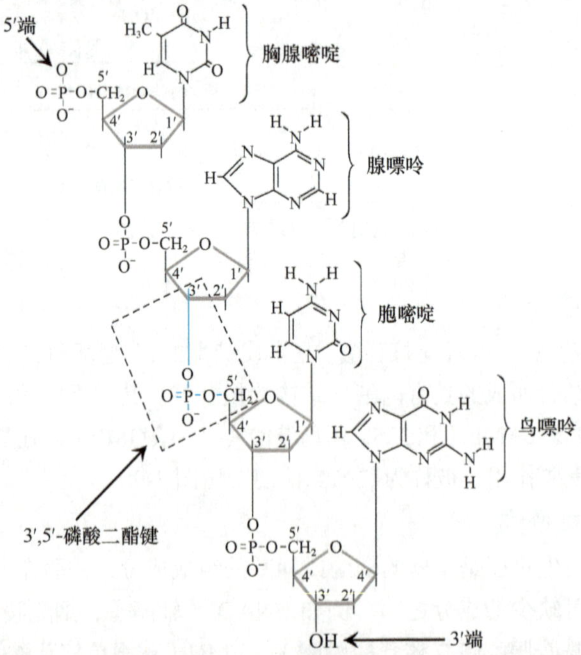

图 3-10 核酸中 3′,5′-磷酸二酯键的形成

核酸是具有方向性的生物大分子，每条多核苷酸链都有一个 5′ 游离的磷酸基端（5′ 端）和一个 3′ 游离的羟基端（3′ 端），核酸一级结构常用自左向右由 5′ 向 3′ 的碱基排列顺序表示（图 3-11）。

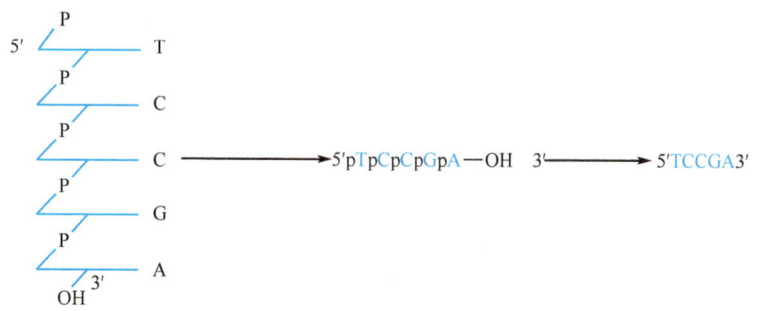

图 3-11　核酸的书写方式

二、DNA 的分子结构与功能

构成 DNA 的所有原子在三维空间的相对位置关系称为 DNA 的空间结构。DNA 的空间结构分为二级结构和高级结构。

（一）DNA 的双螺旋结构

1953 年，Watson 和 Crick 提出了 DNA 二级结构的双螺旋结构模型（图 3-12），其结构特点如下。

（1）DNA 分子由两条反向平行的多核苷酸链构成双螺旋结构。两条链围绕同一个"中心轴"盘绕形成右手螺旋状。

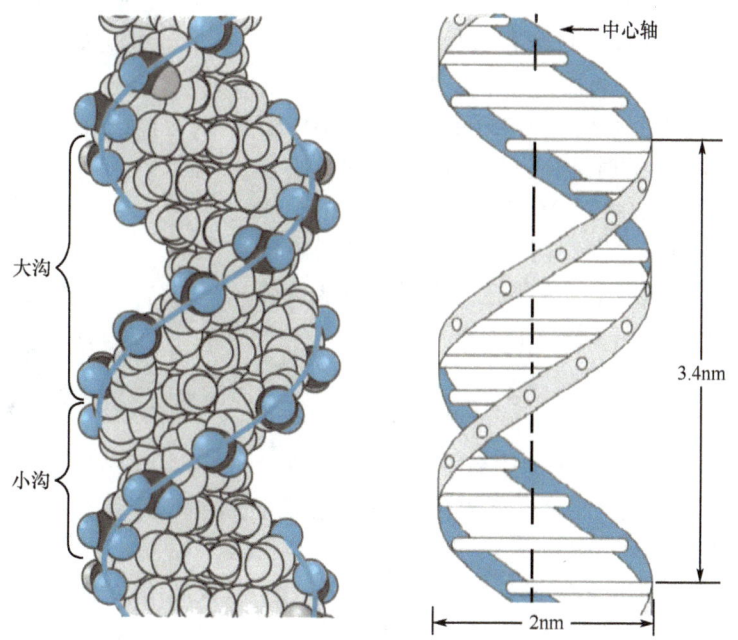

图 3-12　DNA 双螺旋结构模型

（2）螺旋每旋转一周有 10 个核苷酸，螺旋的直径为 2nm，螺距为 3.4nm。碱基之间的堆积距离为 0.34nm，旋转的夹角为 36°。

（3）磷酸与脱氧核糖位于螺旋外侧，碱基位于螺旋的内侧。碱基平面与双螺旋纵轴垂直，一条多核苷酸链上的嘌呤碱与另一条链上的嘧啶碱严格按照 A 与 T、G 与 C 配对，并且以氢

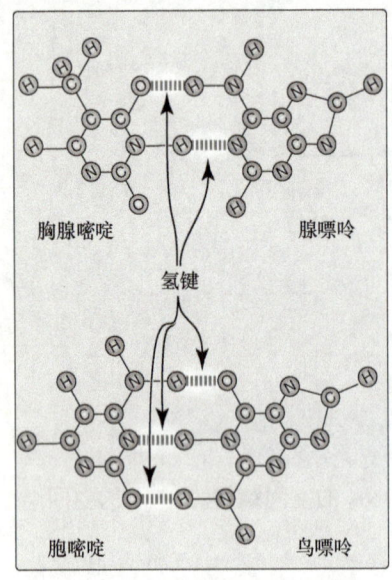

键相连，配对的同时 A═T 之间形成两个氢键，G≡C 之间形成三个氢键（图3-13）。

（4）碱基对的疏水作用和氢键共同维系着 DNA 双螺旋结构的稳定。碱基之间的氢键使两条链缔合形成空间平行关系，维持双螺旋结构横向稳定；碱基之间层层紧密堆积，形成疏水型核心，保持双螺旋结构纵向稳定。

DNA 双螺旋结构模型的提出不仅成功地解释了核酸的许多理化性质，还将核酸的结构和功能很好地联系起来，对于推动分子生物学的发展作出了极大的贡献。

（二）DNA 的高级结构

DNA 双链可以进一步盘绕折叠成超螺旋结构，形成 DNA 的高级结构。根据螺旋的方向超螺旋结构分为正超螺旋和负超螺旋两种：当超螺旋的盘绕方向与 DNA 双螺旋方向相同时，此超螺旋结构为正超螺旋，反之则为负超螺旋。

原核生物的 DNA 超螺旋结构多为 DNA 双螺旋首尾相连的环状结构，或再扭曲形成麻花状闭环结构。

图 3-13 互补碱基之间的氢键

真核生物的 DNA 双螺旋多为线形，线形 DNA 分子与组蛋白相结合构成核小体。组蛋白分为 H1，H2A，H2B，H3 和 H4 五种。核小体是染色质的基本组成单位（图3-14），核小体的核心是含有 H2A、H2B、H3 和 H4 各两分子的八聚体，长度约 150bp 的 DNA 双螺旋分子在组蛋白八聚体上面缠绕 1.75 圈。连接核小体的 DNA 片段约为 60bp，同时结合一分子 H1。许多核小体由 DNA 链连在一起构成念珠状结构。核小体构成的念珠状结构进一步盘绕压缩成更高层次的结构染色质或染色体。据估算，人的 DNA 分子在染色质中反复折叠盘绕共压缩 8 000～10 000 倍（图3-15）。

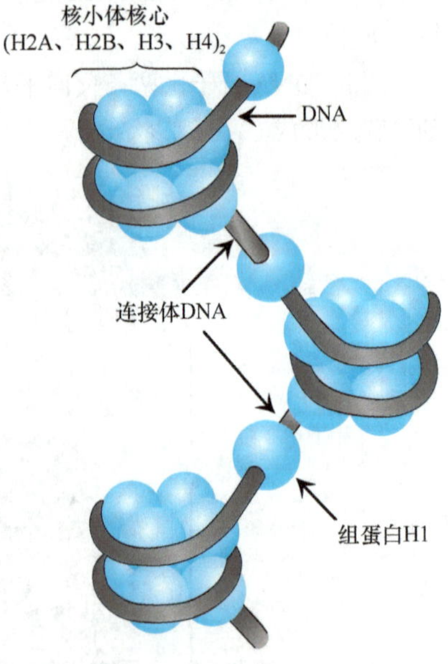

（三）DNA 的功能

DNA 的基本功能是以基因的形式携带遗传信息，并作为基因复制和转录的模板。它是生命遗传的物质基础，

图 3-14 核小体的结构

具有高度的复杂性和稳定性，可以满足遗传多样性和稳定性的需要。不过 DNA 分子又绝非一成不变，它可以发生各种重组和突变，为自然选择提供机会。

DNA 的核苷酸序列决定不同蛋白质的氨基酸顺序，仅仅利用四种碱基的不同排列，即可以对生物体的所有遗传信息进行编码，经过复制遗传给子代，并通过转录或翻译保证各种 RNA 和蛋白质在细胞内有序合成。

三 RNA 的分子结构与功能

RNA 也是以 3′,5′-磷酸二酯键连接而成的多聚核苷酸链。RNA 比 DNA 小得多，通常以单链的形式存在，有复杂的局部二级结构或三级结构。按照功能的不同和结构特点，RNA 可分为以下三大类。

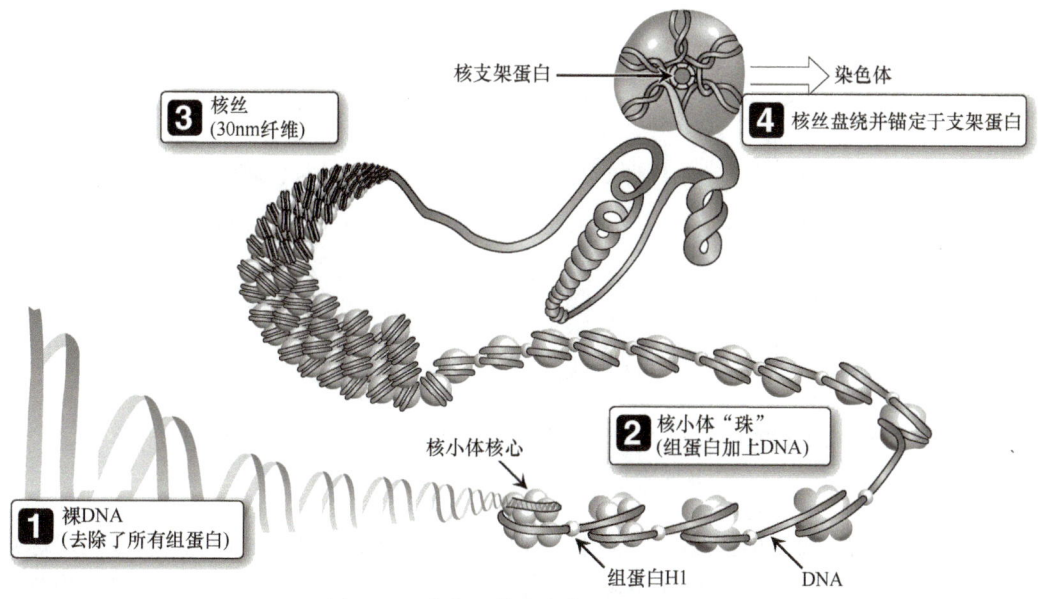

图 3-15　真核生物染色体的 DNA 组装

（一）信使 RNA 的结构与功能

信使 RNA 可作为模板指导蛋白质的生物合成，它是细胞内最不稳定的一类 RNA，约占细胞总 RNA 的 3%。在原核生物中，mRNA 转录后一般不需加工，可直接指导蛋白质的生物合成。在真核细胞中，mRNA 并非 DNA 的直接转录产物，而是由核内不均一 RNA（hnRNA）剪接而成。

真核细胞成熟的 mRNA 结构有明显的特征，见图 3-16。

图 3-16　成熟的真核生物 mRNA

（1）成熟 mRNA 由编码区和非编码区组成。编码区含有遗传密码子，其决定蛋白质分子的氨基酸序列，是蛋白质生物合成的模板。

（2）5′ 端有一个特殊的帽子结构，即 7- 甲基鸟嘌呤 - 三磷酸核苷（m^7Gppp）。5′- 帽子结构有抗核酸外切酶降解的作用，可与蛋白质翻译起始因子相结合，参与蛋白质翻译起始调控。

（3）3′ 端有长约 200 个核苷酸的多聚腺苷酸尾巴（polyA）。polyA 是在转录后经 polyA 聚合酶的作用而添加上去的。原核生物的 mRNA 一般无 3′-polyA 尾巴结构。polyA 的功能是多方面的，可保护 mRNA 不被核酸外切酶降解，又与 mRNA 从细胞核到细胞质的转移有关。

（二）转运 RNA 的结构与功能

转运 RNA 是细胞内分子量最小的 RNA，由 70～90 个核苷酸组成，其主要功能是携带氨基酸参与蛋白质的合成。每一种氨基酸都有与其相应的一种或几种 tRNA。目前已知的 tRNA 就有 100 多种，tRNA 的结构特点如下。

（1）tRNA 分子含有较多的稀有碱基。稀有碱基是指除 A、U、G、C 以外的碱基，包括双氢尿嘧啶（DHU）、假尿嘧啶（ψ）和甲基化嘌呤（^mG、^mA）等（图 3-17）。稀有碱基均是 tRNA 转录后加工产生的，tRNA 中的稀有碱基约占所有碱基的 10%。

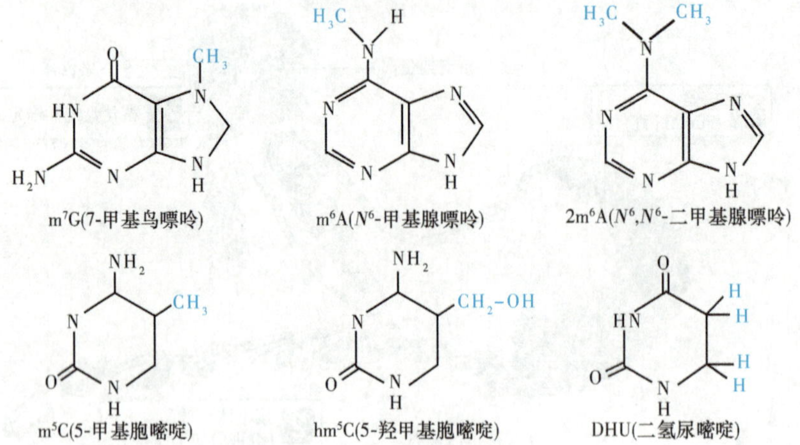

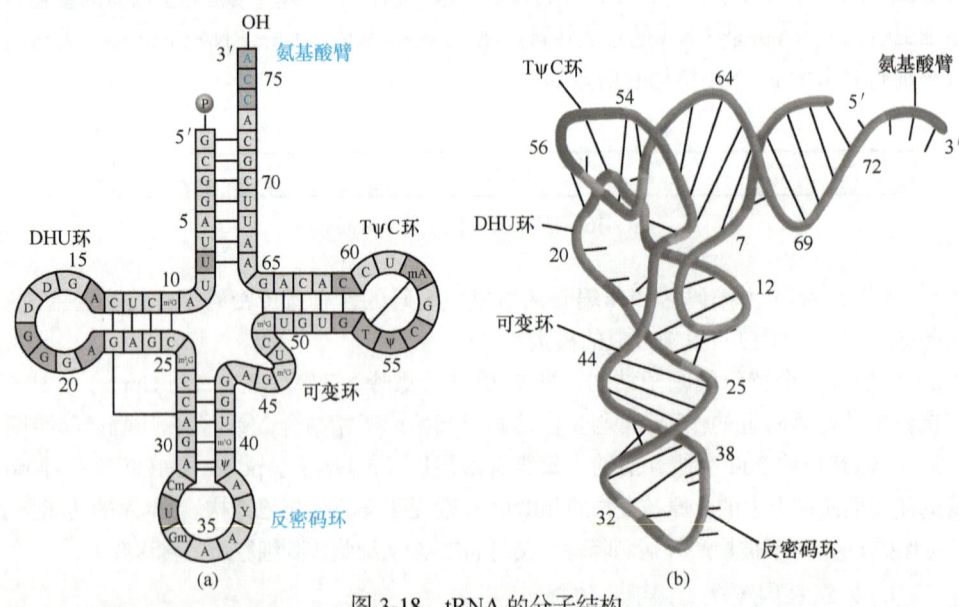

图 3-17　部分稀有碱基的结构

（2）tRNA 的二级结构呈三叶草形[图 3-18（a）]。tRNA 分子中由碱基对构成的双螺旋区称为臂，不配对的部分称为环。tRNA 一般由四个臂四个环组成。①三叶草的叶柄叫作氨基酸臂，它包括 3′ 端接受氨基酸的部位 -CCA—OH。②反密码环含有由三个核苷酸组成的反密码子，对应的臂称为反密码子臂。③DHU 臂（左臂）连接一个 DHU 环，环上含有双氢尿嘧啶（DHU）。④TψC 臂（右臂）连接一个 TψC 环，环上含有 TψC 序列。⑤在反密码子臂和 TψC 臂之间还有一个可变环。

图 3-18　tRNA 的分子结构

（a）tRNA 的一级结构（酵母苯丙氨酸 tRNA 的碱基序列）与二级结构（二维三叶草形）；（b）tRNA 的三级结构（倒 L 形）

（3）tRNA 的三级结构呈倒 L 形。tRNA 的三级结构是在二级结构的基础上进一步盘曲折叠形成的，一端为氨基酸臂，另一端为反密码环[图 3-18（b）]。

（三）核糖体 RNA 的结构与功能

核糖体 RNA（rRNA）是细胞内含量最多的 RNA，其主要功能是与多种蛋白质结合成核糖体，是蛋白质合成的场所。

核糖体由大亚基和小亚基组成。真核和原核生物核糖体组成各不相同，其组成见表3-2。

表 3-2　核糖体的组成

组成		大亚基	小亚基
原核生物（以大肠杆菌为例）	大小	50S	30S
	rRNA	23S、5S	16S
	蛋白质	31 种	21 种
真核生物（以小鼠肝为例）	大小	60S	40S
	rRNA	28S、5.8S、5S	18S
	蛋白质	49 种	33 种

第 3 节　核酸的理化性质

核酸具有一些特殊的理化性质，这些理化性质可用作基础研究，亦可作为疾病诊断的依据。

 核酸的一般性质

1. 两性电离　核酸及组成核酸的核苷酸既有碱性基团——碱基，又有酸性基团——磷酸基，因此都是两性电解质，在溶液中会发生两性电离。由于磷酸的酸性较强，核酸在生理条件下通常表现为酸性，等电点为 2～3。

2. 分子大小　核酸是生物大分子，表示核酸分子大小的方式有许多种，如碱基数 b（单链）或碱基对数 bp（双链）；分子量（道尔顿，Da）；核酸链长（μm）；沉降系数（S）。它们之间有如下关系：一个 bp 相当的核苷酸，其分子量平均为 660Da；3000bp 或 2×10^6Da 的双链 DNA 的长度为 1μm。

3. 核酸的溶解性及黏度　核酸为线性大分子，具有非常高的黏度。DNA 分子比 RNA 分子大得多，因此黏度也比 RNA 大得多。当核酸溶液因受热或在其他因素作用下发生螺旋向线团过渡（变性）时，其黏度降低。

4. 核酸的紫外吸收性质　构成核酸的主要成分嘌呤碱和嘧啶碱均具有共轭双键，因此碱基、核苷、核苷酸及核酸均对紫外波段有强烈的吸收，最大吸收值在 260 nm 附近。不同的核酸在 260nm 在附近有不同的吸收值，可以采用紫外分光光度法对核酸进行定性和定量分析。

 DNA 的变性

在某些理化因素（温度、pH、离子强度等）的作用下，DNA 分子中互补碱基对之间的氢键断裂，使 DNA 的双链解离成单链的现象称为 DNA 的变性（DNA denaturation）（图 3-19）。DNA 变性并不涉及核苷酸间共价键的断裂。多核苷酸链上共价键（3′,5′- 磷酸二酯键）的断裂称为核酸的降解。因此，变性虽然破坏了 DNA 的空间结构，但是并没有改变它的一级结构（核苷酸序列）。

引起 DNA 变性的因素很多，其中由温度升高引起的变性称为热变性，由酸碱度改变引起的称为酸碱变性。

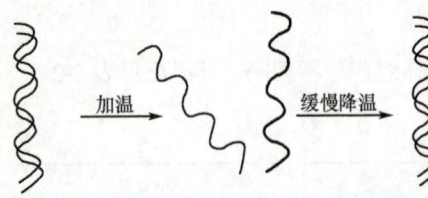

图 3-19 DNA 的变性与复性

DNA 变性之后，由于双螺旋内部的碱基对中有更多的共轭双键得以暴露，使其溶液在 260nm 处的吸光度随之增加，这种现象称为 DNA 的增色效应。

DNA 的增色效应是监测 DNA 双链是否发生变性的一个常用指标，其与解链程度存在一定的关系。缓慢加热使 DNA 变性时，以温度相对于吸光度作图，所得到的曲线称为 DNA 的解链曲线（melting curve）（图 3-20）。通常把热变性时紫外吸收达最大吸收值（完全变性）一半（双螺旋结构失去一半）时的温度称为该 DNA 的解链温度（melting temperature, T_m）。DNA 的 T_m 值一般在 70～85℃。T_m 值与 DNA 分子大小及所含碱基的 G+C 比例有关。DNA 分子越大，G+C 比例越高，DNA 的 T_m 值也越高；反之，T_m 值越低。

三、DNA 的复性与分子杂交

当变性条件缓慢除去后，两条解离的互补链可重新配对，从而恢复原来的双螺旋结构，这一现象称为 DNA 复性（DNA renaturation）（图 3-19）。热变性的 DNA 经缓慢冷却后即可复性，这一过程称为退火（annealing）。DNA 复性时，在 260nm 波长处光吸收下降的现象称为减色效应。

将不同种类的 DNA 单链分子或 RNA 分子放在同一溶液中，只要两种单链分子之间存在着一定程度的碱基配对关系，在适宜的条件可以在不同的分子间形成异源双链（heteroduplex）。这种异源双链可以在不同的 DNA 与 DNA 之间形成，也可以在 DNA 和 RNA 分子间或者 RNA 与 RNA 分子间形成，这种现象称为核酸分子杂交。目前，在医学上，核酸分子杂交已应用于遗传病的基因诊断、恶性肿瘤的基因分析、传染病病原体检测等多个领域。

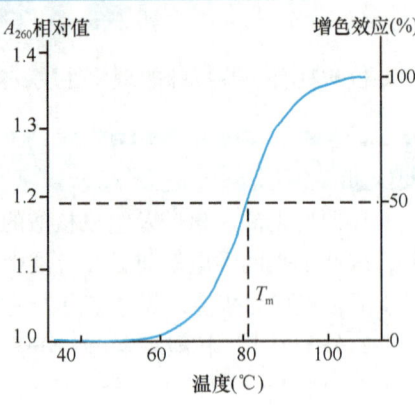

图 3-20 DNA 解链曲线

自测题

一、名词解释

1. 核酸　　2. 核酸变性　　3. 增色效应
4. 核酸分子杂交

二、选择题

（一）单项选择题

1. 构成多核苷酸链骨架的主要化学键是（　　）
   A. 2′,3′- 磷酸二酯键
   B. 2′,4′- 磷酸二酯键
   C. 2′,5′- 磷酸二酯键
   D. 3′,4′- 磷酸二酯键
   E. 3′,5′- 磷酸二酯键

2. 维系 DNA 双链间碱基配对的化学键是（　　）
   A. 氢键　　　　　　B. 磷酸二酯键
   C. 肽键　　　　　　D. 疏水键
   E. 糖苷键

3. 决定 tRNA 携带氨基酸特异性的关键部位是（　　）

A. 3′端 B. DHU 环
C. 二氢尿嘧啶环 D. 额外环
E. 反密码子环

4. 含稀有碱基较多的核酸是（　　）
A. 核 DNA B. 线粒体 DNA
C. tRNA D. mRNA
E. rRNA

5. 真核细胞 mRNA 帽结构最多见的是（　）
A. $m^7ApppNm$ B. $m^7GpppNm$
C. $m^7UpppNmP$ D. $m^7CpppNm$
E. $m^7TpppNm$

6. 双链 DNA 的 T_m 较高是由于下列哪组核苷酸含量较高所致（　　）
A. A+C B. C+G
C. A+T D. G+T
E. A+G

7. 以下 5 种由不同序列构成的 DNA 双螺旋，在相同的条件下进行热变性后退火，其中复性最快的序列为（　　）
A. GCGCGG B. CCGGCGTC
C. GGCAGGCTGC D. ACGTCGGCC
E. TCGAAGGGCCT

（二）多项选择题

8. 维系 DNA 双螺旋结构稳定的化学键为（　　）
A. 肽键 B. 氢键
C. 疏水作用 D. 范德瓦耳斯力
E. 离子键

9. 核小体的核心颗粒包含的组蛋白为（　　）
A. H1 B. H2A C. H2B
D. H3 E. H4

三、填空题

1. 构成核酸的基本单位是_____，由_____、_____和_____三个部分组成。

2. 核酸中核苷酸残基以_____连接。含氮碱基具有_____，使核酸在_____nm 处有最大紫外吸收值。

3. 组成 DNA 的两条多核苷酸链是_____的，四种碱基中_____与_____配对，形成_____个氢键，_____与_____配对，形成_____个氢键。

4. tRNA 的二级结构呈_____形，三级结构呈_____形，其 3′端有一共同碱基序列_____，功能是_____。

5. 真核细胞的 mRNA 帽子由_____组成，其尾部由_____组成。

四、简答题

简述 DNA 分子双螺旋结构的要点。

（宋庆凤）

第4章 维生素

维生素（vitamin）是维持人体正常生理功能所必需，但在体内不能合成或合成量极少，必须由食物供给的一类小分子有机物。维生素每日需要量甚少，它们既不构成机体组织成分，也不作为体内供能物质，然而在调节物质代谢和维持机体正常生理功能等方面却发挥着重要作用。如果长期缺乏某种维生素，会导致维生素的缺乏症，某些维生素摄入过多又会出现中毒，因此，学习和掌握维生素的基本知识，对指导维生素的合理使用及临床上疾病的防治有重要的意义。

第1节 概 述

维生素的命名和分类

（一）命名

维生素的命名一般按其被发现的先后顺序在"维生素"后加上英文字母来命名，如维生素A、维生素B、维生素C、维生素D、维生素E等；也可根据其化学结构特点命名，如维生素B_1是含硫的胺类，故称硫胺素；还可根据维生素的生理功能命名，如维生素B_1又称抗脚气病维生素、维生素D又称抗佝偻病维生素、维生素C又称抗坏血酸等。

（二）分类

维生素的种类较多，它们的化学结构差异很大，最常见的分类方法是按照维生素的溶解性质不同，分为脂溶性维生素和水溶性维生素两大类。

1. **脂溶性维生素** 不溶于水，易溶于脂类及多数有机溶剂，在食物中与脂类共存，并随脂类一同吸收，包括维生素A、维生素D、维生素E、维生素K等。吸收后的脂溶性维生素在血液中与脂蛋白及某些特殊的结合蛋白特异结合而运输，在体内有一定量的储存，主要储存部位是肝脏。

2. **水溶性维生素** 均溶于水，体内过剩的部分可随尿排出体外，因而在体内很少蓄积，也不会因此而发生中毒。因为水溶性维生素在体内的储存很少，所以必须经常从食物中摄取。水溶性维生素包括B族维生素（维生素B_1、维生素B_2、维生素PP、维生素B_6、泛酸、叶酸、生物素、维生素B_{12}）和维生素C。

维生素缺乏原因

脂溶性维生素和水溶性维生素在人体内的代谢特点不同。许多因素可导致维生素缺乏，引起维生素缺乏常见原因主要有以下几种。

1. 摄入量不足　膳食中维生素含量不足、搭配不合理或因食物储存、烹调、加工方法不当，使维生素大量破坏与流失均可引起维生素的摄入不足，如淘米过度、煮稀饭加碱、米面加工过细均可使维生素 B_1 大量丢失或破坏。

2. 吸收利用率降低　某些原因造成消化系统吸收功能障碍，如肠蠕动加快、胆道疾病、长期腹泻等疾病造成维生素的吸收、利用减少。

3. 维生素需要量相对增加而补充相对不足　某些生理或病理条件下，机体对维生素的需要量会相对增加，如生长发育期儿童、孕妇与哺乳期妇女、慢性消耗性疾病患者对维生素的需要量较多，如按常量供给可引起维生素不足或产生维生素缺乏病。

4. 某些药物影响维生素供给　长期服用广谱抗生素使肠道正常菌群的生长受到抑制，可引起某些由肠道细菌合成的维生素缺乏，如维生素 K、维生素 B_6、叶酸等。

第2节　脂溶性维生素

● 案例 4-1

患者，男性，42岁，近期出现晚上走夜路看不见，暗光下视力范围窄，要适应一段时间才能看见点东西，同时伴有眼干燥、畏光等症状。医生诊断结果为夜盲症，建议平时多吃富含维生素 A 的食物。

问题：1. 夜盲症是由于什么原因引起的？
　　　2. 维生素 A 有哪些生理功能？
　　　3. 哪些食物富含维生素 A？

 维生素 A

（一）来源、结构

维生素 A 主要存在于动物体内，其中动物的肝脏、鱼肝油、奶类、禽蛋的蛋黄及鱼卵中含量丰富，这些食物中的维生素 A 能直接被人体利用。植物中不存在维生素 A，但胡萝卜、菠菜、番茄、芒果等黄绿色植物中含有多种胡萝卜素，尤其以 β-胡萝卜素最为重要，它可在肠壁和肝脏中转变为维生素 A，这种本身不具有维生素 A 活性，但在体内可以转变为维生素 A 的物质，称为维生素 A 原。

天然维生素 A 有维生素 A_1 和维生素 A_2 两种形式，维生素 A_1 称视黄醇，维生素 A_2 称3-脱氢视黄醇。维生素 A 在体内的活性形式包括视黄醇、视黄醛和视黄酸。结构如图4-1所示。

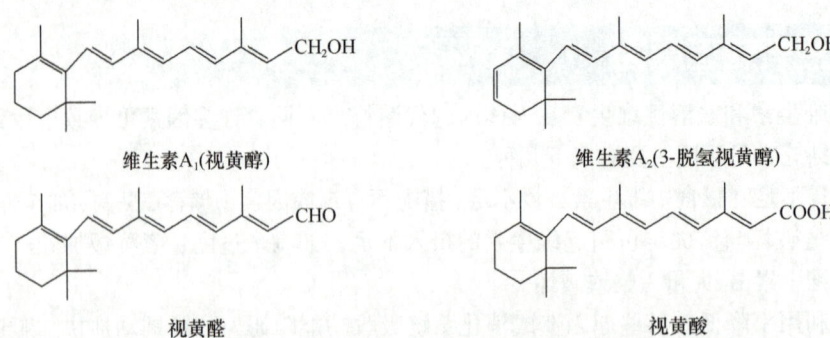

图 4-1 视黄醇、3-脱氢视黄醇、视黄醛和视黄酸的结构

（二）功能及缺乏症

1. 构成视觉细胞内感光物质　人视网膜感光细胞有视锥细胞和视杆细胞两类。其中视杆细胞内有 11-顺视黄醛（维生素 A_1 转变生成）和视蛋白结合而成的络合物——视紫红质。视紫红质对弱光或暗光非常敏感，当视紫红质感光时，11-顺视黄醛在光异构作用下转变成全反视黄醛，并与视蛋白分离而失色，这一光异构变化同时可引起杆状细胞膜的 Ca^{2+} 通道的开放，Ca^{2+} 迅速流入细胞并激发神经冲动，经传导到大脑后产生视觉。在维生素 A 缺乏时，引起 11-顺视黄醛的不足，视紫红质合成减少，对弱光的敏感性降低，使暗适应时间延长，在暗处不能很好地辨别物体，引起"夜盲症"。

2. 参与糖蛋白的合成　维生素 A 能促进组织发育和分化所需要的糖蛋白的合成。若维生素 A 缺乏，可引起上皮组织干燥、增生和角化等，其中以眼、呼吸道、消化道等黏膜上皮组织受影响较为显著。眼部表现为泪腺上皮角化，泪液分泌受阻，以致角膜、结膜干燥，产生眼干燥症（干眼病），因此，维生素 A 又称抗干眼病维生素。

3. 其他作用　维生素 A 通过增加细胞表面的上皮生长因子受体数目而促进生长、发育，儿童缺乏维生素 A 可使生长发育受阻，骨骼生长不良及生育功能减退。人体上皮细胞的正常分化与视黄酸直接相关，流行病学调查表明，维生素 A 的摄入与癌症的发生呈负相关，动物实验也表明，摄入维生素 A 可减轻致癌物质的作用。另外，β-胡萝卜素是抗氧化剂，在氧分压较低的条件下，能直接消灭自由基。

维生素 D

（一）来源、结构

维生素 D 又称抗佝偻病维生素，是类固醇衍生物，主要包括维生素 D_2 和维生素 D_3 两种形式。维生素 D_2 来自植物性食品，维生素 D_3 在食物鱼肝油、动物肝脏和蛋黄含量最丰富，其他食物中含量较少。人体皮下的 7-脱氢胆固醇经紫外线照射可转变成维生素 D_3，故称为维生素 D_3 原，是体内维生素 D 的主要来源。维生素 D_3、维生素 D_2 的生成见图 4-2。

（二）功能及缺乏症

维生素 D_2 和维生素 D_3 本身都没有生理活性。体内维生素 D_3 在肝微粒体 25α-羟化酶催化下生成 25-OH-D_3，经血液运输至肾脏，经肾小管上皮细胞线粒体内 1α-羟化酶的作用生成 1,25-$(OH)_2$-D_3（图 4-3）。1,25-$(OH)_2$-D_3 是体内维生素 D 的主要活性形式，又称活性维生素 D_3。活性维生素 D_3 经血液运输到小肠、骨及肾等靶器官发挥其生理作用。

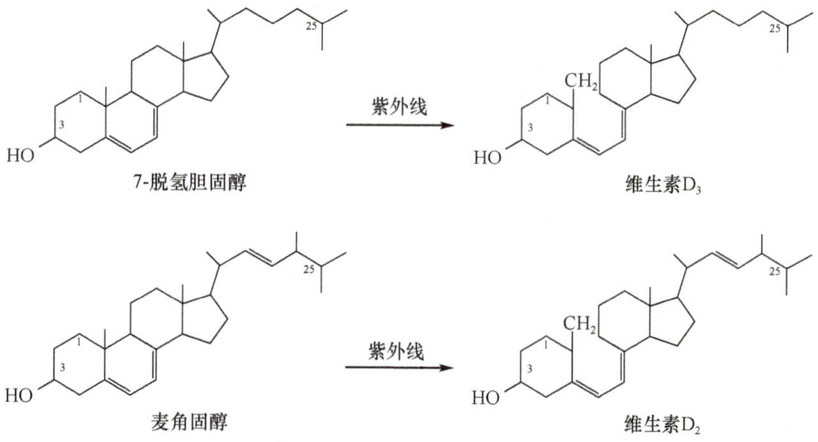

图 4-2 维生素 D_3、维生素 D_2 的生成

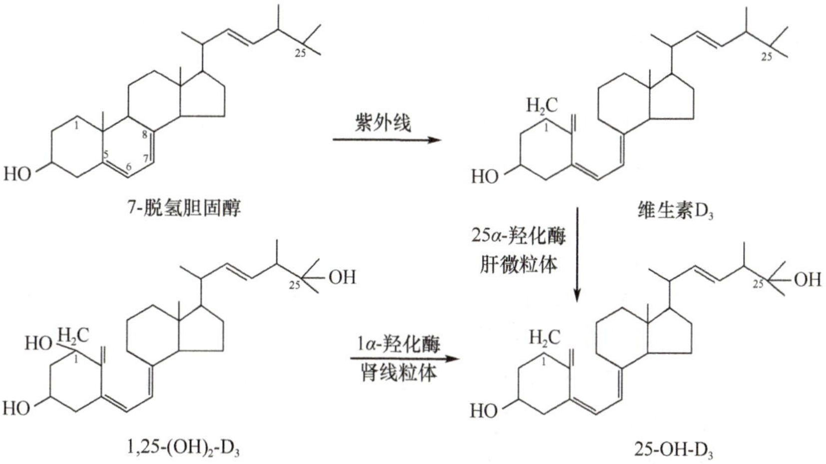

图 4-3 活性维生素 D 的生成

$1,25$-$(OH)_2$-D_3 的主要作用是调节钙磷代谢，提高血钙、血磷浓度，促进骨骼和牙齿的正常生长和钙化。缺乏维生素 D 时，成骨作用发生障碍，儿童可发生佝偻病，成人引起软骨病。

三、维生素 E

（一）来源、结构

维生素 E 在各种植物油、深海鱼油、谷物胚芽、绿叶蔬菜中含量较多，是维生素 E 良好的来源。维生素 E 又称生育酚，它主要分为生育酚和生育三烯酚两大类，每类根据甲基数目和位置不同分成 α、β、γ、δ 四种。自然界以 α-生育酚分布最广，生理活性最强。维生素 E 的结构如图 4-4 所示。

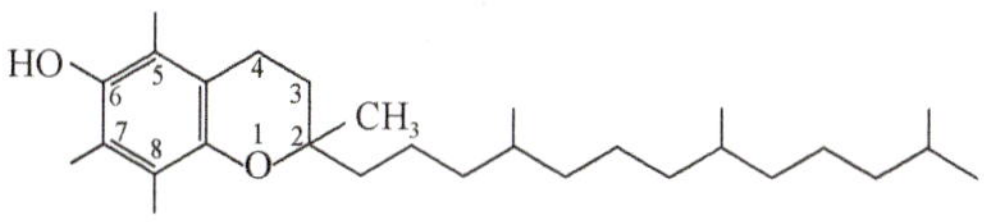

图 4-4 维生素 E 的结构

（二）功能及缺乏症

1. 抗氧化作用 维生素 E 有较强的清除自由基的能力，可防止自由基和过氧化物对生物膜中的不饱和脂肪酸的氧化，保护生物膜的结构和功能。

2. 与动物生殖功能有关 动物实验证明，缺乏维生素 E 时其生殖器官发育受损而不育，如雄鼠不产生精子、雌鼠易发生流产。人类尚未发现维生素 E 缺乏所致的不育症，但临床上常用维生素 E 来治疗先兆流产和习惯性流产。

3. 其他功能 维生素 E 能提高血红素合成过程中关键酶 δ-氨基-γ-酮戊酸（ALA）合酶及 ALA 脱水酶的活性，促进血红素的合成。所以孕妇、哺乳期的妇女及新生儿应注意补充维生素 E。

维生素 E 一般不易缺乏，在严重的脂类吸收障碍和严重肝损伤时可引起缺乏症，表现为红细胞数量减少、脆性增加等贫血症，偶可引起神经障碍。

四、维生素 K

（一）来源、结构

维生素 K 是萘醌的衍生物，又称凝血维生素。天然维生素有维生素 K_1、维生素 K_2 两种。维生素 K_1 在绿叶蔬菜和动物肝脏中含量丰富，维生素 K_2 则是人体肠道细菌的代谢产物。临床上常用的维生素 K_3、维生素 K_4 是人工合成的，能溶于水，可口服或肌内注射。

（二）功能及缺乏症

维生素 K 的主要功能是维持体内凝血因子 Ⅱ、Ⅶ、Ⅸ、Ⅹ 的正常水平，促进血液凝固。凝血因子由无活性型向活性型的转变需要 γ-羧化酶的催化，维生素 K 作为该酶的辅助因子参与此转化反应。维生素 K 缺乏可使凝血时间延长，严重时发生皮下、肌肉、胃肠道出血。因维生素 K 来源广泛，且体内肠道中细菌也能合成，故一般不易缺乏。但胰腺疾病、胆管疾病、小肠黏膜萎缩等疾病及长期应用广谱抗生素，可引起维生素 K 缺乏。另外维生素 K 不能通过胎盘，新生儿出生后肠道内又无细菌，所以有可能引起缺乏。

第3节 水溶性维生素

水溶性维生素包括 B 族维生素和维生素 C。它们在体内储存很少，过剩时可随尿排出，必须经常从膳食中摄取。B 族维生素在体内作为酶的辅助因子参与和调节物质代谢和能量代谢。

一、维生素 B_1

（一）来源、结构

维生素 B_1 又称抗脚气病维生素，由含氨基的嘧啶环和含硫的噻唑环组成，故又称为硫胺素。维生素 B_1 在植物中广泛分布，种子外皮（如麦麸、米糠）、胚芽、酵母及瘦肉中含量丰富。

（二）功能及缺乏症

维生素 B_1 在体内不具有生理活性，当体内的维生素 B_1 在肝脏及脑组织中经硫胺素焦磷酸激酶作用生成硫胺素焦磷酸（TPP）时，才具有生理活性（图 4-5）。

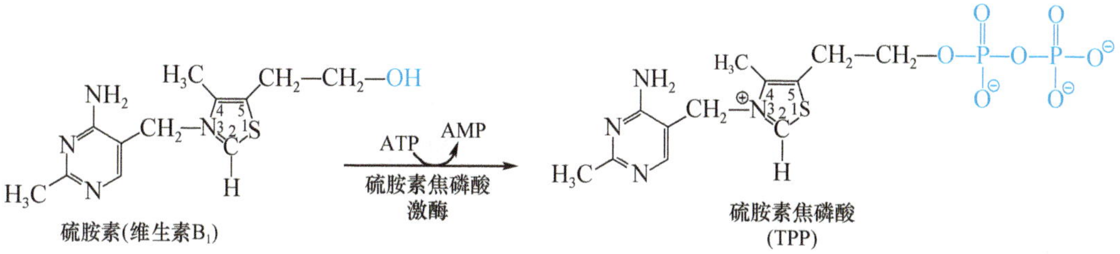

图 4-5　硫胺素焦磷酸的生成

（1）TPP 是 α-酮酸氧化脱羧酶系的辅酶，参与体内糖有氧氧化中丙酮酸、α-酮戊二酸氧化脱羧反应。维生素 B_1 缺乏时，机体内 TPP 合成不足，代谢中间产物 α-酮酸氧化发生障碍，神经组织因供能不足影响神经细胞膜髓鞘磷脂合成，导致末梢神经炎及其他神经病变；同时乳酸、丙酮酸堆积在神经组织中，出现多发性神经炎、心力衰竭、肌肉萎缩等症状，称为"脚气病"。

（2）TPP 是转酮酶的辅酶，参与体内磷酸戊糖代谢。

（3）维生素 B_1 可抑制胆碱酯酶活性：胆碱酯酶的主要功能是催化乙酰胆碱的水解。当维生素 B_1 缺乏时，对胆碱酯酶的抑制作用减弱，乙酰胆碱水解加快，导致神经传导受到影响。

> **链接**
>
> **脚气病与"脚气"**
>
> 正常情况下，神经组织的能量来源主要靠糖有氧氧化供给。脚气病是因维生素 B_1 缺乏，TPP 合成不足，α-酮酸氧化脱羧发生障碍，导致糖有氧氧化受阻，能量供应不足，尤其是神经组织，影响神经细胞膜髓鞘磷脂的合成，同时丙酮酸和乳酸堆积，易出现多发性末梢神经炎，严重者引起心率加快、心力衰竭、肌肉萎缩等症状，称为脚气病。而通常出现的"脚气"是由于真菌感染导致的足癣，二者发病机制不同。

二、维生素 B_2

（一）来源、结构

维生素 B_2 广泛存在于动、植物组织中，米糠、酵母、蛋黄、肝脏、肾脏、乳类中含量丰富。微生物核黄菌有合成核黄素的能力。维生素 B_2 又名核黄素，是由核糖醇和异咯嗪结合而成，异咯嗪环存在共轭双键，能反复加氢和脱氢，具有可逆的氧化还原反应特性。其分子中有两个活泼的双键，在生物体内氧化还原反应过程中起传递氢的作用（图 4-6）。

（二）功能及缺乏症

体内的维生素 B_2 在小肠黏膜中黄素激酶的作用下，转变成黄素单核苷酸（FMN），进一步在焦磷酸化酶的催化下生成黄素腺嘌呤二核苷酸（FAD）。FMN 及 FAD 是维生素 B_2 在体内的活性形式（图 4-6）。它们作为体内许多氧化还原酶的辅基，是生物氧化呼吸链中重要的递氢体，参与糖、氨基酸和脂肪酸等的氧化过程。机体缺乏维生素 B_2 则出现能量和物质代谢的紊乱，可引起口角炎、唇炎、阴囊炎、脂溢性皮炎等症。

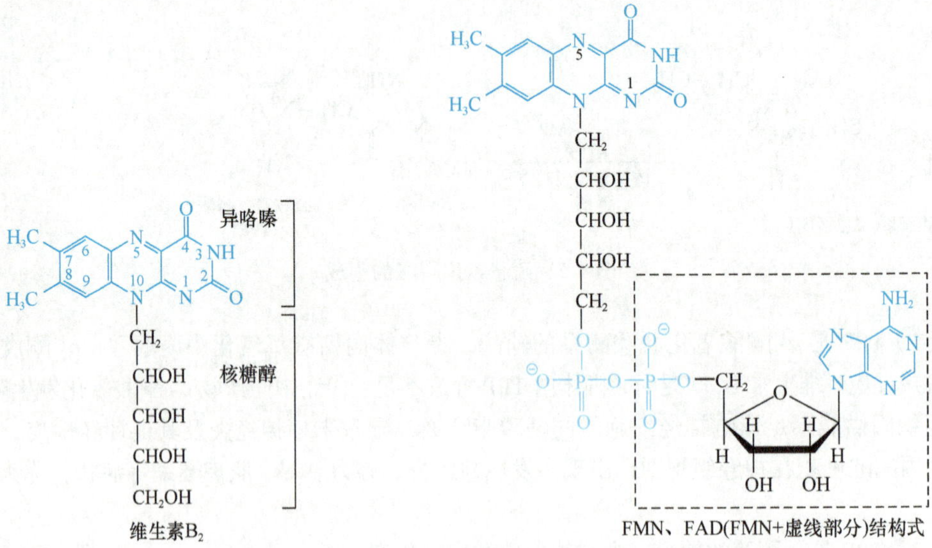

图 4-6 维生素 B_2 及 FMN、FAD（维生素 B_2 活性形式）结构

三 维生素 PP

（一）来源、结构

人体（肝）能利用色氨酸合成少量维生素 PP，但不能满足需要。体内所需维生素 PP 主要由食物提供，如动物肝脏、酵母、花生、全谷类及肉类等，谷类加工越精细，维生素 PP 丢失越多。维生素 PP 即维生素 B_3，包括烟酸（尼克酸）和烟酰胺（尼克酰胺）两种，两者均是吡啶的衍生物，在体内可相互转化。

（二）功能及缺乏症

维生素 PP 在体内的活性形式是烟酰胺腺嘌呤二核苷酸（NAD^+）和烟酰胺腺嘌呤二核苷酸磷酸（$NADP^+$），其中烟酰胺部分具有可逆的加氢和脱氢的性质，是生物氧化重要的递氢体，其结构见图 4-7。

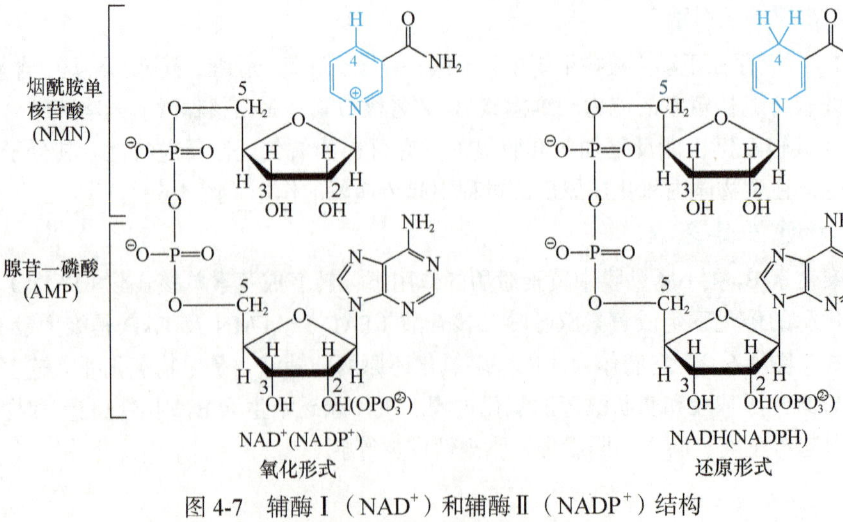

图 4-7 辅酶Ⅰ（NAD^+）和辅酶Ⅱ（$NADP^+$）结构

人类维生素 PP 缺乏时易引起糙皮病，其典型症状为皮炎、腹泻及痴呆。皮炎特征性表现为暴露部位呈对称性，痴呆是神经组织变性的结果。此病多发于以玉米为主食的地区，现已基本控制。另外，抗结核药物异烟肼的结构与维生素 PP 十分相似，两者有拮抗作用，长期服用可能引起维生素 PP 缺乏。

四 维生素 B_6

（一）来源、结构

食物中普遍存在维生素 B_6，如麦胚芽、米糠、大豆、酵母、蛋黄、肝、鱼、肉及绿叶蔬菜中含量丰富，其中酵母和米糠中含量最多。维生素 B_6 是吡啶的衍生物，包括吡哆醇、吡哆醛、吡哆胺，在体内以磷酸酯的形式存在，其主要的活性形式是磷酸吡哆醛、磷酸吡哆胺。

（二）功能及缺乏症

（1）磷酸吡哆醛是氨基转移酶的辅酶，具有转移氨基的作用，参与体内氨基酸转氨基反应。

（2）磷酸吡哆醛是氨基酸脱羧酶的辅酶，参与某些氨基酸的脱羧基作用，生成重要的胺类物质，如谷氨酸脱羧生成的 γ-氨基丁酸是一种抑制性神经递质。临床上常用维生素 B_6 治疗小儿惊厥及妊娠呕吐。

（3）磷酸吡哆醛是 δ-氨基-γ-酮戊酸（ALA）合成酶的辅酶。ALA 合成酶是血红素合成的限速酶。

（4）磷酸吡哆醛作为糖原磷酸化酶的重要组成成分，参与糖原分解为葡糖-1-磷酸的过程。

人类未发现维生素 B_6 缺乏的典型病例。长期用异烟肼治疗结核时，因异烟肼能与磷酸吡哆醛结合，使其失去辅酶作用，所以在服用异烟肼时，应补充维生素 B_6。

五 泛酸

（一）来源、结构

泛酸又称遍多酸，由于在自然界分布广泛而得名。在体内，泛酸与 3′-磷酸腺苷 5′-焦磷酸及巯基乙胺结合形成辅酶 A。辅酶 A 是泛酸的活性形式，常用 HSCoA 表示，结构如图 4-8 所示。

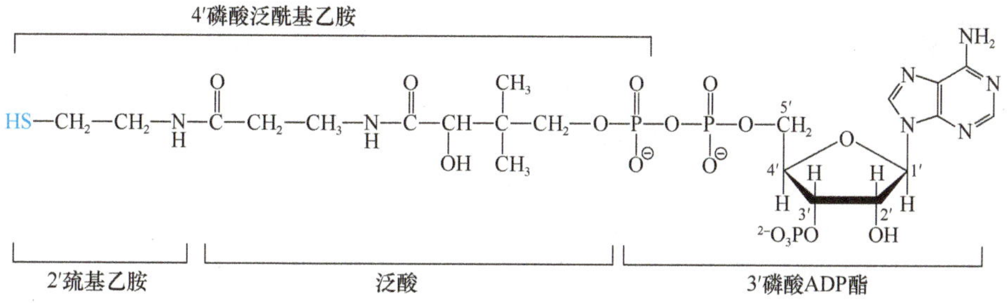

图 4-8　辅酶 A 结构

（二）功能及缺乏症

辅酶 A 是各种酰基转移酶的辅酶，主要起传递酰基的作用，其结构中的—SH 与酰基转移密切相关。泛酸缺乏症很少见。

维生素 B_{12}

(一)来源、结构

维生素 B_{12} 又称钴胺素,是唯一含金属元素的维生素。广泛存在于动物性食品中,肝、肾、瘦肉、鱼、蛋中含量丰富,植物性食物中不含维生素 B_{12}。

(二)功能及缺乏症

维生素 B_{12} 在体内因结合的基团不同,可有多种存在形式,其中甲基钴胺素(CH_3-B_{12})和 5′-脱氧腺苷钴胺素是维生素 B_{12} 的两种活性形式,它们具有如下的功能:

1. 参与一碳单位的代谢　甲基钴胺素是 N^5-甲基四氢叶酸甲基转移酶的辅酶,参与甲基的转移。N^5-甲基四氢叶酸甲基转移酶催化 N^5-甲基四氢叶酸与同型半胱氨酸之间进行甲基反应,产生四氢叶酸和甲硫氨酸。当维生素 B_{12} 缺乏时,N^5-甲基四氢叶酸上的甲基不能转移,影响四氢叶酸的再生和一碳单位的转运,导致核酸合成障碍,影响细胞分裂,产生巨幼红细胞贫血。

2. 促进血红素的合成　5′-脱氧腺苷钴胺素是 L-甲基丙二酰 CoA 变位酶的辅酶,催化琥珀酰 CoA 的生成,琥珀酰 CoA 是血红素合成的原料。

维生素 B_{12} 来源广泛,缺乏症少见,但它的吸收需要胃壁细胞分泌的内因子参与,如萎缩性胃炎及全胃切除等情况,因内因子不足可影响维生素 B_{12} 的吸收,从而导致恶性贫血。

叶酸

(一)来源、结构

叶酸因在绿叶中含量十分丰富而得名,由 L-谷氨酸、对氨基苯甲酸(PABA)和 2-氨基-4-羟基-6-甲基蝶呤啶组成,又称蝶酰谷氨酸。在绿叶蔬菜、水果、动物肝、谷类及酵母中含量丰富,肠道细菌也可合成。叶酸结构见图 4-9。

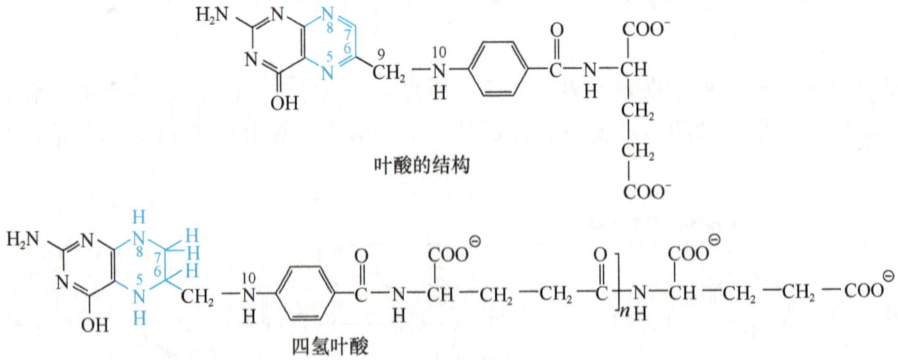

图 4-9　叶酸结构

(二)功能及缺乏症

在肠壁、肝、骨髓等组织中,叶酸在叶酸还原酶(辅酶为 NADPH)的催化下,可转变成四氢叶酸(FH_4)。FH_4 是体内叶酸的活性形式,一碳单位转移酶的辅酶,具有运输一碳单位的作用。一碳单位在体内参与多种物质的合成,与核酸及某些氨基酸代谢密切。当叶酸缺乏时,影响 DNA 的合成,造成骨髓幼红细胞的 DNA 合成减少,幼红细胞分裂增殖速度降低,细胞体积变大,造成巨幼红细胞贫血。

八 维生素C

（一）来源、结构

维生素C又称抗坏血酸。主要来源于新鲜水果和蔬菜，如鲜枣、山楂、柑橘、草莓、猕猴桃及辣椒等。植物中含有的抗坏血酸氧化酶，能将维生素C氧化失活，故蔬菜、水果存放时间过长，维生素C含量会降低。干的豆类及种子不含维生素C，但当豆或种子发芽后可以产生维生素C，所以豆芽为北方冬季维生素C的重要来源。

（二）功能及缺乏症

1. 参与羟化反应　维生素C在体内羟化反应中发挥重要的辅助因子作用。

（1）促进胶原蛋白的合成：胶原蛋白合成时，多肽链中脯氨酸和赖氨酸羟化转变成羟脯氨酸和羟赖氨酸，是维持胶原蛋白空间结构的必备物质。维生素C是羟化酶的辅助因子之一，可以促进胶原蛋白的合成。

（2）参与胆固醇的羟化：体内胆固醇在肝脏7α-羟化酶的催化下转化为胆汁酸而排泄。维生素C是7α-羟化酶的辅助因子，缺乏维生素C会影响胆固醇的代谢。此外，肾上腺皮质激素合成中，某些反应也需要维生素C的参与。

2. 参与氧化还原反应　维生素C具有很强的还原性，在体内氧化还原反应中起着很重要的作用。

（1）保护巯基的作用：维生素C可以在谷胱甘肽还原酶作用下，促使氧化型谷胱甘肽（G—S—S—G）转变为还原型谷胱甘肽（G—SH）。还原型G—SH能使细胞膜的脂质过氧化物还原，起到保护细胞膜的作用。

（2）其他作用：维生素C能使红细胞中的高铁血红蛋白（MHb）还原为血红蛋白（Hb），使其恢复对氧的运输。也可使食物中的Fe^{3+}还原为Fe^{2+}，提高铁的吸收率。维生素C能保护维生素A、维生素E、维生素B免遭氧化，还能促使叶酸转变成有活性的四氢叶酸。

3. 抗病毒作用　维生素C能增加淋巴细胞的生成，提高吞噬细胞的吞噬能力，促进免疫球蛋白的合成，因此能提高机体免疫力。临床上用于心血管疾病、病毒性疾病等的支持治疗。

当维生素C缺乏时羟化酶活性降低，胶原蛋白合成障碍，导致毛细血管破裂，造成牙龈肿胀与出血，若发生在皮肤表面，会产生淤血、紫癜、伤口愈合不良，严重者出现胃、肠道、鼻、肾脏及骨膜下出血现象，临床上称为坏血病。此外还能影响骨髓正常钙化，出现伤口愈合不良、抵抗力低下、肿瘤扩散等。

> **链接**
>
> **勿让维生素变成"危身素"**
>
> 维生素是维持人体健康所必需的营养素。许多人把维生素看作一种营养药，认为维生素吃得越多对身体越好，其实不然，盲目乱用维生素必然会危害身体健康。例如，长期大量使用维生素D会引起低热、厌食、体重下降、心律失常、神经衰弱等，大量使用维生素C可引起腹泻、胃酸过多、肾结石等。维生素A、维生素E、维生素B_1、维生素B_2等使用过多也同样对身体造成不良影响。因此要根据具体情况，在医生的指导下，合理应用维生素。尤其不要把它当作营养品而长期服用，使维生素变成"危身素"。

各种维生素总结见表4-1。

表 4-1 各种维生素总结

分类	名称	活性形式	日需要量	来源	生理功能	缺乏症
脂溶性维生素	维生素A（视黄醇）	11-顺视黄醛、视黄醇、视黄酸	80μg（2600U）	肝、蛋黄、牛奶、绿叶菜类、黄色菜类、红心甜薯、胡萝卜、青椒、南瓜等	1. 构成视紫红质 2. 维持上皮组织结构的完整 3. 促进生长发育	夜盲症 干眼病 皮肤干燥
	维生素D（抗佝偻病维生素）	1,25-(OH)$_2$-D$_3$	5～10μg（200～400U）	肝、蛋黄、鱼肝油等；日光照射可生成	促进小肠的钙、磷吸收，有利于骨的生长和钙化	儿童：佝偻病 成年人：软骨病
	维生素E（生育酚）		8～10mg	主要来源于植物油，蔬菜和豆类中含量也比较丰富	1. 抗氧化作用 2. 维持生殖功能 3. 能促进血红素的合成	尚未发现缺乏症
	维生素K（凝血维生素）		60～80μg	肝、鱼肝油、蛋黄、乳酪、绿色蔬菜	促进肝合成凝血因子 II、VII、IX、X	常发生皮下、肌肉、胃肠道凝血障碍
水溶性维生素	维生素B$_1$（抗脚气病维生素）	TPP	1.2～1.5mg	瘦肉、酵母及谷类、豆类的外皮和胚芽	1. 是α-酮酸氧化脱羧酶系的辅酶 2. 抑制胆碱酯酶的活性	脚气病 胃肠道功能障碍
	维生素B$_2$（核黄素）	FMN 和 FAD	1.2～1.5mg	肝、肾、鳝鱼、牛奶、绿叶蔬菜	构成黄素酶的辅基，参与生物氧化体系	口角炎、唇炎、阴囊炎
	维生素PP（抗癞皮病维生素）	NAD$^+$ 和 NADP$^+$	15～20mg	肝、肾、瘦肉、全谷、豆类、绿叶蔬菜、花生	构成不需氧脱氢酶的辅酶，在生物氧化中起递氢作用	癞皮病
	维生素B$_6$（吡哆醇、吡哆醛、吡哆胺）	磷酸吡哆醛、磷酸吡哆胺	2mg	肉类、蛋黄、谷物、绿叶蔬菜	是蛋白质代谢中的转氨酶的辅酶及某些氨基酸脱羧酶的辅酶	尚未发现典型缺乏症
	泛酸（遍多酸）	CoA		动植物组织中均含有	是酰基转移酶的辅酶，参与体内的酰基转移	尚未发现典型缺乏症
	生物素（维生素H）			肝、肾、牛奶等食物，其次为豆类、菜花	1. 羧化酶的辅酶 2. 参与维生素B$_{12}$、叶酸、泛酸的代谢	尚未发现典型缺乏症
	叶酸	FH$_4$	200～400μg	肝、绿叶蔬菜、新鲜水果中，豆类、谷类	1. 构成一碳单位转移酶的辅酶 2. 与蛋白质核酸的合成有关	巨幼红细胞贫血
	维生素B$_{12}$（钴胺素）	甲基钴胺素、5'-脱氧腺苷钴胺素	2～3μg	肝脏、肾脏、肉等动物性食品；肠道细菌可合成少量	1. 是转甲基酶的辅酶 2. 促进红细胞的分裂与成熟 3. 促进甲硫氨酸的再利用	巨幼红细胞贫血
	维生素C（抗坏血酸维生素）		60mg	新鲜蔬菜、水果，特别是猕猴桃、番茄、柑橘、辣椒、鲜枣等	1. 参与体内羟化反应 2. 参与体内的氧化还原反应 3. 促进铁的吸收	坏血病

自测题

一、名词解释

1. 维生素 2. 维生素A原 3. 水溶性维生素 4. 脂溶性维生素

二、选择题

（一）单项选择题

1. 参与构成视觉细胞内感光物质的维生素是（   ）
   A. 维生素 D   B. 维生素 A
   C. 维生素 B_2 D. 维生素 B
   E. 维生素 C

2. 维生素 A 缺乏时可能发生（   ）
   A. 夜盲症   B. 白内障
   C. 白化病   D. 软骨症
   E. 色盲症

3. 维生素 B_2 常见的活性形式是（   ）
   A. NAD^+ B. $NADP^+$
   C. 吡哆醛   D. TPP
   E. FAD

4. 人体内维生素 D 的最主要来源是（   ）
   A. 日光照射皮肤产生
   B. 食入蛋类提供
   C. 食入蔬菜类提供
   D. 食入水果类提供
   E. 食入动物肝脏产生

5. 脚气病是由于缺乏哪种维生素引起的（   ）
   A. 维生素 D   B. 维生素 K
   C. 维生素 B_1 D. 维生素 E
   E. 维生素 B_{12}

6. 下列哪种操作不适宜保存蔬菜中的维生素（   ）
   A. 菜要先洗后切
   B. 菜切好即炒，忌久置
   C. 为除去农药切好的菜要浸泡2小时以上
   D. 买菜要买新鲜的
   E. 烹炒蔬菜时加点醋，可减少维生素C的损失

7. 维生素 K 缺乏可引起（   ）
   A. 凝血因子合成障碍   B. 血友病
   C. 巨幼细胞贫血   D. 溶血
   E. 蚕豆病

8. 临床上常用于辅助治疗婴儿惊厥和妊娠呕吐的维生素是（   ）
   A. 维生素 B_1 B. 维生素 B_2
   C. 维生素 B_6 D. 维生素 D
   E. 维生素 E

9. 长期服用广谱抗生素可导致缺乏的维生素是（   ）
   A. 维生素 K   B. 维生素 D
   C. 维生素 A   D. 维生素 E
   E. 维生素 PP

10. 坏血病患者应该多吃的食物是（   ）
    A. 水果和蔬菜   B. 鱼肉和猪肉
    C. 鸡蛋和鸭蛋   D. 糙米和猪肝
    E. 各种干果

（二）多项选择题

11. 下列维生素中属于脂溶性的是（   ）
    A. 维生素 A   B. 维生素 B_2
    C. 维生素 C   D. 维生素 D_3
    E. 维生素 E

12. 下列维生素中，属于B族维生素的有（   ）
    A. 维生素 B_{12} B. 维生素 PP
    C. 生物素   D. 泛酸
    E. 叶酸

13. 下列对维生素E生理功能描述正确的是（   ）
    A. 促进血红素的生成
    B. 抗氧化作用
    C. 促进钙的吸收

43

D. 降低血浆低密度脂蛋白（LDL）的浓度
E. 促进凝血因子的合成

三、填空题

1. 临床上对长期用异烟肼的患者应适当补充维生素_____和_____。
2. 维生素 B_1 又名_____，其在体内的活性形式为_____，它是体内_____酶和_____酶的辅酶，参与糖代谢。
3. 维生素PP的活性形式是_____和_____，是多种不需氧脱氢酶的辅酶。
4. 临床上出现巨幼红细胞贫血，常因_____和_____两种红维生素缺乏所致。
5. 维生素 D 的活性形式是_____，成人缺乏维生素 D 会导致_____；含金属元素钴的维生素是_____。

四、简答题

1. 维生素分为哪几类？各类包括哪些维生素？引起维生素缺乏症的原因有哪些？
2. TPP、FMN、NAD^+、HSCoA 各代表什么物质？分别含有哪种维生素？
3. 试述化妆品中为什么常含有维生素 C、维生素 E，它们有何护肤作用？

（卢英芹）

第 5 章 酶

新陈代谢是生命最基本的特征，是生物体生存的基本条件。生物体的新陈代谢时时刻刻都在进行着，它是生物体内许多规律而又复杂有序的化学反应的总称，新陈代谢一旦停止，生命也就结束。代谢过程中的化学反应几乎都是在酶的催化下进行的，如果没有酶的存在，一切代谢过程都不可能实现，代谢异常还将引起疾病。所以酶在生命活动中占有极其重要的地位。因此，医护工作者掌握酶学的基本知识，研究正常人体的代谢规律，了解疾病时代谢的异常变化，对临床上某些疾病的发生、疾病的诊断、疾病的治疗具有重要的意义。那么什么是酶？酶有什么特性？酶分子组成和分子结构是什么？影响酶作用的因素有哪些？带着问题，让我们来学习酶学的知识。

第 1 节 概 述

一、酶的概念

酶（enzyme，E）是由活细胞合成的具有催化作用的生物大分子物质。酶所催化的反应称为酶促反应。被酶催化的反应物称为酶的底物（substrate，S），反应后生成的物质称为产物（product，P）。酶所具有的催化能力称为酶的活性，酶失去催化能力称为酶的失活。

生物体内绝大多数酶类是蛋白质，少部分酶为 RNA。本章主要讨论由蛋白质组成的酶类。

二、酶促反应的特性

（一）极高的催化效率

酶的催化效率极高，比一般催化剂高 $10^7 \sim 10^{13}$ 倍。例如，蔗糖酶催化蔗糖水解的速度比用 H^+ 催化效率高 2.5×10^{12} 倍；过氧化物酶催化过氧化氢分解比 Fe^{3+} 的催化效率约高 10^6 倍。

酶高效的催化效率源于酶比一般催化剂更有效地降低反应的活化能（图 5-1）。在任何化学反应中，反应物分子必须超过一定的能阈，成为活化的状态，才能发生变化，形成产物。这种提高低能分子达到活化状态的能量，称为活化能。

（二）高度专一性

一种酶只催化一种或一类化合物发生一定的化学反应生成一定的产物，这种现象称为酶

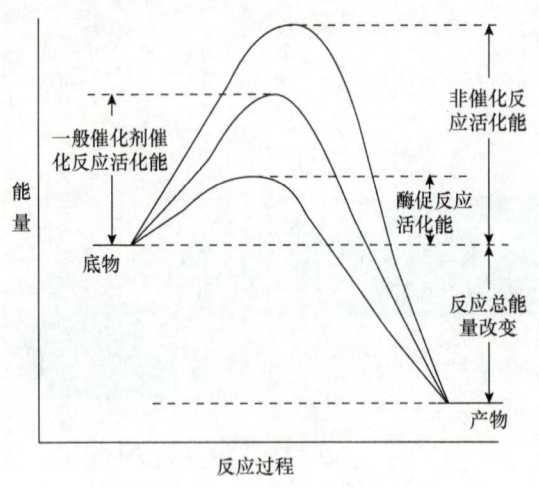

图 5-1 酶促反应活化能的改变

的专一性。根据酶对底物选择性的严格程度不同，其专一性可分为三种类型。

1. 绝对专一性　一种酶只对一种底物起催化作用，并且只能催化一种反应，这种严格的选择性称为绝对专一性。例如，脲酶只能催化尿素水解生成 NH_3 和 CO_2，而不能催化甲基尿素的水解。

2. 相对专一性　一种酶可作用于一类化合物或一种化学键，这种不太严格的选择性称为相对专一性。例如，脂肪酶不仅催化脂肪水解，也能催化简单的酯类水解；酯酶可作用于多种有机酸和醇形成的酯类化合物。可见这些酶的专一性不太严格。

3. 立体异构专一性　一种酶只能催化底物的一种立体异构体进行反应，而对另一种异构体无作用，酶的这种对立体异构体的选择性称为立体异构专一性。例如，体内的乳酸脱氢酶只能催化 L-乳酸脱氢生成丙酮酸，而对 D-乳酸则无催化作用。

（三）酶活性的可调性

酶是生物体的组成成分，和体内其他物质一样，不断在体内新陈代谢，酶的催化活性也受多方面的调控。例如，酶的生物合成的诱导和阻遏、酶的化学修饰、抑制物的调节作用、代谢物对酶的反馈调节、酶的别构调节及神经体液因素的调节等，这些调控保证酶在体内新陈代谢中发挥其恰如其分的催化作用，使生命活动中的种种化学反应都能够有条不紊、协调一致地进行。

（四）酶活性的不稳定性

酶促反应要求一定的 pH、温度等温和条件，因酶的本质是蛋白质，酶的活性极易受各种环境因素的影响而发生改变。一切能使蛋白质变性的理化因素都可使酶蛋白变性而失去催化活性，如高温、强酸、强碱、重金属盐、紫外线等。

 酶的分类与命名

（一）酶的分类

根据国际酶学委员会规定，酶按其所催化的反应可分为六大类。

1. 氧化还原酶类（oxidoreductase）　催化底物进行氧化还原反应的酶类。例如，乳酸脱氢酶、细胞色素氧化酶等。

2. 转移酶类（transferase）　催化底物分子之间进行某些基团转移的酶类。例如，氨基转移酶、甲基转移酶。

3. 水解酶类（hydrolase）　催化底物进行水解反应的酶类。例如，淀粉酶、脂肪酶、核糖核酸酶。

4. 合成酶类（synthetase）　催化两个底物分子结合成一分子化合物，同时伴随着 ATP 的高能磷酸键断裂及能量释放的酶类。例如，柠檬酸合成酶、谷氨酰胺合成酶。

5. 裂解酶类（lyase）　催化一分子底物分解为两分子产物或其逆反应的酶类。例如，碳酸酐酶。

6.异构酶类（isomerase） 催化底物转化为同分异构体的酶类。例如，磷酸己糖异构酶、顺乌头酸酶等。

（二）酶的命名

1.习惯命名法 按照过去的习惯，有的酶是根据酶所催化的底物对酶进行命名，如淀粉酶、脂肪酶、蛋白酶；有的酶是根据酶所催化的反应的性质进行命名，如乳酸脱氢酶、细胞色素氧化酶等；还有的酶是根据酶的来源进行命名，如胃蛋白酶、唾液淀粉酶等。

习惯命名法简单，应用历史长，但缺乏系统性，有时出现一酶数名或一名数酶的现象。

2.系统命名法 1961年国际生物化学学会提出酶的系统命名法。系统命名法对每一种酶的命名包括底物名称、构型、反应性质，最后加一个酶字，另外还有四个数字组成的分类编号。例如，谷草转氨酶为习惯名称，其系统名称为L-天冬氨酸：α-酮戊二酸氨基转移酶，系统编号为EC（enzyme commission）2.6.1.1。系统编号表示一种酶的系统分类，其四个数字中的第一个数字表示该酶属于六大类中哪一类，第二个数字表示该酶属于哪一亚类，第三个数字表示属于亚-亚类，第四个数字表示亚-亚类中的排序。

第2节 酶的分子组成与分子结构

酶的分子组成

根据酶的组成成分的不同，可分单纯酶（simple enzyme）和结合酶（conjugated enzyme）两类。

（一）单纯酶

单纯酶是由氨基酸组成的一类酶，基本组成成分仅为氨基酸组成的纯蛋白。单纯酶的催化活性仅仅由它的蛋白质结构决定，如脲酶、蛋白酶、淀粉酶、酯酶、核糖核酸酶等均属此类。

（二）结合酶

结合酶除了氨基酸组成的蛋白质成分外，还有非蛋白质成分。结合酶的蛋白质部分称为酶蛋白（apoenzyme），非蛋白质部分称为辅助因子（cofactor），两者结合成的复合物称为全酶（holoenzyme），即：

全酶　　＝　　酶蛋白　　＋　　辅助因子
（结合酶）　　（蛋白质部分）　　（非蛋白质部分）

结合酶的辅助因子包括金属离子和小分子有机化合物。金属离子有 Mg^{2+}、Cu^{2+}（或 Cu^+）、Zn^{2+} 和 Fe^{2+}（或 Fe^{3+}）等，小分子有机化合物多为B族维生素的衍生物（表5-1）。

表5-1 B族维生素的辅助因子形式

B族维生素	辅助因子形式	主要功能
维生素 B_1（硫胺素）	焦磷酸硫胺素（TPP）	参与脱羧作用
维生素 B_2（核黄素）	黄素单核苷酸（FMN） 黄素腺嘌呤二核苷酸（FAD）	传递氢

续表

B 族维生素	辅助因子形式	主要功能
维生素 PP（烟酰胺）	烟酰胺腺嘌呤二核苷酸（NAD^+） 烟酰胺腺嘌呤二核苷酸磷酸（$NADP^+$）	传递氢
维生素 B_6（吡哆素）	磷酸吡哆醛 磷酸吡哆胺	传递氨基
生物素	生物素	转移 CO_2
维生素 B_{12}（钴胺素）	5-甲基钴胺素	转移甲基
泛酸	辅酶 A（CoA）	转移酰基
叶酸	四氢叶酸（FH_4）	转移"一碳单位"

结合酶中的酶蛋白与辅助因子单独存在均无催化活性，酶的催化作用将不能发挥，二者必须结合起来才能构成完整的全酶，发挥其特有的催化作用。在酶促反应过程中，酶蛋白与辅助因子的功能也不相同，酶蛋白决定酶催化反应的专一性，辅助因子决定酶催化反应的性质，起传递电子、原子及转移基团的作用。一种酶蛋白只能与一种辅助因子组成一种催化能力的全酶；一种辅助因子可与多种酶蛋白组成多种不同催化功能的全酶。

根据辅助因子与酶蛋白结合的紧密程度不同分成辅酶（coenzyme）和辅基（prosthetic group）两大类，辅酶与酶蛋白结合疏松，可用透析或超滤方法除去，辅基与酶蛋白结合紧密，不易用透析或超滤方法除去，辅酶和辅基的差别仅仅是它们与酶蛋白结合的牢固程度不同，而无严格的界限。

酶的分子结构

（一）必需基团

在酶分子上有多种化学基团，其中与酶的催化活性密切相关的基团称为酶的必需基团（essential group），或称为活性基团。常见的必需基团如—OH、—COOH、—NH_2、—SH、咪唑基等。必需基团包括活性中心内的必需基团与活性中心外的必需基团两种，而活性中心内的必需基团又分为结合基团和催化基团。结合基团能与底物结合并形成酶-底物复合物，催化基团能催化底物发生化学变化转化为产物。有的必需基团两种功能同时兼有，既有结合功能又有催化功能。在活性中心之外还有一些必需基团没有结合或催化功能，主要用于维持酶活性中心空间构象的稳定性，称为活性中心外必需基团（图 5-2）。

（二）酶的活性中心

酶分子上必需基团相互集中并形成既能与底物特异结合又能将底物转化为产物的特定区域，称为酶的活性中心（active center）。活性中心是酶发挥催化功能的关键部位，如果活性中心被破坏或被抑制剂占据，酶就失去催化作用（图 5-2）。

图 5-2 酶的必需基团及活性中心示意图

三、酶的特殊存在形式

（一）酶原与酶原的激活

有些酶在细胞内合成或初分泌时没有催化活性，这种无活性状态的酶的前体称为酶原（zymogen）。酶原在一定条件下能转变成有活性的酶的过程，称为酶原的激活。

酶原激活的实质是在特定条件下，酶原分子某一处或几处肽段被切除，使酶分子构象发生改变，酶的活性中心形成或暴露，酶原转变为有活性的酶。例如，胰蛋白酶原刚合成时，由胰腺分泌进入小肠，此酶多一个六肽，故其活性中心基团不能形成活性中心，酶原无活性。当它进入小肠后，在 Ca^{2+} 的存在下，受小肠黏膜分泌的肠激酶作用，N 端第 6 位赖氨酸和第 7 位异亮氨酸之间的肽键被水解切断，失去一个六肽，使构象发生改变，这时肽链中的异亮氨酸、缬氨酸、甘氨酸、组氨酸和丝氨酸在空间上相互靠近，形成了具有催作用的活性中心，从而转变成有活性的胰蛋白酶（图 5-3）。

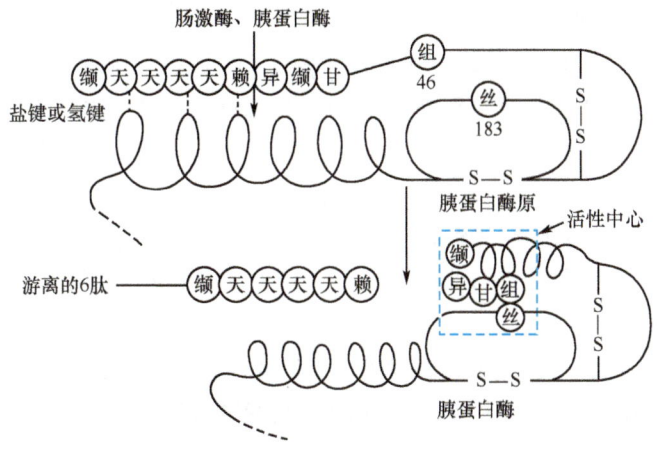

图 5-3　胰蛋白酶原的激活

体内某些组织细胞内酶以酶原的形式存在对机体具有重要的生物学意义。一方面，酶原可以避免对分泌细胞产生自身消化作用而造成损伤和破坏，对机体本身是一种保护作用。另一方面，酶原可以视为体内酶的储存形式，当机体需要时被激活，从而转化为有活性的酶，使酶在特定的部位、特定的条件、特定环境正常发挥催化作用。例如，胰腺分泌的胰蛋白酶原进入肠道经激活后才能水解食物蛋白质。如果某些原因使胰蛋白酶原过早地在胰腺内被激活，胰腺本身的组织蛋白会遭到破坏而发生急性胰腺炎。

（二）同工酶

同工酶（isoenzyme）是指催化相同的化学反应，而酶蛋白分子结构、理化性质及免疫学性质不同的一组酶。同工酶存在于同一种属或同一个体的不同组织或同一细胞的亚细胞结构中，迄今发现有 500 余种，目前研究最多的是乳酸脱氢酶（lactate dehydrogenase，LDH）。

乳酸脱氢酶是由 H 亚基（心肌型）和 M 亚基（骨骼肌型）组成的四聚体。两种亚基按不同的比例组成五种乳酸脱氢酶，包括 LDH_1（H_4）、LDH_2（H_3M）、LDH_3（H_2M_2）、LDH_4（HM_3）、LDH_5（M_4）。五种 LDH 催化的反应均为乳酸脱氢生成丙酮酸，但它们在体内各组织器官中的分布及含量不同（图 5-4），形成各组织特异的同工酶谱，同工酶谱有脏器特异性。

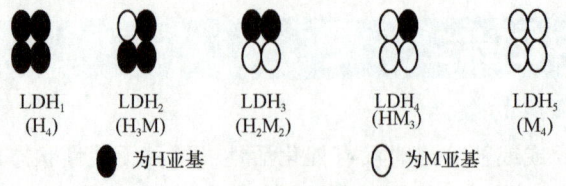

图 5-4 乳酸脱氢酶同工酶

在临床实践中，常常测定血清同工酶活性以特异地反映某一脏器的病变，从而帮助对某些疾病进行诊断。当某些组织器官发生病变时，组织细胞所含的同工酶释放入血，导致血中同工酶的含量及活性改变。例如，急性心肌梗死的患者，血清 LDH_1 显著升高，急性肝炎的患者，血清 LDH_5 含量显著升高。

四 酶的作用机制

（一）中间复合物学说

酶催化某一反应时，首先在酶的活性中心与底物结合生成酶-底物复合物（中间复合物），此复合物再进行分解而生成一种或数种产物，同时释放出酶。酶又可与底物结合，继续发挥其催化功能，所以少量的酶可以催化大量的底物发生反应。此过程可用下式表示：

$$E + S \longrightarrow ES \longrightarrow P + E$$

上式中 E 代表酶，S 代表底物，ES 代表酶-底物中间复合物，P 代表反应产物。在酶促反应中，由于酶-底物复合物的形成和分解，降低了化学反应所需的活化能，使反应速度大大提高。

（二）诱导契合学说

酶与底物结合形成中间复合物，事先并非二者以契合的形状存在，而是当底物与酶相遇时，可诱导酶活性中心的构象发生相应的变化，从而使酶和底物契合而形成酶-底物络合物，这就是"诱导契合学说"（induced-fit theory）（图 5-5）。

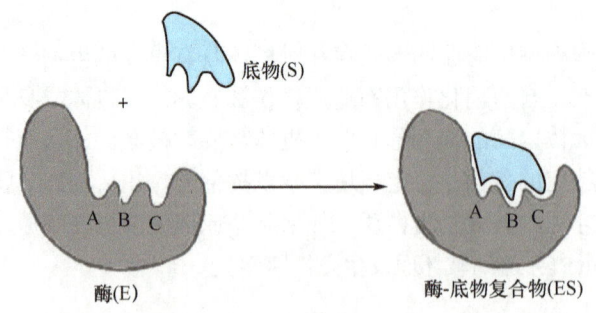

图 5-5 酶的"诱导契合学说"

第 3 节　影响酶促反应速度的因素

● 案例 5-1

患者，女性。因与家人争吵，自服"敌百虫"约 100ml 之后，出现恶心，并伴有呕吐，呕吐物有刺鼻的农药味，家属发现后被急送医院。查体：神志模糊，急性病容，BP 90/60mmHg，R 28次/分，瞳孔直径2mm（正常3～4mm），呼气有蒜味，多汗，流涎，两肺布满湿啰音，肌肉颤动。为明确诊断，进行了全血胆碱酯酶活力测定，胆碱酯酶浓度224U/L（正常值4 600～11 000U/L），诊断为有机磷农药中毒。

问题：1. 有机磷农药中毒机制是对何种酶产生了抑制？

2. 有机磷农药中毒对酶的抑制作用属于哪种类型？

3. 为明确诊断重要的检测指标是什么？

 酶浓度

在最适合的条件下，当底物浓度足够大时，随着酶浓度的增加，酶促反应速度与酶浓度成正比关系，如图5-6所示。

 底物浓度

在酶浓度、温度、pH等条件恒定的情况下，底物浓度[S]与酶促反应速度V的关系呈矩形双曲线（图5-7）。

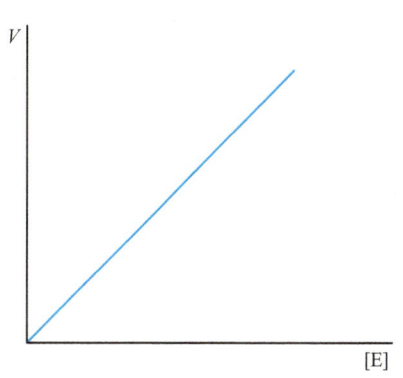

图5-6 酶浓度对酶促反应速度的影响　　图5-7 底物浓度对酶促反应速度的影响

上图中显示，当底物浓度[S]很低时，反应速度随[S]的增加而增加，两者成正比关系，此时酶活性中心未被S饱和。随着底物浓度继续增大，酶活性中心渐趋饱和，反应速度和[S]关系不再成正比。当底物增加至一定浓度时，酶分子均被S饱和，即所有E均与S结合为ES，此时反应速度达到最大值，此时即使再增加底物，ES浓度不再增加，反应速度趋于恒定的水平。

（一）米氏方程

1913年，L.Michaelis和M. L. Menten提出了底物浓度与酶促反应速度关系的数学方程式，即著名的米氏方程（Michaelis Menton equation），此方程如下。

$$V = \frac{V_{max}[S]}{K_m + [S]}$$

式中V为不同[S]时的酶促反应速度，V_{max}（maximum velocity）为最大反应速度，[S]为底物浓度，K_m（Michaelis constant）为米氏常数。

（二）K_m值的意义

1. K_m值为酶的特征性常数。不同酶的K_m值不同，K_m值只与酶的结构、催化的底物及反应的环境（温度、pH、离子强度）有关，与酶的浓度无关。

2. K_m值反映酶与底物的亲和力。K_m值越小，酶与底物的亲和力越大；K_m值越大，酶与底物的亲和力越小。

3. K_m值是酶促反应速度为最大速度一半（$V=1/2 V_{max}$）时的底物浓度。

  pH

酶分子上含有许多极性基团，这些基团在不同酸碱度的pH环境中解离状态不同，不同解离状态酶与底物的结合能力不同。当酶在某pH条件下活性中心内的必需基团解离最易与底物结合，同时发挥酶最大的催化作用。因此，pH的改变对酶的催化作用影响很大（图5-8）。

酶促反应速度最大时的环境pH称为酶的最适pH（optimum pH），如环境pH低于或高于最适pH，酶的活性就会降低。动物体内多数酶的最适pH接近中性。但有少数酶例外，如精氨酸酶最适pH为9.8，胃蛋白酶的最适pH为1.8。所以，在测定酶活性时，应选用适宜

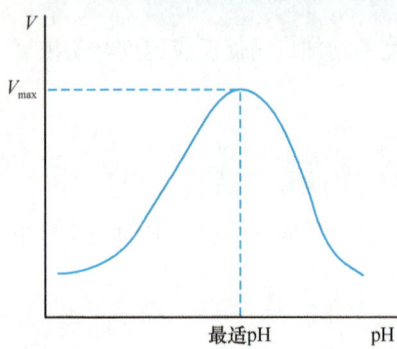

图5-8 pH对酶促反应速度的影响

的缓冲液以保持酶活性的相对恒定。

四 温度

在一定温度范围内，温度逐渐升高，酶促反应速度逐渐加快，但酶本质上是蛋白质，引起蛋白质变性的因素也可引起酶变性，故随着温度不断升高，变性失活的酶逐渐增多，催化能力减弱，酶促反应速度反而减慢。所以，与一般的化学反应比较，温度对酶促反应速度影响具有双重性，并非温度升高，反应速度总是加快。

综合上述温度的双重影响，将酶活性最强、酶促反应速度最大时的环境温度称为最适温度（optimum temperature）（图5-9）。温血动物组织中酶的最适温度一般为35～40℃，人体组织中酶的最适温度一般为37℃。酶的最适温度不是酶的特征性常数，它与反应进行的时间有关。

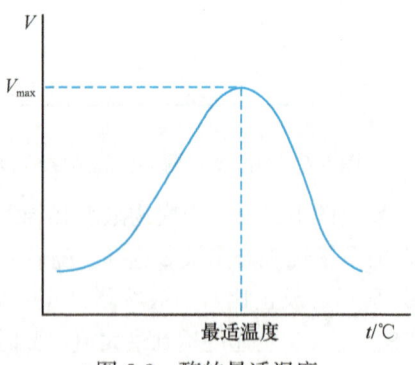

图5-9 酶的最适温度

在低温条件下，酶的活性受到抑制，但酶的活性一般不被破坏，当温度回升后，酶的活性可以恢复。临床上利用这一原理进行低温麻醉，可以减慢组织细胞的代谢速度，提高机体对氧和营养物质缺乏的耐受性；利用这一原理低温保存菌种或酶制剂。在护理操作中，酶制剂和酶检测标本（如血清）应放在冰箱中低温保存，需要时从冰箱中取出，在室温条件下待温度回升、酶的活性恢复后，再使用或进行检测，此外，生物制品和菌种等也应在低温条件下保存。当温度升高时，在低于最适温度范围内，酶促反应速度逐渐加快，当超过最适温度

时酶逐渐变性失活。

> **链接**
>
> **低温麻醉**
>
> 低温麻醉指在全身麻醉作用下，用物理降温法将患者的体温下降到一定温度，使机体的代谢率降低，降低人体的消耗，使人体更能适应缺血缺氧等恶劣环境，增强机体的耐受能力，增加手术的成功率，在脑手术、心血管手术中常见。手术时，心脏暂时停跳，在常温37℃时，脑细胞耐受缺氧的安全时间仅3～4分钟，当体温降至30℃时，基础代谢率可降至正常的50%，体温降至20℃时，代谢率降至14%。低温麻醉就是利用这一原理，将人体体温降至29～30℃，安全阻断循环，对心脑肺肾无明显损害，为手术赢得了时间。

五 激活剂

凡是能使酶从无活性转变为有活性或使酶活性增强的物质称为酶的激活剂（activator）。激活剂大多数为无机离子，如K^+、Na^+、Mg^{2+}、Cl^-等。

激活剂分为两类，一类在酶促反应中不可缺少，这类激活剂称为必需激活剂，如Mg^{2+}是己糖激酶的必需激活剂；另一类在反应中即使不存在，酶仍然有一定的催化活性，此类激活剂称为非必需激活剂，如Cl^-是唾液淀粉酶的非必需激活剂。

六 抑制剂

凡是能降低酶的催化活性而又不引起酶变性的物质称为酶的抑制剂（inhibitor，I）。抑制剂的抑制作用与酶变性均能导致酶的活性降低，但机制却不同，抑制剂主要是结合酶分子上的某些必需基团，导致酶的活性中心改变，从而降低酶的催化活性。

根据抑制剂与酶是否以共价键结合，可将酶抑制作用的方式分为不可逆性抑制和可逆性抑制两类。

（一）不可逆性抑制

抑制剂与酶活性中心上的必需基团以共价键相结合，从而使酶的活性降低，这种抑制作用称为不可逆性抑制（irreversible inhibition）。抑制剂不能用透析、超滤等方法除去，但可用某些药物解除抑制，使酶恢复活性。临床上有机磷农药中毒及重金属离子中毒的机制均属于酶的不可逆性抑制作用。

1.有机磷农药中毒　农药敌敌畏、敌百虫等有机磷杀虫剂作为抑制剂能专一地与羟基酶胆碱酯酶活性中心的丝氨酸残基的羟基（—OH）结合，使其磷酰化而抑制酶的活性。胆碱酯酶主要催化神经递质乙酰胆碱的消除，当胆碱酯酶被有机磷杀虫剂抑制后，胆碱能神经末梢分泌的乙酰胆碱不能及时分解，过多的乙酰胆碱堆积导致胆碱能神经过度兴奋，出现心率减慢、瞳孔缩小、汗多、呼吸困难等中毒症状。临床上可通过最有价值的检查——全血胆碱酯酶活力测定以明确诊断。

药物解磷定等能与磷酰化胆碱酯酶中的有机磷化合物结合，解除有机磷农药对酶的抑制作用，使酶和有机磷杀虫剂分离而复活，故称作胆碱酯酶复活药（图5-10）。

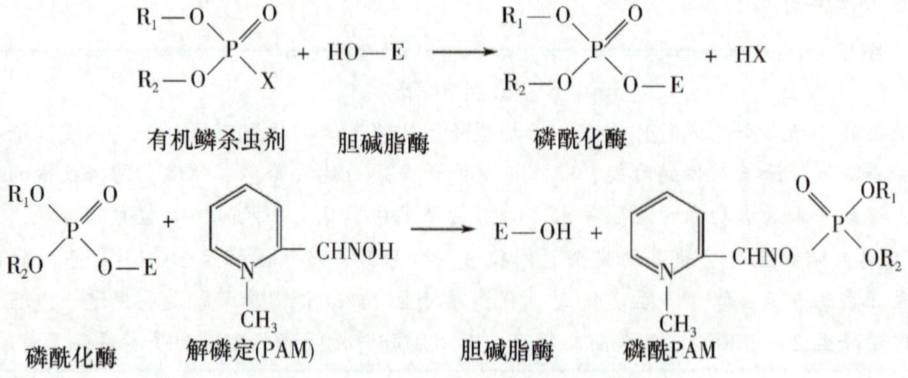

图 5-10 有机磷农药中毒机制与解毒

(R_1、R_2为不同的烷基，X为卤族元素)

2. 重金属离子中毒　某些重金属（Pb^{2+}、Cu^{2+}、Hg^{2+}等）能与巯基酶分子的巯基进行不可逆结合，使酶的活性受到抑制。例如，化学毒剂路易斯气是一种含 As^{3+} 的化合物，它能抑制体内巯基酶的活性使人畜中毒。重金属离子与酶分子必需基团巯基结合是造成酶活性抑制的主要原因。

药物二巯基丙醇（BAL）或二巯基丁二酸钠分子中含有多个巯基，可以置换结合于酶分子上的重金属离子，从而使酶恢复活性，用于临床上抢救重金属离子中毒（图 5-11）。

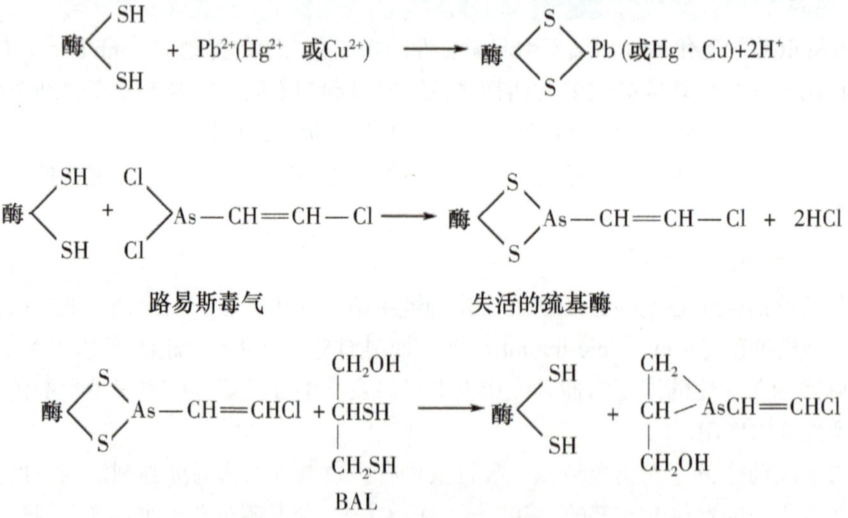

图 5-11 重金属离子中毒机制与解毒

（二）可逆性抑制

抑制剂与酶以非共价键结合，使酶的活性降低或丧失的作用称为可逆性抑制（reversible inhibition）。此抑制作用的抑制剂可用透析、超滤等物理方法除去，从而使酶的活性恢复。常见的可逆性抑制有以下两种类型。

1. 竞争性抑制　抑制剂（I）与底物（S）结构相似，二者共同竞争同一酶的活性中心，当抑制剂与底物结合后，就阻碍酶与底物的结合，从而产生对酶催化作用的抑制称为竞争性抑制（competitive inhibition）（图 5-12）。

竞争性抑制作用的抑制剂往往是底物的类似物，因抑制剂与酶的结合是可逆的，抑制作用大小主要取决于抑制剂与底物的浓度的相对比例，抑制剂浓度越大，则抑制作用越大，但增加底物浓度可使抑制程度减小，从而解除抑制。当底物浓度足够大时，抑制剂的作用可忽略不计，最大反应速度 V_{max} 值不变，K_m 值增大。

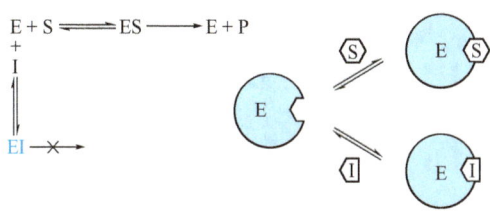

图 5-12　酶的竞争性抑制作用

酶的竞争性抑制作用原理用于解释某些药物的作用机制，很多药物都是酶的竞争性抑制剂，如抗菌药物磺胺类、抗癌药物巯嘌呤（6-MP）及氟尿嘧啶（5-FU）等。磺胺类药物通过竞争性抑制二氢叶酸合成酶的活性从而产生抗菌作用。某些细菌在二氢叶酸合成酶的催化下以对氨基苯甲酸（PABA）为原料合成二氢叶酸，后者再转变为四氢叶酸，它是细菌合成核酸、促进生长繁殖不可缺少的辅酶。由于磺胺类药物与对氨基苯甲酸结构相似，竞争性抑制了二氢叶酸合成酶，进而阻碍菌体内二氢叶酸、四氢叶酸的合成，使核酸合成障碍，抑制了细菌的生长繁殖，从而达到抗菌的目的（图 5-13）。另外抗癌药物 6-MP 是嘌呤类似物，5-FU 是嘧啶类似物，它们分别通过对酶的竞争性抑制，使肿瘤细胞嘌呤核苷酸、嘧啶核苷酸合成受阻，从而达到抗肿瘤的作用。

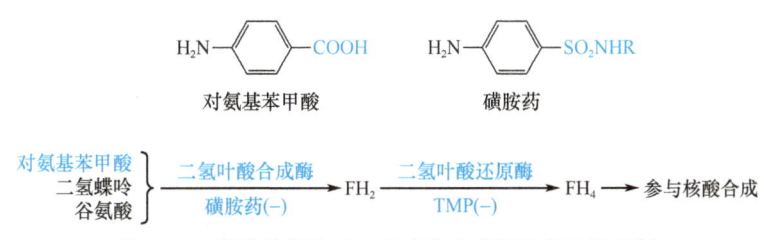

图 5-13　磺胺类药物对二氢叶酸合成酶的竞争性抑制

● 案例 5-2

患者，男性，25 岁，因受凉后咳嗽、咳痰 2 天就诊，偶尔咳黄痰，听诊呼吸音稍粗，无啰音，诊断为上呼吸道感染，处方予复方新诺明（磺胺类药）抗菌、利巴韦林抗病毒进行治疗。

问题：1. 磺胺类药抗菌作用属于哪种类型抑制作用？
　　　2. 磺胺类药的类似物是什么？
　　　3. 磺胺类药对哪种酶产生抑制作用？

2. **非竞争性抑制**　抑制剂（I）与底物（S）结构不相似，抑制剂可与酶活性中心外的部位结合生成 EI 复合物，抑制剂与酶结合后，还能与底物结合生成 ESI 复合物，一旦形成 ESI 复合物，再不能释放形成产物，酶促反应速度减慢，此抑制称为非竞争性抑制（non-competitive inhibition）（图 5-14）。

非竞争性抑制作用的抑制剂化学结构与底物的分子结构不相似，底物和抑制剂分别独立地与酶的不同部位相结合，二者不存在竞争关系，抑制剂对酶与底物的结合无影响，故 K_m 值不变，但酶与抑制剂结合后失活，V_{max} 值降低。

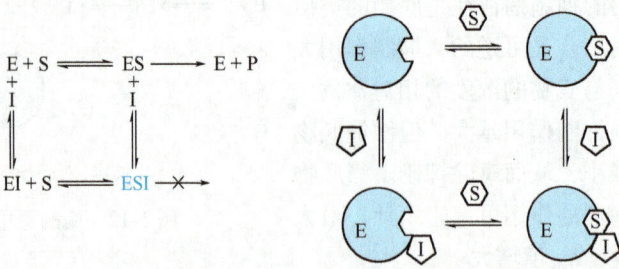

图 5-14 酶的非竞争性抑制作用

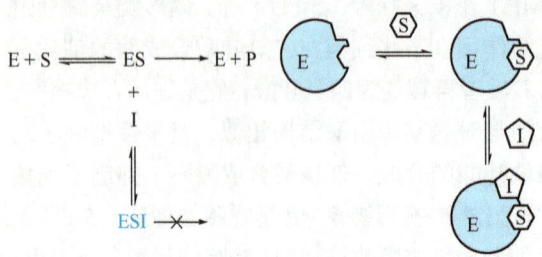

图 5-15 酶的反竞争性抑制作用

3. 反竞争性抑制　抑制剂不能与游离酶相结合，而只能与 ES 结合生成 ESI 复合物，抑制了 ES 复合物进一步分解为酶和产物，从而对酶促反应产生抑制作用。反竞争性抑制时酶促反应的 K_m 值减小，V_{max} 值降低（图5-15）。

三种抑制作用可逆性抑制的特点见表 5-2。

表 5-2　三种可逆性抑制作用的特点

变化	竞争性抑制	非竞争性抑制	反竞争性抑制
I 结合的组分	EI	ES、E	ES
K_m 变化	增大	不变	减小
V_{max} 变化	不变	降低	降低

第 4 节　酶在医学上的应用

 用于解释疾病的发生

机体内物质代谢在多种酶的作用下有条不紊地进行，这是机体维持正常生命活动的必要条件。当各种因素造成酶缺陷或者酶活性改变时，均可导致机体物质代谢异常而引起疾病。现在已知某些疾病的发生是由于酶的缺陷或活性受到抑制所致。

（一）酶缺陷引起的疾病

酶缺陷引起的疾病多为先天性或遗传性疾病，如红细胞内缺乏葡糖 -6- 磷酸脱氢酶引起葡糖 -6- 磷酸脱氢酶缺乏症（蚕豆病）；酪氨酸酶缺乏可引起白化病；苯丙氨酸羟化酶缺乏可引起苯丙酮尿症等。

（二）酶活性异常引起的疾病

临床上有些疾病的发生是由于酶的活性异常引起。酶活性抑制时常见于中毒性疾病。例如，有机磷农药中毒是由于有机磷农药敌百虫、敌敌畏和内吸磷（1059）等能与胆碱酯酶活性中心的丝氨酸羟基—OH 结合而失活，重金属中毒是由于重金属 As^{3+}、Hg^{2+}、Ag^+ 等可与某些酶的巯基（如半胱氨酸的—SH）结合而使酶活性丧失，此外氰化物（CN^-）中毒是由于 CN^- 能与细胞色素氧化酶结合，使酶活性受到抑制，导致生物氧化中断，严重威胁生命。而酶活性增强的疾病可见于急性胰腺炎，由于胰蛋白酶原在胰腺中被激活，造成胰腺组织被水解破坏；胰腺磷脂酶A_2的激活造成溶血磷脂对胰腺细胞的破坏，可见酶的激活成为胰腺炎发病的重要机制。

 用于疾病的诊断

在生理情况下，体液中的酶含量是稳定的，且酶的活性也稳定在一定的范围。但当体内某些组织或器官发生病变时，导致体液（如血、尿等）中某些酶的活性发生改变。故临床上常通过测定体液（主要是血清）中酶活性用于某些疾病的诊断。例如，急性肝炎时，血清谷丙转氨酶（ALT）活性增高；急性心肌梗死时，血清肌酸激酶（CK）活性增高；急性胰腺炎时，血尿淀粉酶活性增高；前列腺癌时，血清酸性磷酸酶（ACP）活性增高；佝偻病、骨肉瘤患者血清碱性磷酸酶（ALP）活性增高；严重肝病时，凝血酶原合成障碍等。

 用于疾病的治疗

酶可作为药物广泛用于某些疾病的治疗。目前主要应用于助消化、消炎、抗凝、促凝、降压等方面。例如，胃蛋白酶合剂用于消化不良；溶菌酶、菠萝蛋白酶、木瓜蛋白酶可缓解炎症；糜蛋白酶能催化蛋白质分解可用于外科清创和烧伤患者痂垢的清除及防治脓胸患者浆膜粘连，雾化吸入可稀释黏痰便于咳出；尿激酶、链激酶防治血栓形成，纤溶酶促进血栓溶解，可用于血栓栓塞性疾病脑血栓、心肌梗死等的防治；血凝酶可止血用于多种原因的出血；天冬酰胺酶能水解破坏肿瘤细胞生长所需的L-天冬酰胺，临床上用于治疗淋巴肉瘤和白血病。此外，临床上一些辅酶（辅酶A、辅酶Q等）与细胞色素c和ATP等组成"能量合剂"，常用于心、肝、脑、肾疾病等的辅助治疗。

在临床上，有些药物本身不是酶，但可通过抑制酶的活性而发挥一定的药理作用，用于某些疾病的治疗。例如，卡托普利抑制血管紧张素转化酶，阻止血管紧张素Ⅰ转换成血管紧张素Ⅱ，使血管舒张，用于治疗各种类型的高血压；磺胺类药物抑制二氢叶酸合成酶，阻碍二氢叶酸的形成，从而影响核酸的合成，最终抑制细菌的生长繁殖，用于治疗某些感染性疾病；他汀类药物抑制内源性胆固醇合成的限速酶羟甲戊二酸单酰辅酶A（HMGCoA）还原酶，使细胞内胆固醇合成减少，广泛应用于高脂血症的治疗。巯嘌呤、氟尿嘧啶抑制相应的酶，从而干扰嘌呤或嘧啶核苷酸的合成，用于临床上肿瘤的治疗。

一、名词解释

1. 酶　2. 活性中心　3. 酶原　4. 同工酶
5. 竞争性抑制

二、选择题

（一）单项选择题

1. 在酶分子组成中决定催化反应特异性的是（　　）
A. 酶蛋白　　　　　B. 辅基或辅酶
C. 金属离子　　　　D. 底物的解离程度
E. B族维生素

2. 正常情况下，胰液进入十二指肠，在肠激酶作用下首先激活的是（　　）
A. 激肽释放酶原　　B. 糜蛋白酶原

C. 胰蛋白酶原　　　D. 弹力蛋白酶
E. 磷脂酶

3. K_m 值是指反应速度为最大速度一半时的（　　）
   A. 酶浓度　　　　B. 底物浓度
   C. 抑制剂浓度　　D. 激活剂浓度
   E. 产物浓度

4. 在底物足量时，生理条件下决定酶促反应速度的因素是（　　）
   A. 酶含量　　　　B. 钠离子浓度
   C. 温度　　　　　D. 酸碱度
   E. 辅酶含量

5. 不可逆性抑制的作用机制是（　　）
   A. 使酶蛋白变性
   B. 与酶的催化中心以共价键结合
   C. 与酶的必需基团结合
   D. 与活性中心的次级键结合
   E. 与酶表面的极性基团结合

6. 温度对酶促反应速度的影响是（　　）
   A. 低温可使酶变性
   B. 随着温度的升高，反应速度总是加快
   C. 最适温度是酶的特征性常数
   D. 所有酶的最适温度均相同
   E. 温度对酶促反应速度的影响呈双重性

7. 下列含有维生素 B_2 的辅酶是（　　）
   A. FMN 和 FAD　　　B. HSCoA
   C. NAD^+ 和 $NADP^+$　　D. FH_4
   E. CoQ

8. 酶的竞争性抑制作用特点是指抑制剂（　　）
   A. 与酶的底物竞争酶的活性中心
   B. 与酶的产物竞争酶的活性中心
   C. 与酶的底物竞争非必需基团
   D. 与酶的底物竞争辅酶
   E. 与其他抑制剂竞争酶的活性中心

9. 患者，男，42岁，平时身体健康，2天前饮酒后上腹疼痛，呕吐频繁，上腹压痛，左侧明显，巩膜微黄，体温 38.5℃，脉搏 102 次/分，血白细胞计数 20×10^9/L，中性 85%，首先考虑急性胰腺炎，对诊断最有价值的化验检查是（　　）
   A. 肝功能检查　　　B. 肾功能检查
   C. 血尿淀粉酶　　　D. 尿常规
   E. 血常规

10. 临床上急性心肌梗死时乳酸脱氢酶的哪种同工酶含量升高？（　　）
    A. LDH_1　　　　B. LDH_2
    C. LDH_3　　　　D. LDH_4
    E. LDH_5

（二）多项选择题

11. 酶蛋白与辅助因子的关系是（　　）
    A. 只有全酶才有活性
    B. 酶蛋白与辅酶结合紧密
    C. 一种酶只有一种辅酶（或辅基）
    D. 酶蛋白决定酶的特异性，辅助因子传递电子、原子或基团
    E. 一种辅助因子可与多种酶蛋白结合形成不同的全酶

12. 酶分子上必需基团的作用包括（　　）
    A. 决定酶的结构
    B. 与底物结合
    C. 参与底物进行反应
    D. 维持酶的空间构象
    E. 决定辅酶的结构

13. 非竞争性抑制作用的特点包括（　　）
    A. 抑制剂与底物结构不相似
    B. 底物与抑制剂之间无竞争关系
    C. 抑制剂不影响酶与底物的亲和力
    D. 抑制剂结合在活性中心以外的部位
    E. 酶与非竞争性抑制剂结合后失活

三、填空题

1. 结合酶由_____和_____组成。
2. 酶活性中心内的必需基团包括_____和_____。
3. 酶原激活的过程实质上是酶的_____部位_____或_____的过程，某些酶以酶原的形式存在，其生物学意义

是_____。

4. 乳酸脱氢酶有_____种同工酶，包括_____、_____、_____、_____、_____。

5. 有机磷农药中毒机制是抑制了_____酶，属于酶的_____抑制，重金属盐中毒机制是抑制了_____酶，属于酶的_____抑制。

四、简答题

1. 简述酶促反应的特点。
2. 解释酶原激活的概念，并说明酶原激活的生理意义。
3. 用竞争性抑制作用的原理解释磺胺类药物的抗菌机制。

（杨胜萍）

第6章 生物氧化

生物氧化（biological oxidation）是指营养物质糖、脂肪、蛋白质在体内彻底分解生成 CO_2 和 H_2O 并释放能量的过程。细胞的线粒体、微粒体和过氧化物酶体均可发生生物氧化。一般情况下，线粒体的氧化过程因反应中细胞要摄取 O_2 和释放 CO_2，故也称为细胞呼吸或组织呼吸，同时伴有 ATP 生成，但微粒体和过氧化酶体的氧化过程不伴有 ATP 生成。本章重点介绍线粒体内氧化过程。

第1节 生物氧化的特点

线粒体内的生物氧化与体外氧化相比，均可发生加氧、失电子、脱氢等氧化反应，而且同一物质氧化时产生的终产物 CO_2 和 H_2O 及释放的能量均相同，但体内氧化与体外氧化比较却又有显著的不同，体内物质的氧化有其自身的特点，表现如下。

（1）生物氧化是物质在温和的环境中（37℃、pH7.35～7.45）由酶催化而逐步进行的反应过程。

（2）生物氧化的方式以代谢物脱氢氧化为主。

（3）CO_2 的生成是通过有机酸脱羧基作用产生。

（4）H_2O 是由代谢物脱下的氢经呼吸链传递给氧，氢与氧结合生成水。

（5）生物氧化中产生的能量是逐步释放的，一部分以 ATP 形式储存、转移和利用，另一部分以热能形式散发用于维持体温的恒定。

第2节 生物氧化过程中 CO_2 和 H_2O 的生成

一、CO_2 的生成

糖、脂质及蛋白质在人体内代谢过程中产生不同的有机酸，有机酸在酶催化下，脱羧基产生 CO_2。根据脱去羧基的位置不同，将脱羧反应分为 α- 脱羧和 β- 脱羧；又根据反应是否伴有脱氢反应，分为单纯脱羧和氧化脱羧。这样，体内 CO_2 的生成方式就有四种类型，即 α- 单纯脱羧、α- 氧化脱羧、β- 单纯脱羧、β- 氧化脱羧。

二、H$_2$O 的生成

在线粒体内，代谢物脱下成对的氢转变为 2H$^+$+2e$^-$，通过线粒体内膜上的多种酶和辅酶所催化的连锁反应逐步传递，最终与 O$_2$ 结合生成 H$_2$O。这些线粒体内膜上的酶和辅酶按一定的顺序排列组成的递氢体或递电子体系，称为电子传递链。电子传递链过程与细胞摄取氧的呼吸过程有关，故又称为呼吸链（respiratory chain），此过程还伴随 ATP 的产生。

（一）呼吸链的组成与作用

线粒体氧化呼吸链由四种有电子传递活性的复合体（Ⅰ、Ⅱ、Ⅲ、Ⅳ）和游离形式存在的泛醌、细胞色素 c 组成（表 6-1），其中复合体Ⅰ、Ⅲ和Ⅳ完全镶嵌在线粒体内膜中，复合体Ⅱ镶嵌在内膜的内侧（图 6-1）。

表 6-1　人线粒体呼吸链复合体

复合体	酶的名称	分子量（kDa）	亚基数	辅酶（辅基）
Ⅰ	NADH-泛醌氧化还原酶	1 000 000	>40	FMN, Fe-S
Ⅱ	琥珀酸-泛醌氧化还原酶	140 000	4	FAD, Fe-S
Ⅲ	泛醌-细胞色素氧化还原酶	250 000	11	铁卟啉, Fe-S
Ⅳ	细胞色素 c 氧化酶	200 000	13	铁卟啉, Fe-S

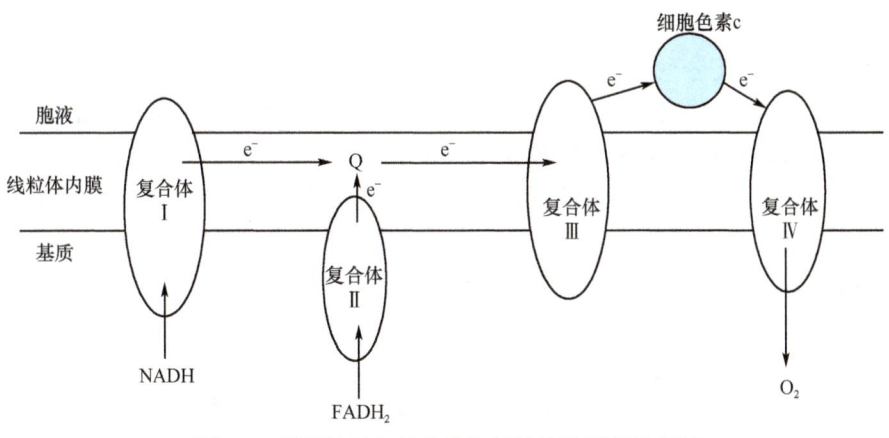

图 6-1　呼吸链四个复合体位置及传递顺序示意图

1.复合体Ⅰ　又称 NADH-泛醌还原酶，其含有以 FMN 为辅基的 NADH 脱氢酶（黄素蛋白）和以铁硫簇为辅基的铁硫蛋白（Fe-S）。其功能是将 NADH 脱下来的氢经过 FMN、Fe-S 等传递给辅酶 Q（coenzyme Q，CoQ）。

辅酶 Q 又称泛醌（UQ），是一种脂溶性醌类化合物，在线粒体内膜中游离存在，其分子中的苯醌结构能进行可逆的加氢和脱氢反应，是呼吸链中的递氢体。

2.复合体Ⅱ　又称琥珀酸-泛醌氧化还原酶，辅基为 FAD 和 Fe-S。直接催化琥珀酸脱氢，脱下的氢被 FAD 所接受，生成 FADH$_2$。FADH$_2$ 再经铁硫蛋白传递电子，H$^+$ 则游离在内膜中，然后 CoQ 接收 2e$^-$ 和 2H$^+$ 生成 CoQ H$_2$。

3.复合体Ⅲ　又称泛醌-细胞色素氧化还原酶，是跨膜的同二聚体，含有细胞色素 b（Cyt b）、细胞色素 c$_1$（Cyt c$_1$）和铁硫蛋白（Fe-S）。复合体Ⅲ的作用是把 CoQH$_2$ 的 2 个电子传递给 Cyt c。

细胞色素（cytochrome，Cyt）是一类以铁卟啉为辅基的结合蛋白质，因具有颜色所以称为细胞色素。根据其吸收光谱的不同分为 Cyt a、Cyt b、Cyt c 三大类，每类又有各种亚类，分别为 Cyt b、Cyt c_1、Cyt c、Cyt a、Cyt a_3。

细胞色素通过辅基中的铁可以得失电子，进行可逆的氧化还原反应，因此起到传递电子的作用，为单电子传递体。

4. 复合体Ⅳ 含有细胞色素 a 和 a_3，其作用是将电子从 Cyt c 传递给 O_2。Cyt a 与 Cyt a_3 很难分开，组成一复合体，故统称为 Cyt aa_3。Cyt aa_3 是唯一能将电子传给氧的细胞色素，故又称细胞色素 c 氧化酶。

电子在呼吸链中传递顺序：Cyt b ⟶ Cyt c_1 ⟶ Cyt c ⟶ Cyt aa_3 ⟶ O_2

代谢物氧化后脱下的 $2H^+ + 2e^-$ 通过以上呼吸链组成成分的逐一传递，最终传递给氧，氢与氧结合生成了 H_2O（图 6-2）。

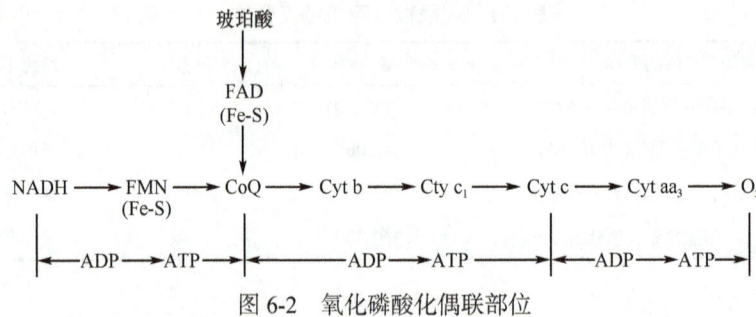

图 6-2 氧化磷酸化偶联部位

（二）呼吸链成分的排列顺序

目前认为，四种复合体排列于线粒体内膜上有两条重要的氧化呼吸链，即 NADH 氧化呼吸链与琥珀酸氧化呼吸链，两条链的交汇点是 CoQ。

1. NADH 氧化呼吸链 是体内最主要的呼吸链，也是体内物质氧化生成水的主要途径，由复合体Ⅰ、CoQ、复合体Ⅲ、Cyt c、复合体Ⅳ组成。糖、脂肪和氨基酸等物质在分解代谢过程中，凡催化代谢物脱下氢后传递给 NAD^+ 生成 $NADH+H^+$ 均进入此呼吸链。NADH 氧化呼吸链各组分排列顺序：NADH ⟶ 复合体Ⅰ ⟶ CoQ ⟶ 复合体Ⅲ ⟶ Cyt c ⟶ 复合体Ⅳ ⟶ O_2

2. 琥珀酸氧化呼吸链 又称为 $FADH_2$ 氧化呼吸链，是次要呼吸链，由复合体Ⅱ、CoQ、复合体Ⅲ、Cyt c、复合体Ⅳ组成。在体内仅有少数代谢物（如琥珀酸、脂酰 CoA 等）脱下的 2H 由 FAD 接受生成 $FADH_2$，后者再将 2H 传递给 CoQ，形成 $CoQH_2$，再往下的传递与 NADH 氧化呼吸链相同，最终将 2 个电子传递给 O_2，然后氢与氧结合生成 H_2O。琥珀酸氧化呼吸链各组分排列顺序：琥珀酸 ⟶ 复合体Ⅱ ⟶ CoQ ⟶ 复合体Ⅲ ⟶ Cyt c ⟶ 复合体Ⅳ ⟶ O_2

第 3 节 ATP 的生成与能量的转换及利用

● 案例 6-1

某大酒店因工地维修施工而损坏了地下煤气管道，当时有 11 名管道工进行作业，作业时均使用防毒面具。管道工王某在作业过程中因呼气造成视镜模糊，而脱去防毒面具继续作业。20 分钟后王某出现头昏、头痛、乏力、呼吸困难，昏倒在地。送往医院后诊断为一氧化碳中毒。

问题：一氧化碳中毒机制是什么？

 高能键与高能化合物

在生物氧化过程中，将水解时释放自由能大于 21 kJ/mol 的化学键称为高能键，常用"～"表示。最主要的高能键是磷酸酯键，其次是硫酯键。而含有高能键的化合物称为高能化合物。体内的高能化合物有两类：一类主要是高能磷酸化合物，如 ATP、磷酸烯醇丙酮酸、磷酸肌酸等；另一类主要是高能硫酯化合物，如脂酰 CoA、琥珀酰 CoA 等。ATP 是体内最重要的高能化合物。

 ATP 的生成方式

体内 ATP 的生成有两种方式，分别为底物水平磷酸化和氧化磷酸化。其中氧化磷酸化是体内 ATP 生成的最主要方式。

（一）底物水平磷酸化

代谢物将分子中高能键的能量转移给 ADP（或 GDP）形成 ATP（或 GTP）的过程，称为底物水平磷酸化（substrate level phosphorylation）。

$$1,3\text{-二磷酸甘油酸} + ADP \xrightarrow{\text{磷酸甘油酸激酶}} 3\text{-磷酸甘油酸} + ATP$$

$$\text{磷酸烯醇丙酮酸} + ADP \xrightarrow{\text{丙酮酸激酶}} \text{丙酮酸} + ATP$$

$$\text{琥珀酰 CoA} + GDP + Pi \xrightarrow{\text{琥珀酰 CoA 合成酶}} \text{琥珀酸} + HSCoA + GTP$$

（二）氧化磷酸化

代谢物脱下的氢经呼吸链传递给氧生成水的过程中释放的能量驱动 ADP 磷酸化生成 ATP，这种呼吸链的氧化反应与 ADP 的磷酸化反应的偶联过程，称为氧化磷酸化（oxidative phosphorylation）。

1. 氧化磷酸化偶联部位　氧化磷酸化的偶联部位即指氧化呼吸链的电子传递过程所释出的能量足以使 ADP 磷酸化生成 ATP 的部位，可根据测定不同底物经呼吸链氧化的 P/O 比值和电子传递过程自由能变化来确定。

P/O 比值是指每消耗 1mol 氧原子所消耗的无机磷的摩尔数，即合成 ATP 的摩尔数。将不同的底物（β-羟丁酸、琥珀酸、抗坏血酸等）、ADP、H_3PO_4、Mg^{2+} 等和分离得到的完整的线粒体在体外孵育，测定氧和无机磷的消耗量，计算不同底物氧化时的 P/O 比值，见表 6-2。

表 6-2　线粒体离体实验测得的一些底物的 P/O 比值

底物	呼吸链的组成	P/O 比值	生成 ATP 数
β-羟丁酸	$NAD^+ \to FMN \to CoQ \to Cyt\ c \to O_2$	2.4～2.8	2.5
琥珀酸	$FMN \to CoQ \to Cyt\ c \to O_2$	1.7	1.5
抗坏血酸	$Cyt\ c \to Cyt\ aa_3 \to O_2$	0.88	1
Cyt c	$Cyt\ aa_3 \to O_2$	0.61～0.68	1

根据表 6-2，可确定呼吸链偶联部位有三个，即 $NAD^+ \longrightarrow CoQ$、$CoQ \longrightarrow Cyt\ c$、$Cyt\ aa_3 \longrightarrow O_2$。

因此，代谢物脱下的两个氢，经 NADH 氧化呼吸链传递氧化生成水，可产生 2.5 分子 ATP；经琥珀酸氧化呼吸链传递生成水时因失去第一个偶联部位只产生 1.5 分子 ATP（表 6-2）。

呼吸链电子传递反应中伴有电位的降落，根据电位差来计算反应释放的自由能。当释放的自由能大于生成 1mol ATP 所需的能量（30.5kJ）时，即可判断为氧化磷酸化的偶联部位。

2. 影响氧化磷酸化的因素

（1）ADP/ATP 比值：正常机体氧化磷酸化的速率主要受 ADP/ATP 比值的调节。当机体利用 ATP 增多时，ADP 浓度增高，ADP/ATP 比值增高，刺激 $NADH+H^+$ 和 $FADH_2$ 呼吸链传递电子，使氧化磷酸化速率加快。反之，ADP 不足，氧化磷酸化速率减慢。

（2）甲状腺激素：甲状腺激素是调节机体能量代谢的重要激素，它可诱导细胞膜上 Na^+、K^+-ATP 酶的合成，使 ATP 加速分解为 ADP 和 Pi，使 ADP/ATP 比值增高，促进氧化磷酸化，因 ATP 合成和分解速率均增加，引起机体耗氧量和产热量增加，基础代谢率增加。所以甲状腺功能亢进（简称甲亢）患者基础代谢率增高，易激多食、怕热多汗。

（3）抑制剂：根据其作用部位的不同，可分为电子传递抑制剂、氧化磷酸化抑制剂及解偶联剂三类。

1）电子传递抑制剂：鱼藤酮、异戊巴比妥、粉蝶霉素 A 等可与复合体 I 中的 Fe-S 结合，阻断电子向 CoQ 传递。抗霉素 A、二巯基丙醇等抑制复合体Ⅲ中 Cty b 到 $Cyt\ c_1$ 的电子传递。CO、氰化物（CN^-）、叠氮化合物（N_3^-）、H_2S 等抑制 Cyt 氧化酶，阻断电子由 $Cyt\ aa_3$ 到 O_2 的传递，导致细胞不能摄取和利用氧，氧化磷酸化受阻，引起细胞内窒息、呼吸停止。几种呼吸链抑制剂的作用部位见图 6-3。

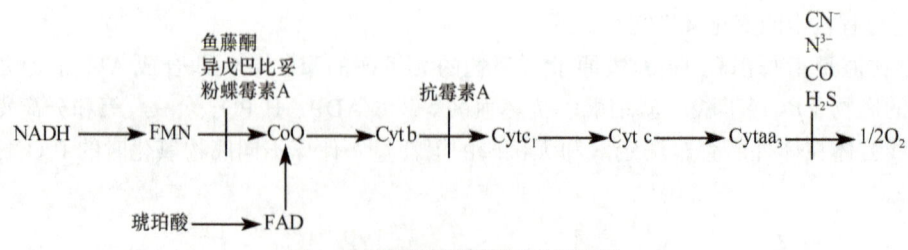

图 6-3　呼吸链抑制剂的作用部位

2）氧化磷酸化抑制剂：寡霉素可与 ATP 合酶结合抑制其活性。此类抑制剂对电子传递及

ADP 磷酸化均有抑制作用的物质。

3）解偶联剂：二硝基苯酚（DNP）、双香豆素、缬氨霉素等可解除氧化和磷酸化的偶联过程，使电子传递照常进行而不生成 ATP。

（4）线粒体 DNA 突变：线粒体 DNA（mtDNA）呈裸露的环状双螺旋结构，缺乏蛋白质保护和损伤修复系统，易受多种因素的影响发生突变。mtDNA 突变可影响氧化磷酸化，使 ATP 生成减少而引起 mtDNA 病。mtDNA 病的症状取决于 mtDNA 突变的严重程度和各组织器官对 ATP 的需求情况，耗能较多的组织首先出现功能障碍，包括线粒体脑病、线粒体肌病，常见的症状有盲、聋、痴呆、肌无力等。

> **链接**
>
> **一氧化碳中毒**
>
> 一氧化碳（CO）中毒即我们常说的煤气中毒，大多是由于煤炉烟囱闭塞不通、燃烧不充分，或因大风吹进烟囱，使煤气逆流入室，或因居室通风不畅等所致，产生大量 CO。轻度中毒出现头晕、头痛、恶心、呕吐、心悸、乏力、嗜睡等，此时如能及时开窗通风，救到室外，吸入新鲜空气，脱离中毒环境，确保呼吸道通畅，症状可迅速缓解。中、重度中毒时可出现面色潮红，口唇呈樱桃红色，脉搏增快，瞳孔对光反射、角膜反射及腱反射迟钝，呼吸改变，昏迷或抽搐等症状，此时应尽快转送医院救治。

ATP 与能量的释放、储存和利用

生物体要不断利用糖、脂肪及蛋白质等营养物质氧化分解释放能量以维持生命。营养物质氧化释放出的能量一部分以热能形式散发，一部分以 ATP 分子的化学能形式储存。ATP 是机体生命活动主要的供能物质。

除 ATP 外，体内还存在 UTP、CTP、GTP 等三磷酸核苷，它们分子中的高能磷酸键不能从物质氧化中直接产生，而是在核苷二磷酸激酶的催化下，从 ATP 中转移～P 而生成。

$$NDP + ATP \longrightarrow NTP + ADP$$

肌肉和大脑组织中富含肌酸，当 ATP/ADP 比值增高时，肌酸激酶催化 ATP 的～P 转移给肌酸生成磷酸肌酸。磷酸肌酸作为体内高能磷酸键的储存形式。当 ATP 剧烈消耗时，磷酸肌酸中的～P 又可转移给 ADP 重新生成 ATP，对心肌梗死时立即补充 ATP 有一定的保护意义（图 6-4）。

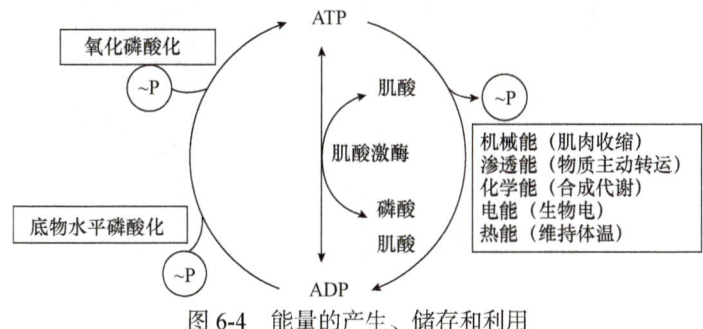

图 6-4　能量的产生、储存和利用

体内能量的产生、储存和利用都以 ATP 为中心，糖、脂肪等物质分解代谢中产生的能量很大部分用来合成 ATP。ATP 含有的高能磷酸键，分解时可放出能量，可与体内各种吸能反应相偶联，从而完成各种生理活动。

> **链接**
>
> **能量合剂**
>
> "能量合剂"是一个极为普通的处方组成,临床上有不同的组成配方,常用的主要由5%葡萄糖、维生素C、ATP及辅酶A等成分组成。它们的有机组合可产生众多的生理药理功能。ATP形成复合激活酶系,促进糖、脂肪和蛋白质等的代谢,辅酶A、细胞色素c是氧化磷酸化过程中的重要参与因子,两者结合对线粒体功能有重要促进作用。所以能量合剂可以提供能量、促进代谢,有助于病变器官(特别是心脏)功能的改善。

第4节 线粒体外 NADH 的氧化

在线粒体内,物质氧化产生的还原当量 NADH 和 $FADH_2$ 可直接经呼吸链的传递最终被氧化生成 H_2O,同时产生 ATP,而胞液中生成的少量 NADH,因线粒体内膜对 NADH 不能自由通透,胞液中生成的 NADH 必须经过某种转运机制才能进入线粒体,进而由呼吸链氧化成 H_2O,同时产生 ATP。这种转运机制主要有 α-磷酸甘油穿梭和苹果酸-天冬氨酸穿梭。

 α-磷酸甘油穿梭作用

胞液中的 NADH 经胞液中的 α-磷酸甘油脱氢酶(辅基 NAD^+)催化,使磷酸二羟丙酮还原成 α-磷酸甘油,后者通过线粒体外膜,再经位于内膜胞质侧的 α-磷酸甘油脱氢酶(辅基 FAD)催化生成 $FADH_2$ 和磷酸二羟丙酮,$FADH_2$ 进入琥珀酸氧化呼吸链,磷酸二羟丙酮回到胞液再被还原,由此构成 α-磷酸甘油穿梭(图6-5)。α-磷酸甘油穿梭主要存在于脑和骨骼肌细胞中。

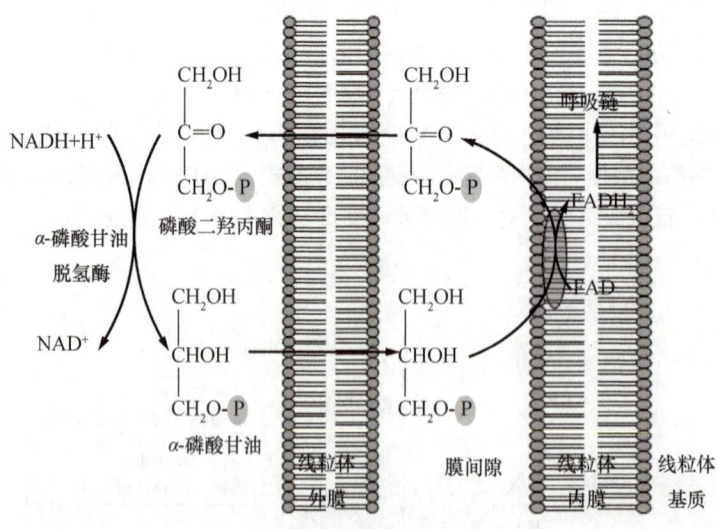

图6-5 α-磷酸甘油穿梭

 苹果酸-天冬氨酸穿梭作用

胞液中的 NADH 在苹果酸脱氢酶催化下,与草酰乙酸反应生成苹果酸,经线粒体内膜的苹果酸-α-酮戊二酸载体转运进线粒体基质。基质中的苹果酸脱氢酶催化苹果酸脱氢,生成

NADH+H⁺ 和草酰乙酸。NADH 进入 NADH 氧化呼吸链（图 6-6）。苹果酸 - 天冬氨酸穿梭主要存在于肝和心肌细胞中。

胞液中产生的 NADH+H⁺ 由于经不同的穿梭系统进入线粒体基质，因此产生的 ATP 的分子数也不同。例如，糖酵解中 3- 磷酸甘油醛脱氢产生的 NADH+H⁺ 经 α- 磷酸甘油穿梭产生 1.5 分子 ATP，若经苹果酸 - 天冬氨酸穿梭则产生 2.5 分子 ATP。

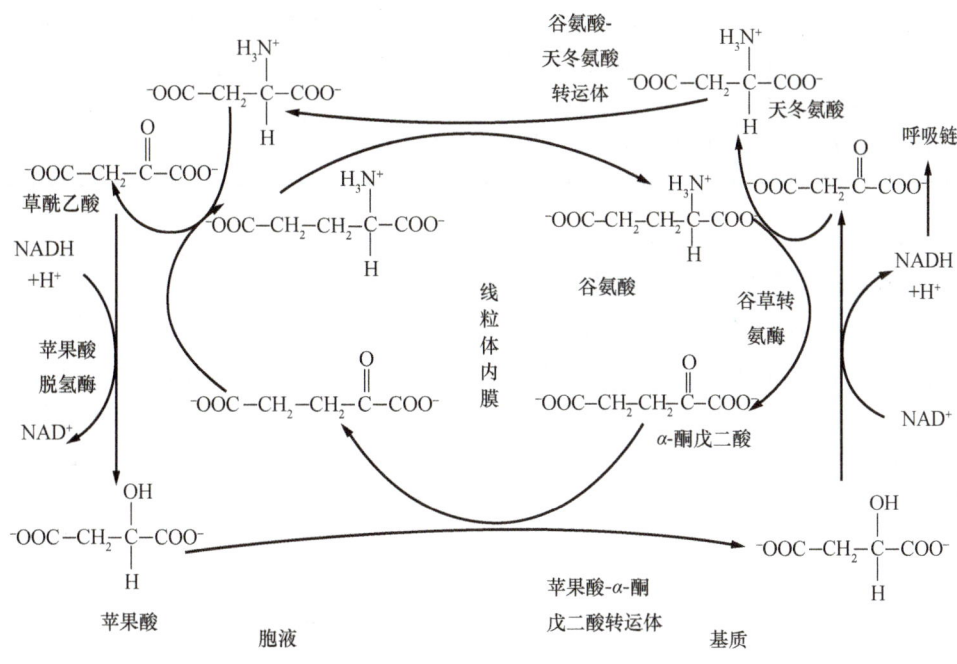

图 6-6　苹果酸 - 天冬氨酸穿梭

第 5 节　其他重要的氧化体系

一、活性氧族氧化体系

1. 活性氧　是由氧形成、性质极为活泼的多种物质的总称，包括氧自由基及其活性衍生物。氧自由基指带有未配对电子的氧原子或含氧的化学基团，如超氧离子（O_2^-）。氧自由基化学性质非常活泼，具有较强的氧化还原能力，可产生具有活泼生物学性质的衍生物，如过氧化氢（H_2O_2）等。

活性氧在体内虽具有一定生物学功能，但过多的活性氧会对机体造成极大的损害。

2. 过氧化物酶体氧化体系　过氧化物酶体中有多种催化生成 H_2O_2 的酶，同时也有分解 H_2O_2 的酶。

$$2H_2O_2 \xrightarrow{\text{过氧化氢酶}} 2H_2O + O_2$$

$$R + H_2O_2 \xrightarrow{\text{过氧化物酶}} RO + H_2O \text{ 或 } RH_2 + H_2O_2 \xrightarrow{\text{过氧化物酶}} R + 2H_2O$$

$$H_2O_2 + 2GSH \xrightarrow{\text{硒谷胱甘肽过氧化物酶}} 2H_2O + GS\text{-}GS$$

3. 超氧化物歧化酶（superoxide dismutase，SOD）　是人体防御内、外环境中超氧离子（O_2^-）对人体侵害的重要的酶。

SOD 广泛存在于各种组织，半衰期极短，能催化一分子 O_2^- 还原生成 H_2O_2，另一分子 O_2^- 氧化为 O_2，故名歧化，即 SOD 活性催化 2 O_2^- 与 H^+ 反应生成 H_2O_2 和 O_2。

$$2O_2^- + 2H^+ \longrightarrow H_2O_2 + O_2$$

> **链接**
>
> **超氧化物歧化酶与抗皮肤衰老的护肤霜**
>
> O_2^- 化学性质活泼，可使磷脂分子中不饱和脂肪酸氧化生成过氧化脂质，损伤生物膜；过氧化脂质与蛋白质结合形成的复合物，积累成棕褐色的色素颗粒，称为脂褐素，造成组织老化。一些抗皮肤衰老的护肤霜里因含有 SOD，而 SOD 因能催化 O_2^- 与 H^+ 发生反应生成 H_2O_2 和 O_2，H_2O_2 又可进一步被过氧化氢酶分解。

二、微粒体氧化体系

（一）单加氧酶系

单加氧酶系主要存在于肠、肝、肾、肺等细胞的微粒体中，是由 NADPH、Cyt P_{450}、NADPH-Cyt P_{450} 还原酶（辅基为 FAD）组成的多酶复合体。它催化一个氧原子加到底物分子上（羟化），另一个氧原子与氢（来自 $NADH+H^+$）结合生成 H_2O，故又称混合功能氧化酶或羟化酶，所催化的反应可简示如下：

$$RH + O_2 \xrightarrow[\text{NADPH} + H^+ \quad \text{NADP}^+]{} ROH + H_2O$$

微粒体中单加氧酶系对机体具有重要的生理意义，除参与药物、毒物等非营养物质的转化外，还参与体内许多代谢过程，如维生素 D_3 羟化，胆汁酸、类固醇激素、胶原蛋白的合成等。单加氧酶系的活性可受到某些药物的诱导或抑制，从而影响药物的转化。

（二）双加氧酶

双加氧酶催化氧分子中 2 个氧原子加到作用物中特定双键的 2 个碳原子上。例如，色氨酸吡咯酶催化色氨酸生成甲酰犬尿酸原的反应。

色氨酸   甲酰犬尿酸原

自 测 题

一、名词解释

1. 生物氧化　2. 呼吸链　3. 底物水平磷酸化
4. 氧化磷酸化

二、选择题

（一）单项选择题

1. 呼吸链存在于（　　）

A. 细胞膜　　　　　B. 线粒体内膜
C. 线粒体外膜　　　D. 微粒体
E. 过氧化物酶体

2. NADH 氧化呼吸链递氢和电子迁移的顺序是（　　）
   A. NAD—FAD—CoQ—Cyt
   B. NAD—FMN—FAD—Cyt
   C. NAD—FMN—CoQ—Cyt
   D. NAD—CoQ—FMN—Cyt
   E. NAD—CoQ—FAD—Cyt

3. 下列哪种物质不是琥珀酸氧化呼吸链的组分（　　）
   A. FAD　　B. FMN　　C. CoQ
   D. 铁硫蛋白　　E. Cyt

4. CoQ 在呼吸链中的作用是（　　）
   A. 传递 2 个氢原子
   B. 传递 2 个氢质子
   C. 接受 1 个氢原子和 1 个电子
   D. 只接受 2 个电子
   E. 只能传递 1 个氢原子

5. 促进氧化磷酸化作用的重要激素是（　　）
   A. 肾上腺素　　　B. 甲状腺激素
   C. 胰岛素　　　　D. 生长激素
   E. 肾上腺皮质激素

6. 在线粒体中进行的代谢过程是（　　）
   A. 氧化磷酸化　　B. 脂肪酸合成
   C. 糖原合成　　　D. 糖酵解
   E. 核糖体循环

7. FMN 分子中含有的维生素是（　　）
   A. 维生素 A　　　B. 维生素 B_2
   C. 维生素 PP　　 D. 维生素 D
   E. 泛酸

8. 关于氧化磷酸化不正确的是（　　）
   A. 发生在线粒体
   B. 是体内 ATP 产生的主要来源
   C. 其产物主要是 H_2O 和 ATP
   D. O_2 是其必需底物
   E. 以上都不对

9. 关于 ATP 不正确的是（　　）
   A. 是高能化合物

B. 生命活动的直接能源物质
C. 磷酸肌酸是 ATP 的储存形式
D. 主要由能源物质在细胞液中产生
E. 水解释放能量可转化为其他形式

10. NADH 氧化呼吸链的组成部分不包括（　　）
    A. NAD^+　　B. FAD　　C. CoQ
    D. Cyt　　　E. Fe-S

（二）多项选择题

11. 下列属于呼吸链主要成分的是（　　）
    A. 烟酰胺脱氢酶类　B. 黄素蛋白类
    C. 铁硫蛋白类　　　D. CoQ
    E. 细胞色素类

12. 铁硫蛋白可与下列哪些递氢体或递电子体结合成复合物而存在（　　）
    A. NADH　　B. FAD　　C. FMN
    D. Cyt b　　E. $Cyt c_1$

13. 抑制氧化磷酸化进行的因素有（　　）
    A. 阿米妥　　　B. 鱼藤酮
    C. 抗霉素 A　　D. 氰化物
    E. 一氧化碳

三、填空题

1. 呼吸链的主要组成成分有_____、_____、_____、_____、_____、_____。
2. ATP 的生成方式有_____和_____。
3. 氧化磷酸化的偶联部位有_____、_____、_____。
4. 线粒体外 NADH 通过_____和_____穿梭机制才能进入线粒体，进而经呼吸链被氧化成 H_2O，同时产生 ATP。
5. 线粒体呼吸链主要有_____和_____两条。

四、简答题

1. 生物氧化有哪些特点？
2. 写出线粒体内重要的氧化呼吸链的组成成分及递氢和递电子顺序。
3. 影响氧化磷酸化的因素有哪些？

（王晓琼）

第7章 糖代谢

糖是人体组织器官重要的组成成分，约占干重的2%。机体内糖主要来自食物中的淀粉。糖的主要作用是通过代谢提供生命活动所需的能量。糖代谢是指葡萄糖在体内的一系列复杂的化学反应，通过代谢糖释出大量能量，以供机体生命活动之用。糖作为人体需要的能源物质，缺乏与过量对人体都是十分有害的。当代谢异常时，可引起某些疾病，所以学习糖代谢知识，对分析疾病的发病机制及研究疾病的防治措施具有重要意义。

第1节 概 述

● 案例 7-1

患者，女，23岁，因吃烧烤肉食后出现恶心、呕吐、腹痛、腹泻，同时排小样便。医生诊断为急性肠炎，并静脉滴注了葡萄糖。

问题：医生给患者静脉滴注葡萄糖的目的是什么？

 糖的种类与生理功能

（一）糖的种类

糖（carbohydrate）是一类化学本质为多羟醛或多羟酮及其衍生物的有机化合物，根据糖的分子结构特点，通常将其分为单糖、寡糖、多糖和结合糖四类。

1. 单糖　不能再水解的糖及其衍生物。葡萄糖、果糖、半乳糖、核糖、甘露糖等都是单糖；葡糖胺、葡糖醛酸是单糖的衍生物。

2. 寡糖　由2～10个单糖分子缩合成的低聚糖。根据寡糖中单糖分子的数目，其中最重要的是双糖。常见的有麦芽糖、蔗糖、乳糖。

3. 多糖　能水解生成多个分子单糖的糖。常见的多糖有淀粉、糖原和纤维素。

4. 结合糖　糖与非糖物质的结合物。常见的结合糖有糖蛋白、糖脂。

（二）糖的生理功能

1. 氧化供能　糖是人体最主要的供能物质。人体所需能量的50%～70%来自糖的氧化分解。1mol 葡萄糖彻底氧化可释放的能量约 2840kJ，这些能量一部分用于完成机体的各种做功，一部分以热能形式散发，维持体温恒定。

2. 维持血糖稳定　糖在体内以糖原形式将能量储存起来。机体需要能量供应时，可以很快分解并释放入血，直接维持正常血糖浓度。

3. 提供合成其他物质的原料　糖是人体重要的碳源，其代谢的产物可以为脂肪、蛋白质等生物大分子物质合成提供原料。糖还可转变为葡糖醛酸，参与机体的生物转化作用等。

4. 参与组织细胞的构成　糖蛋白参与神经组织和生物膜的构成，蛋白聚糖参与结缔组织、软骨和骨基质构成等。

5. 其他功能　参与免疫球蛋白、血型物质、激素、酶、凝血因子等生物活性物质的构成。

  糖的消化吸收

人类从食物中摄取的糖主要是淀粉。淀粉是大分子多聚糖，进入机体后必须经过消化酶的催化水解为单糖（主要是葡萄糖）才能被机体吸收。唾液和胰液都含有水解淀粉的淀粉酶。由于食物在口腔中停留时间较短，因此，淀粉的消化主要在小肠中进行。在肠腔中胰腺分泌的α-淀粉酶的催化下，淀粉被水解为麦芽糖、麦芽三糖、异麦芽糖、α-糊精，它们进一步水解最终生成单糖葡萄糖。

葡萄糖的主要吸收部位是小肠上段。除简单扩散外，葡萄糖的吸收主要依赖于特定载体的转运，这是一个主动耗能的过程。

  糖代谢概况

机体摄入的糖类，经消化水解成单糖后吸收入血，通过血液循环运至组织细胞内进行代谢。糖代谢主要指葡萄糖的代谢，其代谢途径主要包括有无氧氧化（糖酵解）、有氧氧化、磷酸戊糖途径及糖原合成与分解、糖异生等（图 7-1）。

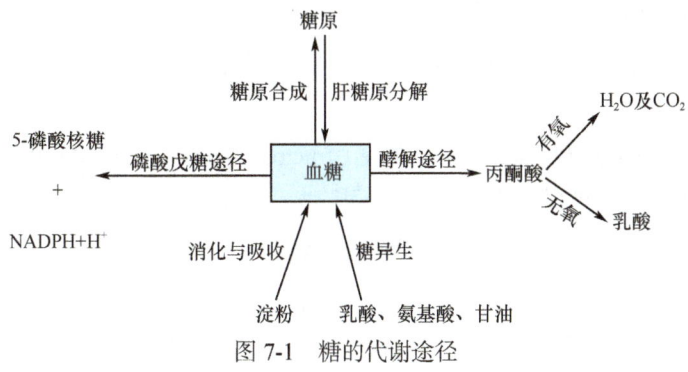

图 7-1　糖的代谢途径

第 2 节　糖的分解代谢

● 案例 7-2

患者，男性，71 岁，30 年前确诊为慢性支气管炎合并肺气肿，后每年反复发作。5 年前诊断为肺心病。今因受凉后咳嗽、咳痰、喘息气促、唇甲发绀、夜不能卧、神志模糊入院。

患者神志改变诊断为"乳酸酸中毒"。

问题： 1. 该患者引起"乳酸酸中毒"的机制是什么？

2. 针对该患者出现的"乳酸酸中毒"应如何治疗？

葡萄糖在体内分解代谢主要有三条途径：糖的无氧氧化（糖酵解）、糖的有氧氧化和磷酸戊糖途径。

一、糖的无氧氧化

（一）概念

在无氧或缺氧情况下，葡萄糖或糖原分解为乳酸的过程称无氧氧化，因该途径主要过程与酵母生糖生醇发酵的过程相似，故又称为糖酵解（glycolysis）。糖酵解的全部过程均在胞质内完成。

（二）无氧氧化的反应过程

糖的无氧氧化可分成三个阶段：第一阶段是葡萄糖或糖原裂解为磷酸丙糖的过程；第二阶段是磷酸丙糖转变为丙酮酸的过程；第三阶段是丙酮酸还原为乳酸。其中前两个阶段又称糖酵解阶段。

葡萄糖 —第一阶段→ 磷酸丙糖 —第二阶段→ 丙酮酸 —第三阶段→ 乳酸
                                    ↑2H↓

1. 葡萄糖生成磷酸丙糖 此阶段发生 4 步反应，是糖酵解过程中的耗能阶段，共消耗能量 2 个 ATP。

（1）葡萄糖磷酸化成葡萄糖 -6- 磷酸：进入细胞的葡萄糖在己糖激酶催化下生成葡萄糖 -6- 磷酸（glucose-6-phosphate，G-6-P）。此反应需要 Mg^{2+} 参与，并由 ATP 提供能量及磷酸基团。己糖激酶是糖酵解的第一个关键酶。

葡萄糖 —(己糖激酶, ATP→ADP)→ 葡萄糖-6-磷酸

（2）葡萄糖 -6- 磷酸异构为果糖 -6- 磷酸（fructose-6-phosphate，F-6-P）：这是由磷酸己糖异构酶催化的可逆反应过程，需要 Mg^{2+} 参与。

葡萄糖-6-磷酸 —(磷酸己糖异构酶)→ 果糖-6-磷酸

（3）果糖 -6- 磷酸磷酸化成果糖 -1,6- 二磷酸（fructose-1,6-biphosphate，F-1,6-BP）：这是糖酵解途径中第二步磷酸化反应，由磷酸果糖激酶 -1 催化完成，同样需要消耗 1 分子 ATP。磷酸果糖激酶 -1 是糖酵解的第二个关键酶，其反应不可逆。

果糖-6-磷酸 —(磷酸果糖激酶-1, Mg^{2+}, ATP→ADP)→ 果糖-1,6-二磷酸

（4）果糖 -1,6- 二磷酸裂解为 2 分子磷酸丙糖：该反应在醛缩酶催化下，裂解为 1 分子 3- 磷酸甘油醛和 1 分子磷酸二羟丙酮，此反应可逆。3- 磷酸甘油醛和磷酸二羟丙酮是同分异构体，可在磷酸丙糖异构酶的催化下相互转化。

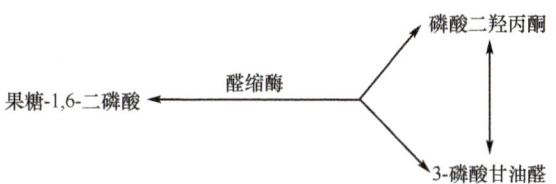

2. 丙酮酸的生成　此阶段是糖酵解途径中氧化产能阶段，共生成4分子ATP。

（1）3-磷酸甘油醛氧化生成1,3-二磷酸甘油酸：3-磷酸甘油醛在3-磷酸甘油醛脱氢酶催化下，以NAD$^+$为辅酶接受氢，生成NADH+H$^+$，生成含有一个高能磷酸键的高能化合物1,3-二磷酸甘油酸。此反应是可逆的。

$$3\text{-磷酸甘油醛} \xrightleftharpoons[\text{NAD}^+\ \text{Pi}]{\text{3-磷酸甘油醛脱氢酶}\ \text{NADH+H}^+} 1,3\text{-二磷酸甘油酸}$$

（2）1,3-二磷酸甘油酸转变为3-磷酸甘油酸：在磷酸甘油酸激酶催化下，1,3-二磷酸甘油酸所含的高能磷酸键转移给ADP，生成ATP和3-磷酸甘油酸。这是糖酵解过程中第一次产生ATP的反应。这种将底物分子中的高能磷酸键直接转移给ADP（或GDP）生成ATP（或GTP）的过程称为底物水平磷酸化。

$$1,3\text{-二磷酸甘油酸} \xrightleftharpoons[\text{ADP}\quad\text{Mg}^{2+}\quad\text{ATP}]{\text{磷酸甘油酸激酶}} 3\text{-磷酸甘油酸}$$

（3）3-磷酸甘油酸转变为2-磷酸甘油酸：该反应在磷酸甘油酸变位酶催化下完成的，此反应可逆。

$$3\text{-磷酸甘油酸} \xrightleftharpoons{\text{磷酸甘油酸变位酶}} 2\text{-磷酸甘油酸}$$

（4）2-磷酸甘油酸转变成磷酸烯醇式丙酮酸（PEP）：该反应在烯醇化酶催化下完成。此反应可逆。生成的磷酸烯醇式丙酮酸是高能化合物。

$$2\text{-磷酸甘油酸} \xrightleftharpoons{\text{烯醇化酶}} \text{磷酸烯醇式丙酮酸} + H_2O$$

（5）丙酮酸的生成：在丙酮酸激酶（PK）催化下，磷酸烯醇式丙酮酸将高能磷酸键转移给ADP生成ATP和烯醇丙酮酸。烯醇丙酮酸不稳定，可自发转变为丙酮酸。催化该反应的丙酮酸激酶是糖酵解过程的第三个关键酶。此反应是糖酵解途径中的第二次底物水平磷酸化。

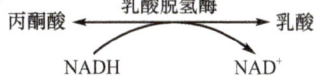

3. 丙酮酸还原为乳酸　在无氧条件下，丙酮酸在乳酸脱氢酶催化下，接受由3-磷酸甘油醛脱氢生成的NADH+H$^+$提供的氢，还原生成乳酸。此反应是可逆的。

$$\text{丙酮酸} \xrightleftharpoons[\text{NADH}\quad\text{NAD}^+]{\text{乳酸脱氢酶}} \text{乳酸}$$

糖酵解的全部反应可归纳如图7-2。

（三）反应特点

1. 反应条件、部位　反应过程均在细胞液中进行，没有氧参与。

2. 关键酶　糖酵解过程有三步不可逆的单向反应，导致过程不可逆。催化三步反应的已糖激酶、磷酸果糖激酶-1、丙酮酸激酶是糖酵解途径的关键酶。

3. 终产物　乳酸是无氧氧化的终产物。

4. 生成 ATP 的数量　葡萄糖进行无氧氧化净生成 2 个 ATP，糖原进行无氧氧化时，因少消耗 1 个 ATP，故净生成 3 个 ATP。

（四）糖酵解生理意义

1. 糖酵解是机体在缺氧情况下供应能量的重要方式　正常生理条件下，人体主要依靠有氧氧化供能，但在剧烈运动、从平原进入高原、呼吸和循环功能障碍、严重贫血、大量失血等生理性缺氧或病理性缺氧时，机体处于相对缺氧状态，必须通过加强糖酵解提供机体急需的能量。

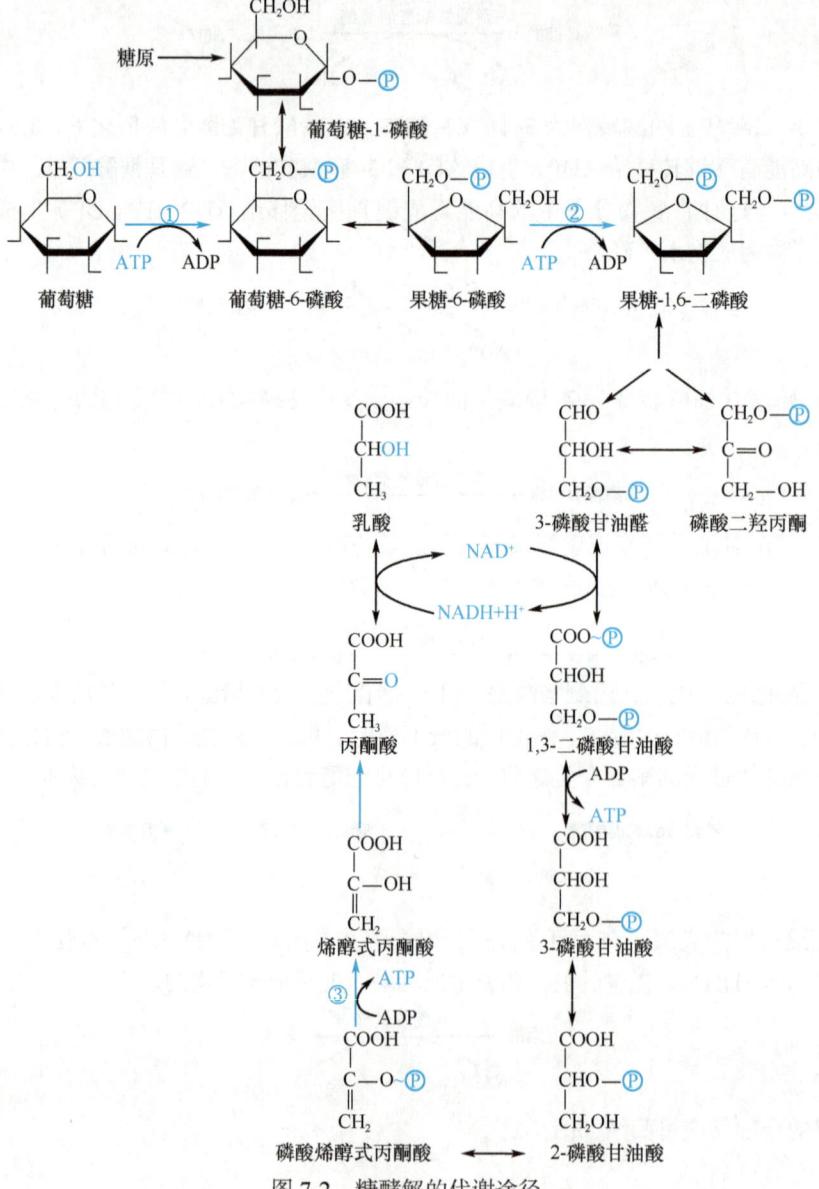

图 7-2　糖酵解的代谢途径

在病理情况下，倘若缺氧过度，糖酵解加强，乳酸生成过多，导致乳酸酸中毒。临床治疗和护理除纠正患者的酸中毒外，最主要的是及时针对病因进行治疗，从而缓解和改善患者的缺氧状况。

2. 糖酵解是成熟红细胞供能的主要方式　成熟红细胞没有线粒体，不能进行有氧氧化，只能依赖糖酵解供能。人体红细胞中，每天利用20～30g葡萄糖，其中90%～95%经糖酵解代谢。

3. 糖酵解是某些组织细胞供能的主要方式　即使在有氧条件下，视网膜、睾丸、白细胞、肿瘤细胞等组织细胞也主要依靠糖酵解供能。

> **"运动员在高原训练的原因"**
>
> 成熟的红细胞糖酵解途径中还存在着2,3-二磷酸甘油酸（2,3-BPG）支路。其主要作用是与血红蛋白结合，降低血红蛋白与氧气的亲和力，有利于组织获得足够的氧气。长期生活在高原地区，2,3-BPG增多，促使氧合血红蛋白释放氧气。依据这个原理，很多教练员带运动员在高原训练，目的是增加2,3-BPG水平，有利于组织获得更多的氧气，从而增强耐力。同时，高原空气稀薄，需要加深加快呼吸，以吸进更多氧气，这样有效地增加了运动员的肺活量。

二 糖的有氧氧化

（一）糖的有氧氧化（aerobic oxidation）的概念

糖的有氧氧化是指葡萄糖或糖原在有氧条件下彻底氧化分解生成H_2O和CO_2，并产生大量能量的过程。

（二）有氧氧化反应过程

糖的有氧氧化分三个阶段进行。第一阶段是葡萄糖或糖原经糖酵解途径转变为丙酮酸，又称糖酵解阶段；第二阶段是丙酮酸进入线粒体氧化脱羧生成乙酰CoA；第三阶段是乙酰CoA进入三羧酸循环，彻底氧化为H_2O和CO_2。

1. 葡萄糖或糖原转变为丙酮酸（糖酵解阶段）　此阶段在细胞液中进行，发生的反应与糖的无氧氧化酵解阶段完全相同，涉及的关键酶也相同。不同的是无氧氧化酵解阶段生成的$NADH+H^+$提供氢用于丙酮酸还原生成乳酸，而有氧氧化酵解阶段生成的$NADH+H^+$不用于丙酮酸还原，而是在有氧条件下可进入线粒体产生能量。

2. 丙酮酸氧化脱羧生成乙酰CoA　丙酮酸进入线粒体内，在丙酮酸脱氢酶系催化下进行氧化脱羧，并与辅酶A结合成含有高能键的乙酰CoA。此阶段为不可逆反应，是糖的有氧氧化过程的重要限速步骤之一。总反应如下。

丙酮酸脱氢酶系是一个多酶复合体，由三种酶蛋白、五种辅酶构成（表7-1）。

表7-1　丙酮酸脱氢酶系的组成

酶	辅酶（辅基）	所含维生素
丙酮酸脱氢酶	TPP	维生素B_1
二氢硫辛酸乙酰转移酶	硫辛酸、CoA	硫辛酸、泛酸
二氢硫辛酸脱氢酶	NAD^+、FAD	维生素B_2、维生素PP

此酶系中的几种酶按顺序作用,形成了紧密相连的连锁反应机构,使酶的催化效率和调节能力显著提高(图 7-3)。

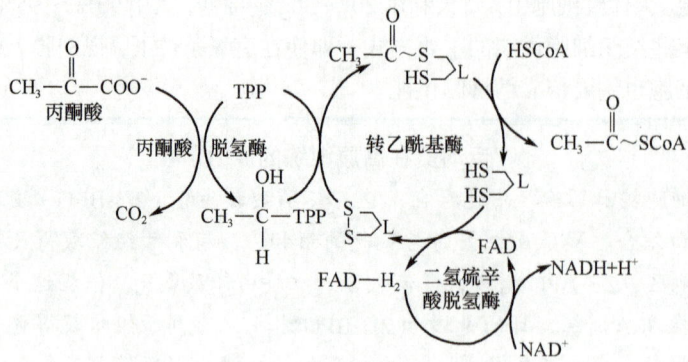

图 7-3 丙酮酸氧化脱羧

3. 三羧酸循环 此过程在线粒体内进行。在第二阶段生成的乙酰 CoA 与草酰乙酸缩合生成柠檬酸,经历 4 次脱氢及 2 次脱羧后,又以草酰乙酸再生成结束。生成的草酰乙酸可再次进入三羧酸循环。由于此过程中几个主要的中间代谢物均含有三个羧基,因而称为三羧酸循环(tricarboxylic acid cycle,TAC);又由于其中第一个生成物是柠檬酸,因此又称为柠檬酸循环。三羧酸循环是由德国科学家 Krebs 最早提出,故这一循环反应又被称为 Krebs 循环。

三羧酸循环的反应过程如下。

(1)柠檬酸的生成:乙酰 CoA 与草酰乙酸在柠檬酸合酶催化下缩合为柠檬酸(citrate)。此反应是不可逆的,所需能量来自于乙酰 CoA 的高能硫酯键。柠檬酸合酶是三羧酸循环的第一个关键酶。

$$\text{草酰乙酸} + \text{乙酰CoA} + H_2O \xrightarrow{\text{柠檬酸合酶}} \text{柠檬酸} + HSCoA$$

(2)异柠檬酸生成:柠檬酸在顺乌头酸酶催化下先脱水,再加水异构生成异柠檬酸(isocitrate)。

$$\text{柠檬酸} \underset{+H_2O}{\overset{-H_2O}{\rightleftharpoons}} \text{顺乌头酸} \underset{-H_2O}{\overset{+H_2O}{\rightleftharpoons}} \text{异柠檬酸}$$

(3)异柠檬酸氧化脱羧:异柠檬酸由异柠檬酸脱氢酶(isocitrate dehydrogenase)催化,氧化脱羧生成 α-酮戊二酸,同时释出一分子 CO_2。反应脱下的氢由 NAD^+ 接受,生成 $NADH+H^+$。这是三羧酸循环第一次脱氢、第一次脱羧反应,反应不可逆。异柠檬酸脱氢酶是三羧酸循环的第二个关键酶。

$$\text{异柠檬酸} \xrightarrow[\text{NAD}^+ \quad \text{NADH+H}^+]{\text{异柠檬酸脱氢酶}} \alpha\text{-酮戊二酸} + CO_2$$

(4)α-酮戊二酸氧化脱羧:在 α-酮戊二酸脱氢酶复合体催化下,α-酮戊二酸氧化脱羧生成琥珀酰 CoA。此反应发生该循环中第二次脱氢和脱羧反应。脱羧生成 CO_2,脱下的氢仍由 NAD^+ 接受生成 $NADH+H^+$。该酶系也是由三种酶蛋白、五种辅酶构成,是三羧酸循环的第三个关键酶。

（5）琥珀酰 CoA 生成琥珀酸：在琥珀酸硫激酶催化下，琥珀酰 CoA 分子中的高能硫酯键水解并释放能量，能量转移给 GDP 生成 GTP，其本身转变为琥珀酸。GTP 可将其末端的高能磷酸键转给 ADP 生成 ATP，反应是可逆的。这是三羧酸循环中唯一的底物水平磷酸化反应。

琥珀酰CoA ⇌(琥珀酸硫激酶, GDP+Pi, GTP) 琥珀酸

（6）琥珀酸生成延胡索酸：琥珀酸在琥珀酸脱氢酶的催化下，脱氢生成延胡索酸，此为循环中第三次脱氢反应。脱下的氢由辅基 FAD 接受，生成 FADH$_2$。

琥珀酸 ⇌(琥珀酸脱氢酶, FAD, FADH$_2$) 延胡索酸

（7）延胡索酸生成苹果酸：延胡索酸在延胡索酸酶催化下，加 H$_2$O 生成苹果酸。

（8）草酰乙酸的再生：苹果酸最后由苹果酸脱氢酶催化脱氢生成草酰乙酸，脱下的氢由 NAD$^+$ 接受。再生的草酰乙酸可再一次进入三羧酸循环。

苹果酸 ⇌(苹果酸脱氢酶, NAD$^+$, NADH+H$^+$) 草酰乙酸

三羧酸循环归纳总结如图 7-4 所示。

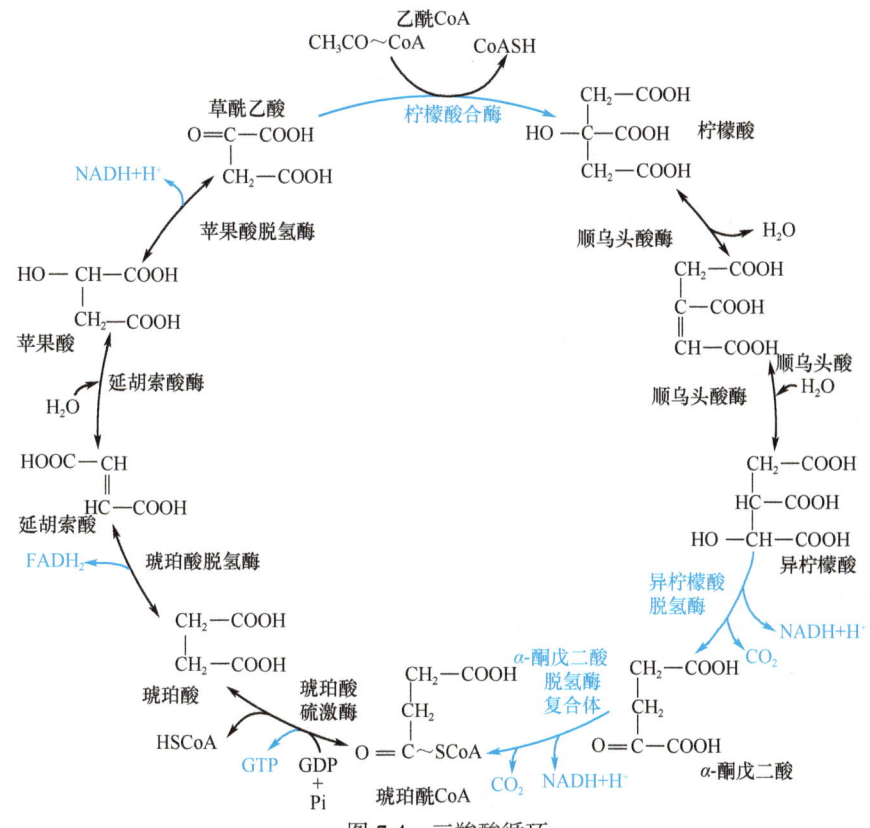

图 7-4　三羧酸循环

（三）三羧酸循环的特点

1. 三羧酸循环必须在有氧条件下进行　当氧供给充足时，丙酮酸氧化脱羧生成乙酰CoA，进入 TAC 彻底氧化。

2. 三羧酸循环是单向不可逆的反应体系　催化单向反应的三个关键酶是柠檬酸合酶、异柠檬酸脱氢酶和 α-酮戊二酸脱氢酶系，其中异柠檬酸脱氢酶是最主要的关键酶。

3. 三羧酸循环是机体主要的产能阶段　一次三羧酸循环有 4 次脱氢反应，生成 3 个 NADH+H^+ 和 1 个 $FADH_2$。在生成水的过程中释放能量，同时生成 9 分子 ATP，加上底物水平磷酸化反应生成的一个 GTP，共生成 10 分子 ATP。

4. 三羧酸循环必须不断补充中间产物　三羧酸循环的中间产物一般可重复利用而不被消耗，但是它们在有机体中不断参与其他物质的形成。例如，草酰乙酸可转变为天冬氨酸而参与蛋白质合成，琥珀酰辅酶 A 可用于血红素合成，α-酮戊二酸可转变为谷氨酸等。因此，为了保证三羧酸循环顺利进行，就必须不断补充消耗的中间产物。

（四）有氧氧化的生理意义

1. 有氧氧化是机体获得能量的主要方式　一分子葡萄糖经糖酵解净生成 2 分子 ATP，而经有氧氧化可生成 30（或 32）分子 ATP（表 7-2）。

表 7-2　葡萄糖有氧氧化 ATP 生成与消耗

反应阶段	反应过程	辅酶	ATP 数量
第一阶段	葡萄糖→葡萄糖 -6- 磷酸		–1
	果糖 -6- 磷酸→果糖 -1，6- 二磷酸		–1
	2×3- 磷酸甘油醛→2×1，3- 二磷酸甘油酸	2NADH	2.5（1.5）×2*
	2×1，3- 二磷酸甘油酸→2×3- 磷酸甘油酸		1×2
	2× 磷酸烯醇式丙酮酸→2× 烯醇式丙酮酸		1×2
第二阶段	2× 丙酮酸→2× 乙酰 CoA	2NADH	2.5×2
第三阶段	2× 异柠檬酸→2×α- 酮戊二酸	2NADH	2.5×2
	2×α- 酮戊二酸→2× 琥珀酰 CoA	2NADH	2.5×2
	2× 琥珀酰 CoA →2× 琥珀酸	2FADH	1×2
	2× 琥珀酸→2× 延胡索酸		1.5×2
	2× 苹果酸→2× 草酰乙酸		2.5×2
	合计		30 或 32

*根据 NADH+H^+ 进入线粒体的方式不同，如经苹果酸穿梭产生 2.5 分子 ATP；如经 α-磷酸甘油穿梭只产生 1.5 分子 ATP；1 分子葡萄糖生成 2 分子丙糖，故 ×2。

2. 三羧酸循环是三大营养物质彻底氧化的共同途径　糖、脂肪和蛋白质在体内均可分解生成乙酰 CoA 而进入三羧酸循环，并彻底氧化生成 H_2O 和 CO_2，同时释放能量以满足机体需要。因此，三羧酸循环可以说是体内的能量中心。

3. 三羧酸循环是三大物质代谢联系的枢纽　三羧酸循环反应是一个开放系统。它的许多中间产物与其他代谢途径相沟通。例如，某些氨基酸的碳架可转变为三羧酸循环的中间产物，再经糖异生途径转变为糖和甘油；三羧酸循环所提供的 α-酮戊二酸、草酰乙酸等转变为氨基酸；脂肪酸、胆固醇、氨基酸等的合成也需要三羧酸循环协助提供前体物质。

磷酸戊糖途径

磷酸戊糖途径是葡萄糖氧化分解代谢的另一条重要途径。此反应途径主要存在于肝、脂肪组织、甲状腺、肾上腺皮质、骨髓、性腺和红细胞等组织中。整个反应过程均在细胞液中进行。

（一）反应过程

磷酸戊糖途径是从葡萄糖-6-磷酸开始，大致可以分为两大阶段。

1. 磷酸戊糖生成 ①葡萄糖-6-磷酸在葡萄糖-6-磷酸脱氢酶催化下，脱氢生成 6-磷酸葡萄糖内酯；② 6-磷酸葡萄糖内酯水解为 6-磷酸葡萄糖酸；③ 6-磷酸葡萄糖酸脱氢、脱羧生成 5-磷酸核酮糖，同时生成 2 分子 NADPH+H$^+$ 及 1 分子 CO_2；④ 5-磷酸核酮糖在异构酶催化下，转变为 5-磷酸木酮糖和 5-磷酸核糖。

2. 基团移换反应 上述反应中生成的三种戊糖（5-磷酸核酮糖、5-磷酸核糖和 5-磷酸木酮糖）在转酮酶和转醛醇酶催化下，经历了一系列基团移换过程，最终生成果糖 -6-磷酸和 3-磷酸甘油醛，进入糖酵解途径（图 7-5）。

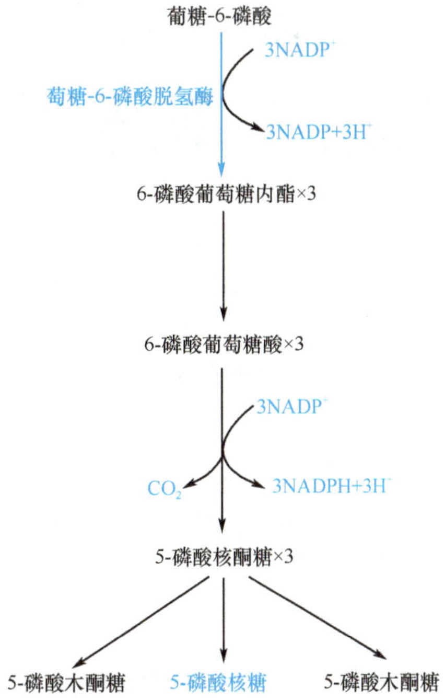

图 7-5 磷酸戊糖途径

（二）磷酸戊糖途径的生理意义

1. 为核酸的生物合成提供原料 磷酸戊糖途径是体内生成 5-磷酸核糖的唯一途径，为核苷酸及核酸生物合成提供了原料。

2. 提供细胞代谢所需的 NADPH+H$^+$

（1）NADPH+H$^+$ 作为供氢体参与体内多种代谢反应。NADPH+H$^+$ 是体内许多合成代谢氢原子的提供者，如脂肪酸、胆固醇和类固醇激素等化合物的合成过程中所需要的氢原子均由 NADPH+H$^+$ 提供。

（2）NADPH+H$^+$ 作为谷胱甘肽还原酶的辅酶，对维持细胞中谷胱甘肽（GSH）的还原状态起着重要作用。还原型谷胱甘肽是体内重要的抗氧化剂，可以保护红细胞膜上含巯基的蛋白质或酶免遭氧化而丧失正常结构与功能。

（3）NADPH+H$^+$ 是单加氧酶系的辅酶，参与某些激素、药物、毒物在肝中的生物转化。

链接

"蚕豆病"

蚕豆病的症状：吃蚕豆几小时或 1～2 天后，突然感到精神疲倦、头晕、恶心、畏寒发热、全身酸痛、萎靡不振，并伴有黄疸、肝脾肿大、呼吸困难、肾衰竭甚至死亡。血常规检查：红细胞明显减少，黄疸指数明显升高。蚕豆中有 3 种物质：裂解素、锁未尔和多巴胺。前两种使谷胱甘肽氧化，后一种能激发红细胞的自身破坏，使红细胞大量溶解。该病为遗传性葡糖-6-磷酸脱氢酶缺乏病，常因食用蚕豆而引发，故称为"蚕豆病"。

第3节 糖原的合成与分解

糖原是动物体内葡萄糖的储存形式,它是以葡萄糖为单位聚合而成的具有多分支结构的大分子化合物。在糖原分子中,葡萄糖单位以 α-1,4 糖苷键连接为直链结构,而以 α-1,6 糖苷键连接为分支结构。体内多种组织细胞含有糖原,主要储存在肌肉组织和肝组织中,肝糖原 70～100g,肌糖原 250～400g。肌糖原主要为肌肉收缩提供急需的能量,肝糖原则在维持血糖浓度恒定方面起重要作用。

 糖原合成

(一)概念和部位

由单糖(主要是葡萄糖)合成糖原的过程称为糖原合成(glycogenesis),整个反应过程在肝、肌肉组织细胞的胞液中进行,需要消耗 ATP 和 UTP。

(二)反应过程

1. **葡萄糖生成葡萄糖 -6- 磷酸** 此过程与糖酵解第一步相同,由 ATP 供应能量。

$$\text{葡萄糖} \xrightarrow[\text{ATP} \quad \text{ADP}]{\text{己糖激酶}} \text{葡萄糖-6-磷酸}$$

2. **葡萄糖 -6- 磷酸转变为葡萄糖 -1- 磷酸** 葡萄糖 -6- 磷酸在磷酸葡糖变位酶作用下,转变为葡萄糖 -1- 磷酸。

$$\text{葡萄糖-6-磷酸} \xrightleftharpoons{\text{磷酸葡糖变位酶}} \text{葡萄糖-1-磷酸}$$

3. **尿苷二磷酸葡萄糖的生成** 在尿苷二磷酸葡萄糖焦磷酸化酶作用下,葡萄糖 -1- 磷酸与 UTP 反应,生成尿苷二磷酸葡糖(uridine diphosphate glucose,UDPG)和焦磷酸。UDPG 是葡萄糖供体,常被称为"活性葡萄糖"。

$$\text{葡萄糖-1-磷酸} \xrightarrow[\text{UTP} \quad \text{ppi}]{\text{UDPG焦磷酸化酶}} \text{UDPG}$$

4. **UDPG 合成糖原** 糖原合成需要糖原引物,在糖原合酶催化下,UDPG 的葡萄糖基移到糖原引物上,以 α-1,4 糖苷键连接。每进行一次反应,糖原引物上即增加一个葡萄糖单位。

$$\text{UDPG} + \text{糖原}(G_n) \xrightarrow{\text{糖原合酶}} \text{糖原}(G_{n+1}) + \text{UDP}$$

(G_n)表示糖原引物中葡萄糖残基数目

5. **分支的形成** 糖原合酶只能促成 α-1,4- 糖苷键,不能形成分支。糖原分支链的生成需分支酶催化。当糖链延长至 12～18 个葡萄糖残基时,分支酶可将一段糖链(6～7 个葡萄糖单位)转移到邻近的糖链上,以 α-1,6 糖苷键相连,形成分支结构(图 7-6)。

 糖原分解

肝糖原分解为葡萄糖的过程,称为糖原分解。糖原分解的反应过程并非糖原合成的逆反应过程,其反应过程如下:

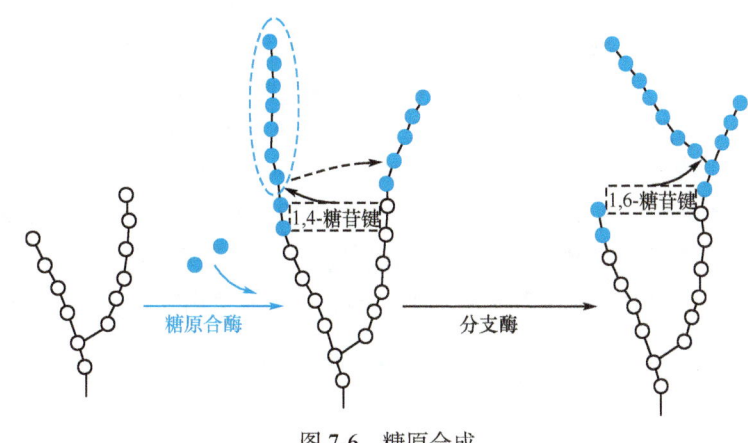

图 7-6 糖原合成

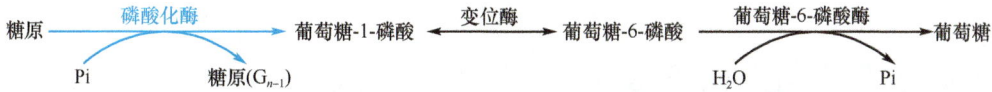

糖原磷酸化酶是糖原分解的限速酶,只能分解 α-1,4 糖苷键,脱支酶主要作用于 α-1,6 糖苷酶,在这两种酶协同和反复作用下,糖原分子逐渐缩小,分支不断减少,最终分解为葡萄糖 -1- 磷酸和少量的葡萄糖,完成糖原分解过程。

葡萄糖 -6- 磷酸酶主要存在于肝细胞,所以只有肝糖原才能分解补充血糖。由于肌肉组织中缺乏葡萄糖 -6- 磷酸酶,因此肌糖原不能直接分解为葡萄糖,只能进行糖酵解或有氧氧化,而不能将糖原直接分解为葡萄糖入血。因此,肝糖原分解作用在维持血糖浓度的相对恒定上起重要作用。

糖原合成与分解的过程示意图(图 7-7)如下。

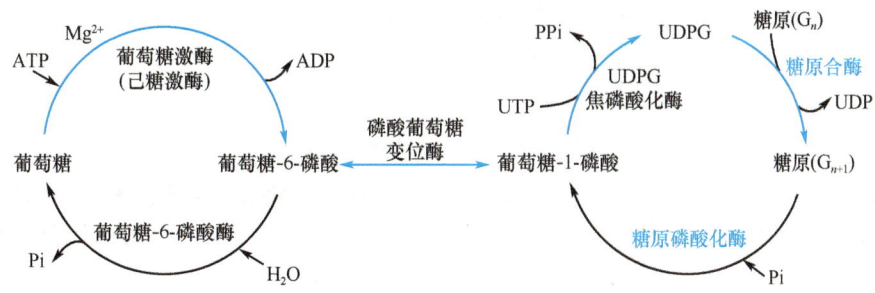

图 7-7 糖原合成与分解

三、糖原合成与分解的生理意义

糖原是葡萄糖的一种高效能的储存形式。当机体糖供应丰富及细胞中能量充足时,葡萄糖在肝和肌肉中合成糖原储存起来,防止血糖浓度升高;当糖的供应不足或能量需求增加时,肝糖原直接分解为葡萄糖,释放入血,补充血糖,提供能量。

> **链接**
>
> **糖原贮积症（glycogen storage disease）**
>
> 糖原贮积症是一类遗传性代谢病，其特点为体内某些器官组织中有大量糖原堆积。引起糖原贮积症的原因是患者先天性缺乏糖原代谢有关的酶类。不同类型的糖原贮积症，根据所缺陷的酶不同，受累的组织、器官有所不同，对健康和生命的影响程度也不同，如缺乏肝磷酸化酶时，患儿仍可生长，肝糖原沉积可导致肝大。缺乏葡萄糖-6-磷酸酶时，由于不能动用糖原维持血糖，会导致血糖代谢异常。溶酶体的 α-葡萄糖苷酶可分解 α-1,4-糖苷键和 α-1,6-糖苷键。缺乏此酶将导致所有组织特别是心肌受损而突然死亡。

第4节 糖 异 生

 概念

非糖物质转变为葡萄糖或糖原的过程称为糖异生（gluconeogenesis）。能进行糖异生的非糖物质主要有乳酸、甘油、生糖氨基酸等。发生部位主要在肝、肾细胞的胞液及线粒体，其中肝是体内进行糖异生的主要器官。肾在正常情况下糖异生的能力只有肝的 1/10，在长期饥饿或酸中毒时，肾的糖异生作用可大大加强。

 糖异生途径

糖异生途径基本上是糖酵解途径的逆反应，但糖酵解中有三步不可逆反应（称为能障）。因此，糖异生途径必须通过另外的酶来催化，才能绕过"能障"生成葡萄糖或糖原。这些酶即为糖异生过程中的限速酶。现以丙酮酸为例说明糖异生途径。

（一）丙酮酸羧化支路

丙酮酸需要在丙酮酸羧化酶和磷酸烯醇式丙酮酸羧激酶催化下才能转变为磷酸烯醇式丙酮酸，该过程分两步反应来完成。首先丙酮酸在丙酮酸羧化酶催化下生成草酰乙酸，然后在磷酸烯醇式丙酮酸羧激酶催化下，草酰乙酸脱羧生成磷酸烯醇式丙酮酸，此过程称为丙酮酸羧化支路。

$$
\begin{array}{c}
COO^- \\
| \\
C=O \\
| \\
CH_3
\end{array}
\quad
\begin{array}{c}
CO_2 \\
\xrightarrow[ADP + Pi]{ATP}
\end{array}
\quad
\begin{array}{c}
COO^- \\
| \\
C=O \\
| \\
CH_2 \\
| \\
COOH
\end{array}
\quad
\begin{array}{c}
CO_2 \\
\xrightarrow[GDP]{GTP}
\end{array}
\quad
\begin{array}{c}
COO^- \quad O \\
| \quad \quad \| \\
C-O-P-O^- \\
| \quad \quad | \\
CH_3 \quad O^-
\end{array}
$$

丙酮酸　　　　　　　　　　草酰乙酸　　　　　　　　磷酸烯醇式丙酮酸

（二）果糖-1,6-二磷酸转变为果糖-6-磷酸

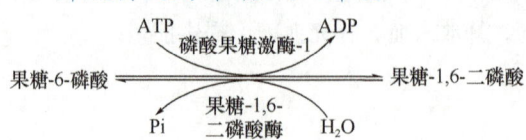

（三）葡糖 -6- 磷酸水解生成葡萄糖

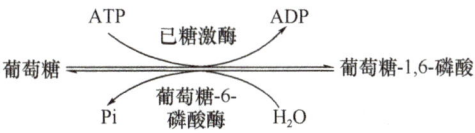

此反应由葡糖 -6- 磷酸酶催化完成，与肝糖原分解最后一步反应相同。
糖异生途径见图 7-8。

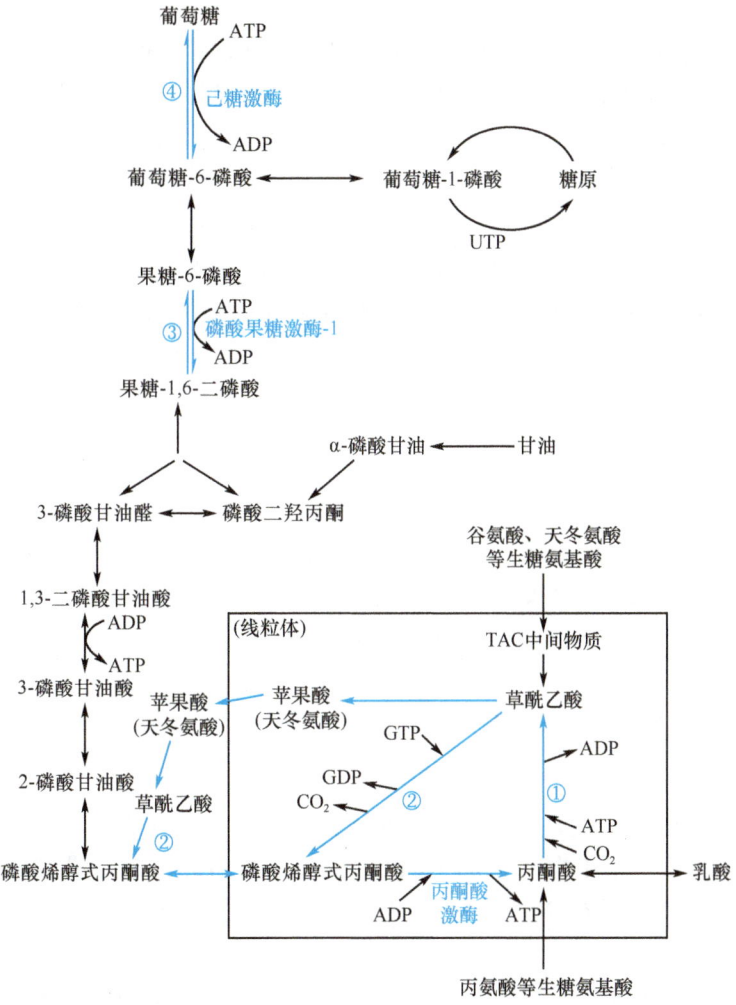

图 7-8　糖异生途径

注：①丙酸酸羧化酶；②磷酸烯醇丙酮酸羧激酶；③果糖二磷酸酶；④葡糖 -6- 磷酸酶

三、糖异生生理意义

（一）维持空腹或饥饿状态下血糖浓度的相对恒定

在禁食时，仅靠肝糖原维持血糖浓度，但不到 12 小时即被全部耗尽，在长期饥饿情况下糖异生作用成为补充血糖的重要来源，这对于保证脑细胞正常功能是十分必要的。

需要注意的是，在长期饥饿情况下若仅以糖异生维持血糖浓度势必造成储存脂肪和蛋白质的过度消耗，甚至导致生命危险，所以，对于不能进食的患者，可静脉输注葡萄糖，以维持机体基本营养需求。

（二）有利于乳酸的再利用

乳酸是糖异生的重要原料，在剧烈运动或某些原因导致缺氧时，肌糖原酵解产生大量乳酸，大部分可经血液运输到肝，通过糖异生作用异生为葡萄糖以补充血糖。血糖可以被肌肉摄取利用，如此形成一个循环过程，称为乳酸循环。此循环有利于乳酸再利用，也可防止乳酸酸中毒。

（三）协助氨基酸代谢

生糖氨基酸在体内可以转化为丙酮酸、α-酮戊二酸和草酰乙酸等，进而通过糖异生作用转变为葡萄糖。实验证明，长期禁食时由于组织蛋白分解增强，血中氨基酸含量升高，糖异生作用十分活跃，因此，蛋白质分解产生的氨基酸是饥饿时维持血糖的主要原料来源。

（四）调节酸碱平衡

长期饥饿时，肾糖异生作用增强，肾脏中 α-酮戊二酸进行糖异生而含量减少，促使谷氨酰胺脱氨生成谷氨酸，后者再脱氨生成 α-酮戊二酸。产生的氨则分泌进入肾小管，与原尿中 H^+ 结合成 NH_4^+ 随尿排出，对 H^+ 过多起到一定的缓冲作用，有利于调节酸碱平衡。

第5节 血 糖

案例7-3

患者，男性，小学退休教师，65岁，身高165cm。2个月前主食由原来的450g增加到600g。体重2个月由60kg降至55kg，口渴，卧床休息，夜尿每日7~8次，视物模糊，精神倦怠，睡眠差，无力。空腹血糖7.8mmol/L左右，无肾功能不全。

问题：1. 初步诊断患者患何种疾病？依据是什么？
2. 出现典型症状的生化机制是什么？

血糖（blood sugar）主要是指血液中的葡萄糖。正常情况下，血糖含量相当恒定，仅在较小的范围内波动。正常人空腹静脉血糖3.89~6.11mmol/L（葡萄糖氧化酶法）。血糖浓度的相对恒定，是机体对血糖的来源和去路进行精细调节，从而使之维持动态平衡的结果。

> **链接**
>
> **血糖测定静脉采血的注意事项**
>
> 空腹（持续8小时无任何热量摄入）静脉采血不少于3ml；压脉带不要超过1分钟，避免溶血；体位多采用坐位；采血前避免情绪波动、剧烈运动。采血后立即分离血清，置2~8℃冰箱保存，如果不能及时分离血清，必须使用含氟化物的抗凝管，抑制血细胞对葡萄糖的糖酵解，从而保证检验结果的准确性。

血糖的来源和去路

（一）血糖的来源

1. 食物中糖的消化吸收　这是机体内血糖的主要来源。
2. 肝糖原分解　空腹 8～12 小时，肝糖原分解生成葡萄糖释放入血，用于补充血糖。
3. 糖异生作用　长期饥饿时，储备的肝糖原已不足以维持血糖浓度，此时糖异生作用增强，大量的非糖物质转变为糖，以继续维持血糖的正常水平。

（二）血糖的去路

1. 氧化供能　这是血糖的主要去路。
2. 合成糖原　当机体糖供应充足时，葡萄糖在肝、肌肉中合成糖原而储存。
3. 转化为非糖物质　如脂肪、某些非必需氨基酸及核糖、氨基糖、葡萄糖醛酸等其他糖及其衍生物。
4. 随尿排出　当血糖浓度高于 8.89～10.00mmol/L 时，超过肾小管最大重吸收的能力，则糖由尿液中排出，出现糖尿，此血糖水平称为肾糖阈。尿排糖是血糖的非正常去路。

血糖来源和去路见图 7-9。

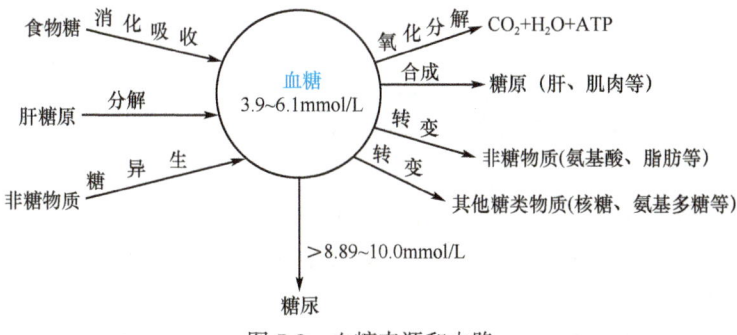

图 7-9　血糖来源和去路

 血糖的调节

人体具有高效能调节血糖浓度恒定的机构，包括器官水平、激素水平、神经系统的调节。

（一）肝对血糖的调节

肝是调节血糖浓度最主要的器官。当餐后血糖浓度增高时，肝糖原合成加强而分解减弱，使血糖浓度不至过多升高；空腹或饥饿时，肝糖原分解加强，用以补充血糖浓度；长期饥饿情况下，肝的糖异生作用加强，以有效维持血糖浓度恒定。

（二）激素对血糖的调节

调节血糖的激素分为两类：一类是降低血糖的激素，如胰岛素；另一类是升高血糖的激素，如肾上腺素、胰高血糖素、肾上腺糖皮质激素和生长素等。两类不同作用的激素相互协调，共同调节血糖的正常水平（表 7-3）。胰岛素是体内唯一降低血糖浓度的激素。

表 7-3　激素对血糖水平的调节

降血糖激素	作用	升血糖激素	作用
胰岛素	1. 促进葡萄糖进入肌肉、脂肪等组织细胞	胰高血糖素	1. 促进糖原分解、抑制糖原合成
	2. 促进糖原合成、抑制糖原分解		2. 促进糖异生
	3. 促进糖有氧氧化	肾上腺素	1. 促进肝糖原分解
	4. 抑制糖异生		2. 促进肌糖原分解
			3. 促进糖异生
	5. 促进糖向脂肪、氨基酸等非糖物质转化	糖皮质激素	1. 抑制肝外组织对葡萄糖的摄取和利用
			2. 促进糖异生
			3. 加速脂肪动员

（三）神经调节

全身各组织的糖代谢还受神经的整体调节。当情绪激动时，交感神经兴奋，肾上腺素的分泌增加，从而使血糖浓度升高。当机体安静时，迷走神经兴奋，胰岛素分泌增加，血糖水平降低。

上述几方面作用并非孤立进行，而是互相协同又互相制约，以调节血糖浓度的相对恒定。

糖代谢异常

（一）高血糖与糖尿

1. 概念　空腹血糖浓度高于 7.2mmol/L（130mg/dl）称为高血糖（hyperglycemia）。如果血糖浓度高于肾糖阈值（8.89mmol/L），超过了肾小管对糖的最大重吸收能力时，则尿中就会出现糖，此现象称为糖尿。

2. 发生原因　在病理情况下，如升高血糖激素分泌亢进或胰岛素分泌障碍均可导致高血糖，以致出现糖尿。由于胰岛素分泌障碍引起的高血糖和糖尿，称为糖尿病。

（二）低血糖

空腹血糖浓度低于 2.8mmol/L 称为低血糖。引起低血糖的常见原因：①饥饿或不能进食，糖的来源不足。②胰岛 β 细胞增生（如胰岛肿瘤），胰岛素分泌过多。③严重肝脏疾患（如肝硬化、肝癌），由于肝脏功能低下，糖原的合成、分解及糖异生等糖代谢过程障碍，肝不能及时有效地调节血糖浓度。④内分泌功能异常（垂体功能或肾上腺功能低下），升血糖激素分泌减少。⑤空腹饮酒，乙醇刺激胰腺的胰岛细胞分泌胰岛素，会促使血糖浓度降低；同时，进入肝脏的乙醇，抑制了肝糖原的分解，减少了血液葡萄糖的来源，从而造成低血糖。

当机体出现低血糖时，患者常表现出头晕、心悸、出冷汗、手颤、倦怠无力等症状，并影响脑的正常功能。因为脑细胞所需能量主要来自血中的葡萄糖氧化分解。若血糖含量降低，可影响脑细胞的能量供应，进而影响脑的正常功能，严重时出现昏迷甚至导致死亡。临床上对于低血糖患者，可口服葡萄糖或其他糖类进行治疗，症状严重或患者不能口服葡萄糖时，可静脉输注葡萄糖，以保证患者的基本能量供应。

自 测 题

一、名词解释

1. 糖酵解　2. 糖有氧氧化　3. 糖原分解
4. 糖异生　5. 血糖　6. 高血糖

二、选择题

（一）单项选择题

1. 下列哪组酶参与了糖酵解途径中三个不可逆反应（　　）
   A. 葡糖激酶、己糖激酶、磷酸果糖激酶-1
   B. 甘油磷酸激酶、磷酸果糖激酶、丙酮酸激酶
   C. 葡糖激酶、己糖激酶、丙酮酸激酶
   D. 己糖激酶、磷酸果糖激酶、丙酮酸激酶
   E. 以上都不对

2. 主要发生在线粒体中的代谢途径是（　　）
   A. 糖酵解途径　　B. 三羧酸循环
   C. 磷酸戊糖途径　D. 脂肪酸合成
   E. 乳酸循环

3. 关于糖的有氧氧化下述哪项是错误的（　　）
   A. 糖有氧氧化的产物是 CO_2 和 H_2O
   B. 糖有氧氧化是细胞获得能量的主要方式
   C. 三羧酸循环是三大营养物质相互转变的途径
   D. 有氧氧化在胞质中进行
   E. 葡萄糖氧化成 CO_2 和 H_2O 时可生成 32 分子或 30 分子 ATP

4. 下述哪种情况可导致糖异生作用加强（　　）
   A. 剧烈活动　　B. 休息
   C. 饥饿　　　　D. 细胞的能量生成增多
   E. 细胞的能量减少

5. 蚕豆病的病因是（　　）
   A. 葡萄糖-6-磷酸脱氢酶缺乏
   B. 血红蛋白异常
   C. 胰岛素分泌不足
   D. 缺少胰高血糖素
   E. 缺少肾上腺素

6. 糖原中 1 个葡萄糖基转变为 2 分子乳酸，可净得几分子 ATP（　　）
   A. 1　B. 2　C. 3　D. 4　E. 5

7. 在糖原分子中每增加 1 个葡萄糖单位，需要消耗几个高能磷酸键（　　）
   A. 2　B. 3　C. 4　D. 5　E. 6

8. 关下列哪条途径不能补充葡萄糖（　　）
   A. 肝糖原分解　　B. 肌糖原分解
   C. 糖异生作用　　D. 食物糖类的消化吸收
   E. 磷酸戊糖途径

9. 进食后被吸收入血的单糖最主要的去路是（　　）
   A. 在组织器官中氧化供能
   B. 在体内转变为脂肪
   C. 在肝、肌、脑等组织中合成糖原
   D. 在体内转变为部分氨基酸
   E. 经尿液排出

10. 糖异生的主要生理意义在于（　　）
    A. 防止碱中毒
    B. 更新肝糖原
    C. 生成激素
    D. 保证缺氧状态下机体获得能量
    E. 维持饥饿状态下血糖浓度恒定

11. 休息状态下，人体血糖大部分消耗于（　　）
    A. 肌　　B. 肾　　C. 肝
    D. 脑　　E. 脂肪组织

12. 按照 WHO 的标准，空腹血糖的测定时，取血时间一般空腹至少多长时间（　　）
    A. 6 小时　　　　B. 7 小时
    C. 8 小时　　　　D. 10 小时
    E. 12 小时

13. 患儿，女性，10 岁，患糖尿病 5 年，用胰

岛素治疗。体能测试后，患儿出现了心悸、出汗、头晕、手抖、饥饿感。护士正确的判断是（　　）
   A. 胰岛素过量　　B. 饮食不足
   C. 过度劳累　　　D. 低血糖反应
   E. 心源性晕厥

14. 随机血糖测定的取血时间（　　）
   A. 禁餐禁饮2小时以上
   B. 空腹8小时以上
   C. 进餐后任意时间
   D. 定量摄入葡萄糖，饮第一口糖水时计时，2小时后取血测定血糖
   E. 从吃第一口饭时开始计算时间，2小时取血为餐后2小时

（二）多项选择题

15. 引起低血糖的因素有（　　）
   A. 饥饿时间过长　B. 使用胰岛素过量
   C. 严重肝脏疾患　D. 持续的剧烈体力活动
   E. 对抗胰岛素的激素分泌不足

16. 糖尿病患者血液中通常有（　　）
   A. 尿酸增高　　　B. 酮体升高
   C. 游离脂肪酸升高　D. 血糖升高
   E. 氨基酸升高

17. 糖异生的关键酶有（　　）
   A. 己糖激酶　　　B. 丙酮酸激酶
   C. 丙酮酸羧化酶　D. 葡萄糖-6-磷酸酶
   E. 果糖二磷酸酶

18. 胰腺可分泌下列哪种激素（　　）
   A. 胰岛素　　　　B. 胰高血糖素
   C. 生长素　　　　D. 肾上腺素
   E. 胰酶

19. 促进糖原分解的激素有（　　）
   A. 胰岛素　　　　B. 胰高血糖素
   C. 生长素　　　　D. 肾上腺素
   E. 甲状腺激素

三、填空题

1. 糖酵解途径全部在细胞的_____进行。
2. 空腹血糖的参考值为_____，血糖小于_____为低血糖。
3. 体内调节血糖的激素最主要有_____、_____、_____、_____、_____、_____。
4. 生成NADPH的主要途径为_____。
5. 糖的主要生理功能_____。

四、简答题

1. 简述糖异生作用的生理意义。
2. 简述蚕豆病引起溶血性贫血的生化机制。
3. 血糖过低对哪个组织损伤最大，如何防治？

五、病例讨论

1. 某女，22岁，因经常被同事戏称"胖丫"，节食减肥，每天仅靠减肥茶和酸奶充饥，结果晕倒在下班的路上。
   （1）医护人员首先考虑发生了什么？
   （2）面对这种情况，如何处理？

2. 患者，男性，65岁，咳嗽、咳痰10天，食欲缺乏，腹泻3天，神志不清，伴抽搐2小时，糖尿病史10年，不规律口服降糖药治疗。
   确诊最有价值的检查是什么？

（杨　洁）

第8章 脂类代谢

脂类（lipids）是脂肪和类脂的总称，广泛存在于自然界，一般不溶于水而易溶于乙醚、氯仿、丙酮等有机溶剂。脂肪由一分子甘油和三分子脂肪酸组成，故脂肪又称为三酰甘油或甘油三酯（TG）。类脂主要包括磷脂（PL）、糖脂（GL）、胆固醇（Ch）及胆固醇酯（CE）。

第1节 概 述

脂类的分布和功能

（一）脂类的分布

脂肪主要是指三酰甘油，在细胞内主要以油滴状的微粒存在于胞质中。体内的脂肪主要分布在脂肪组织，如皮下、大网膜、肠系膜、肾周围等处，这些部位脂肪称为储存脂，脂肪组织则称为脂库。脂肪是人体内含量最多的脂类，正常成人体内含量占体重的10%~20%，女子稍高。人体内脂肪的含量常受营养状况、能量消耗、疾病等多种因素的影响而变动，故又称为"可变脂"。

类脂分布于各组织中，以神经组织中较多，它是构成生物膜的基本成分，约占体重的5%，含量却相对恒定，不易受营养状况、能量消耗等因素的影响而变动，故有"固定脂"或"基本脂"之称。

（二）脂类的生理功能

1. 脂肪的生理功能

（1）储能和供能：人体活动所需的能量20%~30%由脂肪所提供。1g脂肪完全氧化分解可释放能量38.9kJ（9.3kcal），比同等质量的糖或蛋白质约多1倍。脂肪属疏水性物质，在体内储存时几乎不结合水，所占体积小，储存1g脂肪占1.2ml体积，为储存1g糖原所占体积的1/4，相同体积的脂肪彻底氧化所释放的能量是糖原的6倍，因此，脂肪是体内能量最有效的储存形式。

（2）维持体温和保护内脏：脂肪不易导热，机体皮下脂肪组织可防止热量过多散失而保持体温。脏器周围的脂肪组织能缓冲外界的机械性撞击，对内脏有保护作用。

（3）提供必需脂肪酸：脂类中的亚油酸、亚麻酸、花生四烯酸（二十碳四烯酸）等不饱和脂肪酸,是人体不能自身合成,必须由食物供给的脂肪酸,称为营养必需脂肪酸(essential fatty acid,EFA)。这些脂肪酸是维持生长发育和皮肤正常代谢所必需的。花生四烯酸是合成前列腺素、血栓素和白三烯等生理活性物质的原料。

另外,食物中脂肪在肠道内能协助脂溶性维生素的吸收。

2.类脂的生理功能　类脂特别是磷脂和胆固醇是构成所有生物膜的重要组分,构成了生物膜脂质双分子层结构的基本骨架,不仅构成了镶嵌膜蛋白的基质,也为细胞提供了通透性屏障,从而维持细胞正常结构与功能。

磷脂酰肌醇-4,5-二磷酸(PIP_2)可水解生成三磷酸肌醇(IP_3)和二酰甘油(DAG),均可作为激素的第二信使传递信息,从而参与物质代谢的调节。胆固醇可转变成胆汁酸、类固醇激素、维生素 D_3 等。

脂类的消化与吸收

(一)脂类的消化

正常人一般每日从食物中摄取的脂类主要是三酰甘油,此外还有少量的磷脂、胆固醇及其酯和一些游离脂肪酸。食物中的脂类在成人口腔和胃中不能被消化,这是由于口腔中没有消化脂类的酶,胃中虽有少量脂肪酶,但此酶只有在中性 pH 时才有活性,在正常胃液中此酶几乎没有活性(但是婴儿时期,胃酸浓度低,胃中 pH 接近中性,部分乳脂可被消化)。脂类的消化及吸收主要在小肠中进行,首先在小肠上段,小肠通过蠕动,将胆汁与食物中的脂类乳化,然后在胰液消化酶(包括胰脂肪酶、辅脂酶、胆固醇酯酶和磷脂酶)的作用下,脂肪水解生成单酰甘油(MAG)和脂肪酸;磷脂水解生成溶血磷脂和脂肪酸;胆固醇酯被胆固醇酯酶水解,生成胆固醇及脂肪酸。

(二)脂类的吸收

脂类的吸收主要在十二指肠下段和空肠上段。脂类的消化产物与胆汁乳化成混合微团被肠黏膜细胞吸收。甘油及中短链脂肪酸(小于 10 碳)直接吸收入小肠黏膜细胞,在细胞内脂酶作用下经门静脉进入肝脏。长链脂肪酸及其他脂类消化产物随微团吸收入小肠黏膜细胞后,生成的三酰甘油、磷脂、胆固醇酯及少量胆固醇,与细胞内合成的载脂蛋白构成乳糜微粒,通过淋巴最终进入血液,被其他组织细胞所利用。

第2节　三酰甘油的代谢

● 案例 8-1

患者,男性,19岁,患1型糖尿病多年,注射胰岛素控制血糖。因上呼吸道感染,T39.2℃,食欲减退,恶心、呕吐、腹痛。护理体检:呼吸深大,呈烂苹果味,皮肤干燥,烦躁和嗜睡交替。尿糖(++),尿酮体(+),空腹血糖 27.7mmol/L,血钠 140mmol/L,血 pH7.2。判断该患者可能合并酮症酸中毒。

问题:1.判断糖尿病合并酮症酸中毒的依据是什么?
　　　2.酮体包括哪些物质?
　　　3.糖尿病引起酮症酸中毒的生化机制是什么?

一、三酰甘油的分解代谢

（一）脂肪的动员

储存在脂肪组织中的三酰甘油在脂肪酶催化下逐步水解为游离脂肪酸（free fatty acid, FFA）和甘油并释放入血，以供其他组织摄取利用的过程称为脂肪的动员。

三酰甘油 →(TG脂肪酶, H_2O→脂肪酸) 二酰甘油 →(DAG脂肪酶, H_2O→脂肪酸) 单酰甘油 →(MAG脂肪酶, H_2O→脂肪酸) 甘油

脂肪组织中含有的脂肪酶包括三酰甘油脂肪酶、二酰甘油脂肪酶、单酰甘油脂肪酶。其中三酰甘油脂肪酶是脂肪水解的限速酶。该酶受多种激素的调控，又称为"激素敏感性脂肪酶"。肾上腺素、去甲肾上腺素、胰高血糖素、肾上腺皮质激素等能使三酰甘油脂肪酶的活性增强，从而促进脂肪水解，这些激素称为脂解激素；胰岛素能使三酰甘油脂肪酶的活性降低，从而抑制脂肪的水解，称为抗脂解激素。这两类激素相互协调，使脂肪水解的速度得到有效的调节，从而适应机体的需要。

脂肪动员的结果是生成3分子的游离脂肪酸和1分子的甘油。生成的甘油经血液循环运至肝、肾等组织被摄取利用；而脂肪酸进入血液循环后与清蛋白结合运送至心、肝、骨骼肌等处被利用。

（二）甘油的代谢

甘油主要在细胞内甘油激酶催化下与ATP反应生成 α-磷酸甘油，再经 α-磷酸甘油脱氢酶催化脱氢形成磷酸二羟丙酮。磷酸二羟丙酮是糖酵解的中间产物，可沿糖酵解途径继续氧化分解并释放能量，也可沿糖异生途径转变为葡萄糖或糖原。

甘油 →(甘油激酶, ATP→ADP) α-磷酸甘油 →(α-磷酸甘油脱氢酶, NAD^+→$NADH+H^+$) 磷酸二羟丙酮 → 糖酵解（或有氧氧化）/ 糖异生 / 脂肪合成

（三）脂肪酸的氧化

在供氧充足的条件下，脂肪酸在体内可彻底分解成 CO_2 和 H_2O 并释放大量能量。除脑组织和成熟的红细胞外，大多数组织均能氧化脂肪酸，但以肝及肌肉组织最活跃。脂肪酸氧化的主要部位在细胞线粒体。

1. **脂肪酸的活化**　在细胞液中，脂肪酸在脂酰CoA合成酶催化下与HSCoA作用生成脂酰CoA的过程，称为脂肪酸的活化。活化1分子的脂肪酸需消耗1分子ATP分子中的2个高能磷酸键（相当于消耗2分子ATP）。

RCH_2CH_2COOH + HSCoA →(脂酰辅酶A合成酶, ATP→AMP+PPi) $RCH_2CH_2CO\sim SCoA$
脂肪酸　　　辅酶A　　　　　　　　　　　　　　　　脂酰CoA

2. **脂酰CoA进入线粒体**　脂肪酸的活化后须进入线粒体才能氧化分解，而脂酰CoA不能直接透过线粒体膜，需在线粒体内膜两侧的肉毒碱脂酰转移酶（EⅠ、EⅡ）的催化下，由肉毒碱（L-β-羟-γ-三甲氨基丁酸）携带将脂酰CoA转入线粒体内（图8-1）。

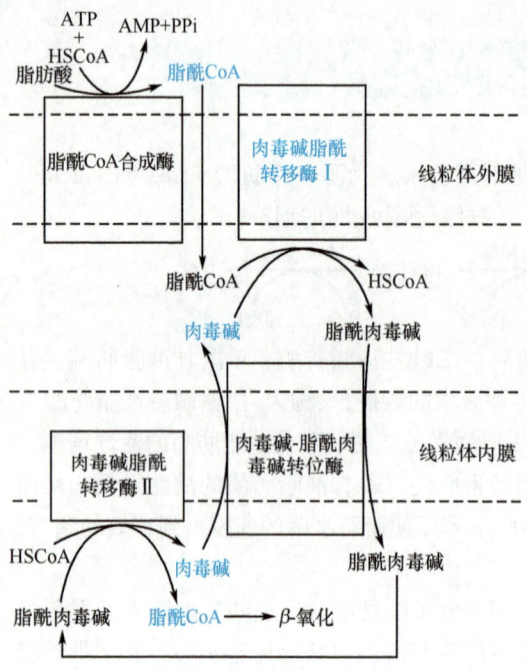

图 8-1 肉毒碱携带脂酰 CoA 转入线粒体

3. 脂酰 CoA 的 β- 氧化 脂酰 CoA 进入线粒体后，在脂肪酸 β- 氧化多酶复合体的催化下，由脂酰基的 β 碳原子开始通过脱氢、加水、再脱氢、硫解四步连续的化学反应，产生 1 分子乙酰 CoA 和 1 分子比原来少两个碳原子的脂酰 CoA，此氧化过程称为脂肪酸的 β- 氧化（图 8-2）。

（1）脱氢：脂酰 CoA 在脂酰 CoA 脱氢酶的催化下，α、β 碳原子上各脱去一个氢原子，生成 α，β- 烯脂酰 CoA，脱下的 2 个氢由该酶的辅基 FAD 接受形成 $FADH_2$，经呼吸链氧化形成 H_2O，同时产生 1.5 分子 ATP（图 8-2）。

（2）加水：α，β- 烯脂酰 CoA 在 α，β- 烯脂酰 CoA 水化酶的作用下，加上 1 分子水形成 β- 羟脂酰 CoA（图 8-2）。

（3）再脱氢：β- 羟脂酰 CoA 在 β- 羟脂酰 CoA 脱氢酶的催化下，β- 碳原子上脱去 2H 形成 β- 酮脂酰 CoA，脱下的 2H 使 NAD^+ 还原形成 $NADH+H^+$，并经呼吸链氧化形成 H_2O，同时产生 2.5 分子 ATP（图 8-2）。

（4）硫解：β- 酮脂酰 CoA 在 β- 酮脂酰 CoA 硫解酶的催化下，与 1 分子 HSCoA 作用，生成 1 分子乙酰 CoA 和 1 分子比原来的脂酰 CoA 少 2 个碳原子的脂酰 CoA。后者可再进行下一次的 β- 氧化，如此循环，直至长链的脂酰 CoA 完全分解成乙酰 CoA（图 8-2）。

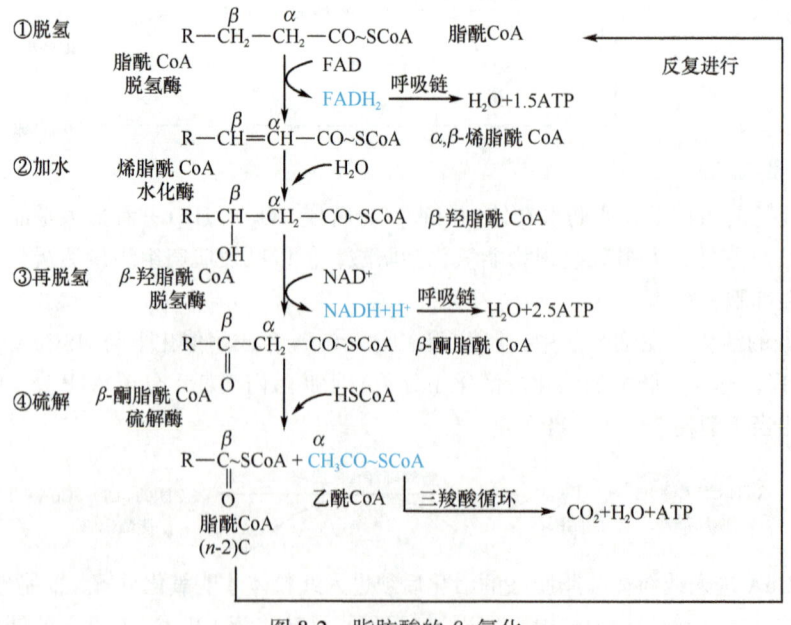

图 8-2 脂肪酸的 β- 氧化

脂肪酸 β- 氧化的特点如下：

（1）β-氧化过程在线粒体基质内进行。

（2）β-氧化为一循环反应过程，由脂肪酸氧化酶系催化，反应不可逆。

（3）需要FAD、NAD⁺、HSCoA为辅助因子。

（4）每循环一次，生成1分子FADH、1分子NADH、1分子乙酰CoA和1分子减少两个碳原子的脂酰CoA。

4. 乙酰CoA的彻底氧化　脂肪酸β-氧化产生的乙酰CoA，一部分通过三羧酸循环被彻底氧化生成CO_2和H_2O，并释放能量；另一部分也可转变为其他代谢中间产物，如在肝细胞线粒体可缩合生成酮体。

5. 脂肪酸氧化的能量生成　脂肪酸在体内氧化分解伴随大量能量的释放，是体内能量的重要来源。其能量一部分以热能的形式散发，其余以化学能的形式储存在ATP中。以16碳软脂酸为例，总反应式如下。

$$CH_3(CH_2)_{14}CO\sim SCoA+7HSCoA+7FAD+7NAD^++7H_2O \longrightarrow 8CH_3CO\sim CoA+7FADH_2+7NADH+H^+$$

软脂酸是16个碳原子的饱和脂肪酸，需经7次β-氧化，产生7分子$FADH_2$、7分子$NADH+H^+$及8分子乙酰CoA，每分子$FADH_2$通过呼吸链可产生1.5分子ATP，每分子$NADH+H^+$通过呼吸链可产生2.5分子ATP，每分子乙酰CoA通过一次三羧酸循环产生10分子ATP，因此，1分子软脂酸彻底氧化共生成7×1.5+7×2.5+8×10=108分子ATP，减去脂肪酸活化时消耗的2分子ATP，净生成106分子ATP。由此可见，脂肪酸是体内的重要能源物质。

（四）酮体的生成与利用

在心肌、骨骼肌等组织中，脂肪酸能进行彻底氧化形成CO_2和H_2O，但在肝细胞中脂肪酸的氧化产生的乙酰CoA则大部分缩合生成乙酰乙酸、β-羟丁酸和丙酮，三者统称为酮体（ketone body）。其中以β-羟丁酸最多，约占酮体总量的70%，乙酰乙酸占30%，丙酮的量极微。肝脏虽然富含酮体生成的酶系，但缺乏利用酮体的酶。因此，在肝细胞线粒体内生成的酮体只能经血液循环运至肝外组织加以利用。

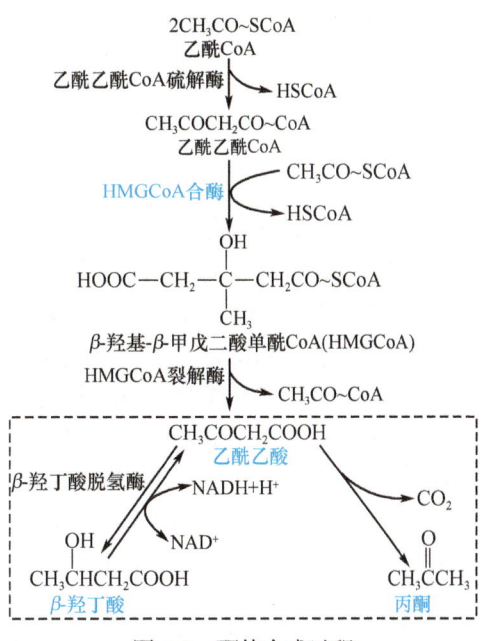

图8-3　酮体合成过程

1. 酮体的生成　酮体在肝细胞的线粒体内合成，合成原料主要来自于脂肪酸β-氧化产生的乙酰CoA。肝细胞线粒体内含有各种合成酮体的酶类，特别是HMGCoA合成酶，该酶是酮体合成的限速酶。酮体合成过程如下（图8-3）。

（1）乙酰乙酰CoA生成：2分子乙酰CoA在乙酰乙酰CoA硫解酶的催化下，缩合形成一分子的乙酰乙酰CoA，并释放出1分子的HSCoA。

（2）HMGCoA合成：乙酰乙酰CoA再与1分子的乙酰CoA在β-羟基-β-甲戊二酸单酰CoA合成酶的催化下合成HMGCoA，并释放出1分子的HSCoA。

（3）乙酰乙酸合成：HMGCoA在HMGCoA裂解酶的催化下，裂解生成乙酰乙酸和乙酰CoA。

（4）β-羟丁酸的生成：乙酰乙酸在β-羟丁酸还原酶的催化下，由 NADH＋H$^+$ 提供氢，乙酰乙酸还原生成β-羟丁酸。

（5）丙酮的生成：丙酮可由乙酰乙酸缓慢自发脱去羧基生成，脱羧的同时生成 CO_2。

2. 酮体的利用　酮体生成后很快透过肝细胞膜进入血液循环，经血液运输至肝外组织利用（图 8-4）。肝外组织，特别是心肌、骨骼肌及脑和肾等组织是利用酮体最主要的器官。酮体的利用过程有两条途径：①在乙酰乙酸硫激酶的催化下，乙酰乙酸和 HSCoA 反应生成乙酰乙酰 CoA；②在琥珀酰 CoA 转硫酶的催化下，琥珀酰 CoA 将 CoA 转给乙酰乙酸生成乙酰乙酰 CoA。乙酰乙酰 CoA 再由硫解酶催化，加上 1 分子 HSCoA 生成 2 分子乙酰 CoA，乙酰 CoA 通过三羧酸循环彻底氧化形成 CO_2 和 H_2O，并释放能量。β-羟丁酸在β-羟丁酸脱氢酶催化下脱氢生成乙酰乙酸，乙酰乙酸再循以上途径代谢。丙酮水溶性强，易挥发，可随呼吸道及尿道排出，不被人体利用。

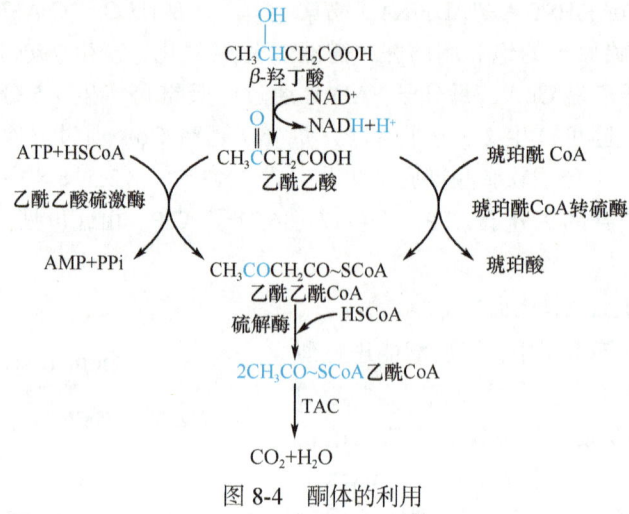

图 8-4　酮体的利用

3. 酮体生成的生理意义　肝内生酮肝外用，这是酮体代谢的特点。酮体是机体代谢的正常代谢产物，是肝脏输出脂类能源物质的一种形式。酮体分子小，易溶于水，便于血液运输，容易透过血脑屏障和毛细血管壁而被人体各组织摄取利用，是心肌、脑和骨骼肌等组织的重要能源。在饥饿及糖供应不足时，酮体将代替葡萄糖成为脑组织的主要能源。

正常情况下，血中酮体的含量仅为 0.03～0.5mmol/L。但在长期饥饿、低糖高脂膳食、严重糖尿病时，由于脂肪动员和分解氧化增强，肝内生成酮体的量超过肝外组织利用酮体的能力，导致血中酮体含量升高，称为酮血症。尿中酮体增多，称为酮尿症。丙酮含量增多时，由于丙酮具有挥发性，可随人体呼吸过程从肺中呼出，甚至可闻到患者呼气有烂苹果味。由于酮体中的乙酰乙酸、β-羟丁酸是较强的有机酸，当血中浓度过高可导致酮症酸中毒。

二、三酰甘油的合成代谢

人体几乎所有组织都能合成三酰甘油，但肝脏和脂肪组织是合成三酰甘油的主要场所，其次是小肠黏膜。三酰甘油的合成是在细胞液中进行的，其合成需要脂肪酸和甘油，二者可以来自食物的消化吸收，但大部分是用消化吸收的其他营养物质（特别是葡萄糖）合成的。脂肪酸和甘油的活化形式即脂酰 CoA 和 α-磷酸甘油是三酰甘油合成的直接原料。

(一) α-磷酸甘油的生物合成

糖分解代谢中的中间产物磷酸二羟丙酮，在 α-磷酸甘油脱氢酶的催化下还原生成 α-磷酸甘油，这是 α-磷酸甘油的主要来源。此外，甘油在甘油激酶的催化下，由 ATP 提供能量，也可生成 α-磷酸甘油。

$$\underset{\substack{|\\ C=O\\ |\\ CH_2-O-\text{P}}}{CH_2OH} \xrightleftharpoons[\alpha\text{-磷酸甘油脱氢酶}]{NADH+H^+ \quad NAD^+} \underset{\substack{|\\ CHOH\\ |\\ CH_2-O-\text{P}}}{CH_2OH} \xleftarrow[\text{甘油激酶}]{ADP \quad ATP} \underset{\substack{|\\ CHOH\\ |\\ CH_2OH}}{CH_2OH}$$

(二) 脂肪酸的生物合成

1. 合成部位及原料

(1) 合成部位：脂肪酸合成酶系主要存在于肝、肾、脑、乳腺及脂肪组织等的细胞液中，但肝是合成脂肪酸的主要场所。

(2) 合成原料：脂肪酸合成由胞液中脂肪酸合成酶系催化，以乙酰 CoA、$NADPH+H^+$ 和 ATP 为原料合成的。其中乙酰 CoA 主要来自糖的有氧氧化，在脂肪酸合成过程中提供碳原子，$NADPH+H^+$ 主要来自磷酸戊糖途径，在脂肪酸合成过程中提供 H，ATP 提供能量。

某些氨基酸分解也可提供部分乙酰 CoA。乙酰 CoA 都是在线粒体内生成的，而脂肪酸的合成则在细胞液，线粒体中生成的乙酰 CoA 不能自由透过线粒体内膜，但可通过柠檬酸-丙酮酸循环机制进入胞液。线粒体中乙酰 CoA 首先与草酰乙酸合成柠檬酸，柠檬酸通过线粒体内膜上的柠檬酸载体转运至胞液，在胞液柠檬酸裂解酶作用下裂解形成乙酰 CoA 及草酰乙酸。生成的乙酰 CoA 可用于合成脂肪酸，而草酰乙酸则在苹果酸脱氢酶的作用下还原形成苹果酸，苹果酸经胞液苹果酸酶催化，氧化脱羧生成丙酮酸，脱下的氢由 $NADP^+$ 接受生成 $NADPH+H^+$。丙酮酸通过载体转运至线粒体内可再形成草酰乙酸或乙酰 CoA，而后二者再生成柠檬酸以转运乙酰 CoA。此循环既提供脂肪酸合成的原料乙酰 CoA，又补充了脂肪酸合成所需的 $NADPH+H^+$，这是除磷酸戊糖途径之外，提供 $NADPH+H^+$ 的另一来源 (图 8-5)。

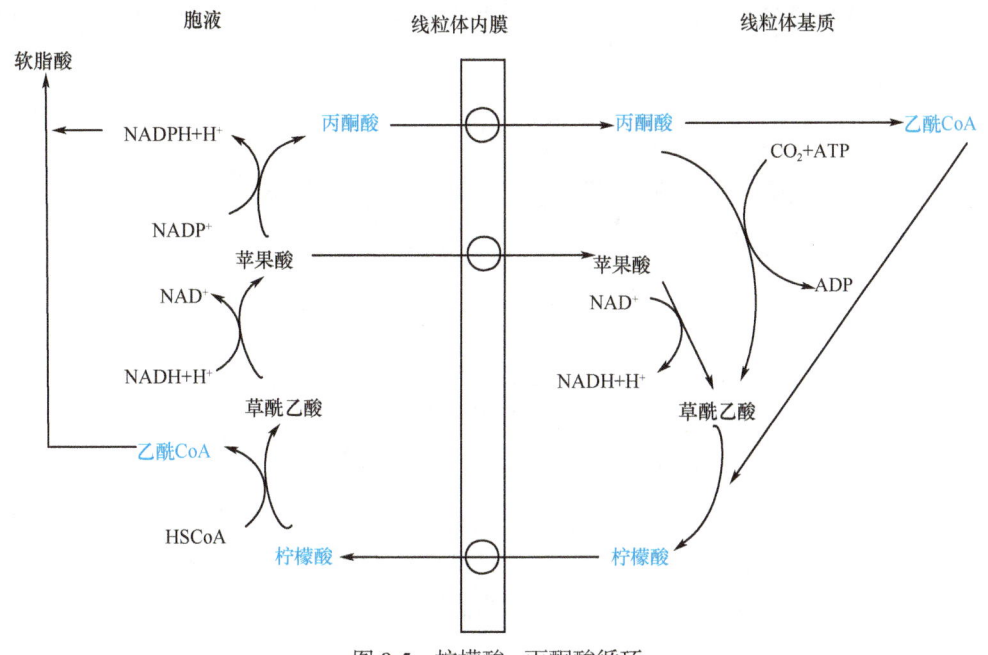

图 8-5 柠檬酸-丙酮酸循环

2.合成过程

（1）丙二酸单酰 CoA 的合成：脂肪酸合成的第一步反应是乙酰 CoA 羧化成丙二酸单酰 CoA，由乙酰 CoA 羧化酶催化，辅酶为生物素，由碳酸氢盐提供 CO_2，ATP 提供能量。

$$CH_3CO\sim SCoA + HCO_3^- + ATP \xrightarrow[\text{生物素、}Mg^{2+}]{\text{乙酰CoA羧化酶}} HOOCCH_2CO\sim SCoA + ADP + Pi$$

乙酰 CoA 羧化酶是脂肪酸合成的限速酶，此酶受体内一些代谢物质及膳食成分的调节和影响。例如，柠檬酸和异柠檬酸为此酶的别构激活剂，而软脂酰 CoA 为此酶的别构抑制剂，高糖低脂饮食可促进此酶的合成，通过丙二酸单酰辅酶 A 的合成而促进脂肪酸的合成。

（2）软脂酸的合成及加工改造：1 分子乙酰 CoA 与 7 分子的丙二酸单酰 CoA 在脂肪酸合成酶系的催化下，由 $NADPH+H^+$ 提供氢合成软脂酸。总反应式如下。

$$\underset{\text{乙酰CoA}}{CH_3CO\sim SCoA} + \underset{\text{丙二酸单酰CoA}}{7HOOCCH_2CO\sim SCoA} + 14NADPH + 14H^+ \xrightarrow{\text{脂肪酸合成酶系}}$$

$$\underset{\text{软脂酸}}{CH_3(CH_2)_{14}COOH} + 7CO_2 + 14NADP^+ + 8HSCoA + 6H_2O$$

胞液中合成的脂肪酸主要是 16 碳的软脂酸，更长或较短的脂肪酸必须对软脂酸进行加工改造而完成。碳链的缩短在线粒体通过 β- 氧化进行，而碳链延长则由线粒体或内质网内特殊酶体系催化完成。

（三）三酰甘油的生物合成

小肠黏膜上皮细胞主要利用消化吸收的单酰甘油为起始物，再加上 2 分子脂酰 CoA，合成三酰甘油，称为三酰甘油途径。

肝细胞和脂肪细胞主要是利用 α- 磷酸甘油在细胞内质网中由脂酰 CoA 转移酶催化，依次加上 2 分子脂酰 CoA 生成磷脂酸。磷脂酸在磷酸酶的作用下，水解脱去磷酸生成 1,2- 二酰甘油，然后在脂酰 CoA 转移酶作用下，再加上一分子脂酰 CoA 即生成三酰甘油。此途径称为二酰甘油途径，反应如下。

α- 磷酸甘油脂酰转移酶是三酰甘油合成的限速酶。三酰甘油分子中所含的三个脂酰基可以是相同的脂肪酸，也可以是不同的脂肪酸，可以是饱和脂肪酸，也可是不饱和脂肪酸。三酰甘油中 C_2 位的脂肪酸多为不饱和脂肪酸或必需脂肪酸。

第3节 磷脂的代谢

磷脂是一类含有磷酸的类脂。磷脂按其化学组成不同分为甘油磷脂和鞘磷脂，前者以甘油为基本骨架，主要有卵磷脂（磷脂酰胆碱）和脑磷脂（磷脂酰乙醇胺），甘油磷脂分布广，是体内含量最多的磷脂。后者以鞘氨醇为基本骨架，主要分布于大脑和神经髓鞘中。

 甘油磷脂的组成、结构及分类

甘油磷脂由甘油、脂肪酸、磷酸及含氮化合物等组成，其基本结构如下。

$$\begin{array}{c} O \\ \| \\ O\ CH_2O-C-R_1 \\ \| \\ R_2-C-OCH\ \ O \\ \ \ \ \ \ \ \ \ \ \ \ \ CH_2O-P-OX \\ OH \end{array}$$

$X = -OCH_2CH_2N^+(CH_3)_3$：磷脂酰胆碱
$X = -OCH_2CH_2NH_2$：磷脂酰乙醇胺
R_2 为不饱和脂肪酸的碳链

甘油的 1 位和 2 位羟基各结合 1 分子脂肪酸，3 位羟基结合 1 分子磷酸，即为磷脂酸，然后其磷酸基团的羟基可与不同的取代基团连接，就形成六类不同的甘油磷脂（表 8-1）。

表 8-1　体内几种重要的甘油磷脂

X 取代基	磷脂名称
$-CH_2CH_2N^+(CH_3)_3$	磷脂酰胆碱（卵磷脂）
$-CH_2CH_2NH_2$	磷脂酰乙醇胺（脑磷脂）
$-CH_2CHNH_2COOH$	磷脂酰丝氨酸
$-CH_2CHOHCH_2O-\overset{O}{\underset{OH}{P}}-O-\begin{array}{c}CH_2OCOR_1\\HCOCOR_2\\CH_2\end{array}$	二磷脂酰甘油（心磷脂）
$-\begin{array}{c}OHOH\\ \text{(肌醇环)}\\OH\ OH\end{array}$	磷脂酰肌醇

 甘油磷脂的合成

1. 合成部位　全身各组织细胞的内质网中都含有合成甘油磷脂的酶，故各组织细胞均能合成磷脂，尤其以肝、肾、小肠最为活跃。

2. 合成原料　甘油磷脂的合成原料主要有甘油、脂肪酸、磷酸盐、胆碱、乙醇胺、丝氨酸及肌醇等物质。甘油和脂肪酸主要来自于糖代谢，胆碱及乙醇胺均可从食物中获得，胆碱也可在体内由乙醇胺接受 S-腺苷甲硫氨酸（SAM）提供的甲基而生成；而乙醇胺则可由丝氨酸在体内转变而来，丝氨酸和肌醇主要来自于食物。

3. 合成过程　甘油磷脂的合成过程比较复杂，在体内一系列酶的作用下，乙醇胺和胆碱通过活化形成生成胞苷二磷酸乙醇胺（CDP-乙醇胺）和胞苷二磷酸胆碱（CDP-胆碱），然后 CDP-乙醇胺和 CDP-胆碱与二酰甘油反应生成磷脂酰乙醇胺和磷脂酰胆碱，磷脂酰乙醇胺也可通过甲基化而生成磷脂酰胆碱，见图 8-6。

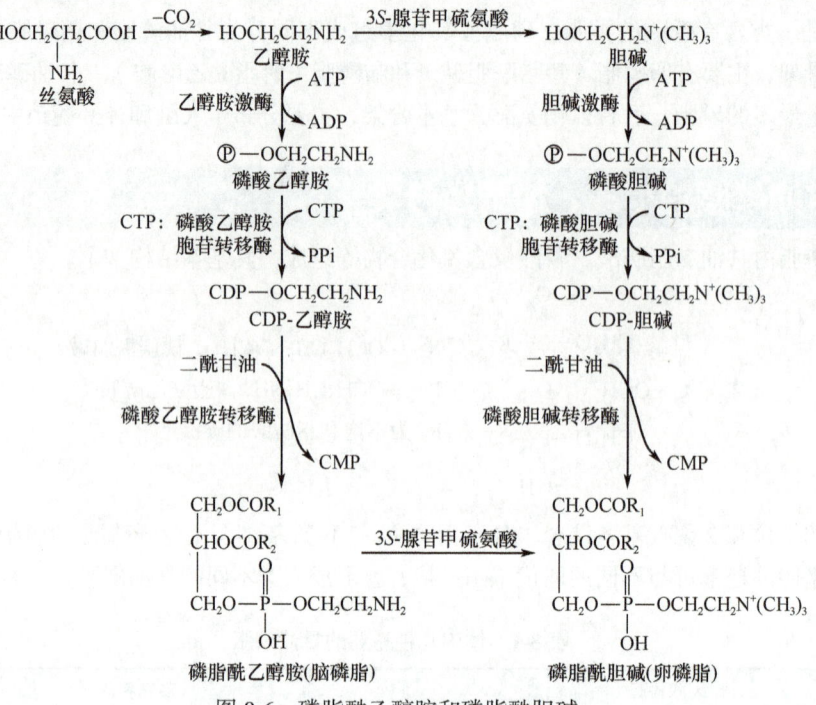

图 8-6　磷脂酰乙醇胺和磷脂酰胆碱

三　甘油磷脂的分解

人体内含有磷脂酶 A_1、磷脂酶 A_2、磷脂酶 B、磷脂酶 C 和磷脂酶 D，它们分别作用于甘油磷脂的不同酯键，使甘油磷脂逐步水解生成甘油、脂肪酸、磷酸及各种含氮化合物如胆碱、乙醇胺和丝氨酸等。这些水解产物可被再利用或被氧化分解。

甘油磷脂在磷脂酶 A_2 的作用下生成溶血磷脂，溶血磷脂是一种较强的表面活性物质，能使红细胞膜或其他细胞膜破坏引起溶血或细胞坏死。临床上急性胰腺炎的发病，就是由于某种原因使磷脂酶 A_2 激活，导致胰腺细胞膜受损。某些毒蛇含有磷脂酶 A_2，人被毒蛇咬伤后产生大量溶血磷脂，而引起溶血。

磷脂酶对磷脂酰胆碱(卵磷脂)　　　溶血磷脂酰胆碱(溶血卵磷脂)

四 甘油磷脂与脂肪肝

正常人肝中脂类含量约占肝重的 5%，其中磷脂约占 3%，脂肪约占 2%。脂肪肝是指各种原因引起的肝细胞内脂肪堆积过多的病变。脂肪肝患者肝内脂类超过肝脏湿重的 10%，主要的脂类为脂肪。

形成脂肪肝常见的原因：①由于高脂肪、高糖饮食、高脂血症及外周脂肪组织分解增加导致游离脂肪酸输送入肝细胞增多；②磷脂的合成原料如胆碱、乙醇胺或甲硫氨酸等活泼甲基供体前身物质缺乏时，脂蛋白合成减少，肝内极低密度脂蛋白（VLDL）合成障碍，导致肝内脂肪运出受阻；③肝功能障碍，影响 VLDL 的合成与释放。临床上可用甘油磷脂合成原料（如丝氨酸、甲硫氨酸、胆碱、乙醇胺等）及有关的辅助因子（叶酸、维生素 B_{12} 等）来防治脂肪肝。

第 4 节 胆固醇代谢

胆固醇是人体重要的脂类物质之一，最早在动物胆石中分离出来的一类固醇类化合物，故称为胆固醇（cholesterol）。所有的固醇（包括胆固醇）都具有环戊烷多氢菲的基本结构。环戊烷多氢菲由 3 个己烷环及 1 个环戊烷稠合而成。胆固醇的第 3 位碳原子上含有自由羟基，能与脂肪酸结合形成胆固醇酯，因此，人体内的胆固醇以游离胆固醇及胆固醇酯的形式存在，它们的结构如下。

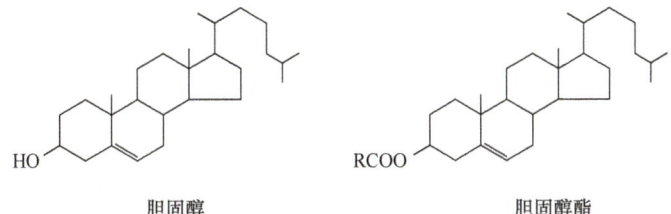

胆固醇　　　　　　　　　　胆固醇酯

胆固醇广泛存在于全身各组织，正常成人体内约含胆固醇 140g，主要分布在脑神经组织、肾上腺及性腺，其次为肝、肾、肠及皮肤、脂肪组织，肌肉组织中胆固醇的含量较低。

正常人每天从膳食中摄取胆固醇 300～500mg，主要是来自于动物性食物，如肝、脑、肉类及蛋黄、奶油等。体内胆固醇 50% 以上来自于机体自身合成。

一 胆固醇的合成

1. 合成部位　成人除脑组织及红细胞外，几乎全身各组织均能合成胆固醇，肝脏的合成能力最强，占合成总量的 70%～80%，其次是小肠。胆固醇的合成主要在胞液及内质网上进行。

2. 合成原料　合成胆固醇的主要原料为乙酰 CoA，由 $NADPH+H^+$ 供氢，ATP 供能。乙酰 CoA 和 ATP 主要来自于糖的有氧氧化，$NADPH+H^+$ 来自于糖的磷酸戊糖途径，因此，糖是胆固醇合成原料的主要来源。

3. 合成过程　胆固醇合成过程较为复杂，有近 30 步化学反应，全过程大致分为三个阶段。

（1）甲羟戊酸（MVA）的合成：在胞液中，由乙酰 CoA 缩合成乙酰乙酰 CoA，然后与一分子乙酰 CoA 缩合，生成 HMGCoA。此反应过程与酮体合成相同，但在线粒体中 HMGCoA 裂解生成酮体，而在胞液中的 HMGCoA 被 NADPH 还原，生成甲羟戊酸，反应由 HMGCoA 还原酶催化，该酶是胆固醇合成的限速酶。

（2）鲨烯的生成：甲羟戊酸先经磷酸化反应，成为活泼的焦磷酸化合物，再相互缩合，增长碳链，成为 30 碳的多烯烃化合物——鲨烯。

（3）胆固醇的合成：鲨烯通过载体蛋白携带从胞液进入滑面内质网，在滑面内质网中环化成羊毛固醇，最后再转变成 27 碳的胆固醇（图 8-7）。

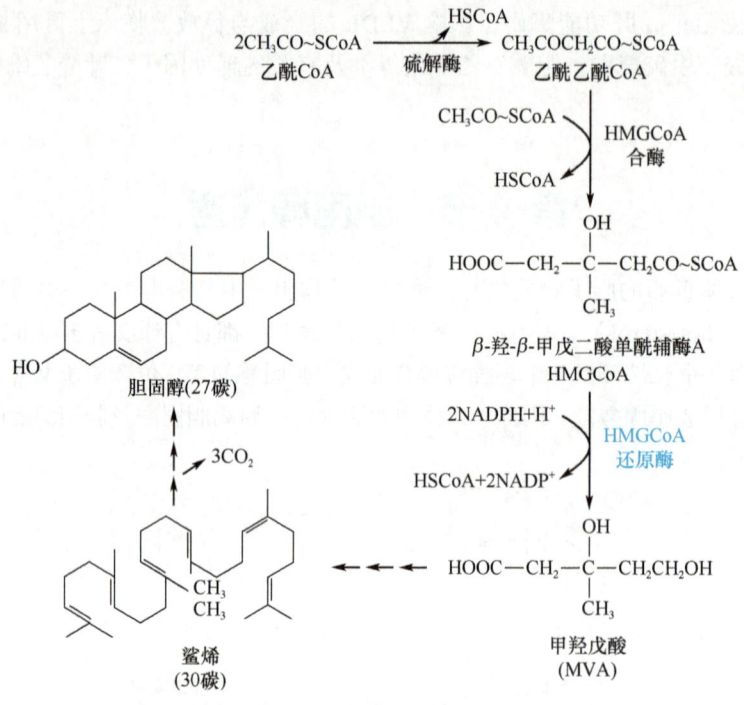

图 8-7　胆固醇的合成

4. 胆固醇合成的调节　HMGCoA 还原酶是胆固醇合成的限速酶，各种因素对胆固醇合成的调节，主要是通过对 HMGCoA 还原酶的活性及合成量的影响来实现的。例如：①饥饿与禁食可使 HMGCoA 还原酶活性降低，抑制胆固醇的合成。②高糖、高脂膳食使酶活性增高，胆固醇的合成增加。③食物胆固醇可反馈抑制 HMGCoA 还原酶合成，使胆固醇合成减少，但小肠黏膜细胞合成胆固醇不受这种反馈调节，因此大量食入高胆固醇食物后仍可使血浆胆固醇增高。④胰高血糖素、糖皮质激素能抑制肝细胞 HMGCoA 还原酶的活性，使胆固醇合成减少。胰岛素、甲状腺激素能诱导该酶的合成，从而增加胆固醇的合成。甲状腺激素还可以促进胆固醇转化为胆汁酸，且转化作用大于其促进合成作用，因此，甲亢患者，血清胆固醇含量反而降低。⑤某些药物如洛伐他汀、辛伐他汀等，能竞争性抑制 HMGCoA 还原酶的活性，使胆固醇合成减少；阴离子交换树脂（考来烯胺）通过干扰肠道重吸收胆汁酸，促进胆固醇的转变及排泄，降低血胆固醇浓度；游离脂肪酸可以诱导 HMGCoA 还原酶的合成，而运动可使血浆游离脂肪酸含量减少，从而使胆固醇的合成减慢。

胆固醇的酯化

细胞内及血浆中的游离胆固醇都可以酯化成胆固醇酯，但不同的部位催化胆固醇酯化的反应过程不同。

1. 细胞内胆固醇的酯化　在组织细胞内游离胆固醇在脂酰CoA胆固醇脂酰转移酶（ACAT）催化下，接受脂酰CoA的脂酰基形成胆固醇酯。

$$脂酰CoA + 胆固醇 \xrightarrow{脂酰CoA\ 胆固醇脂酰转移酶} 胆固醇酯 + HSCoA$$

2. 血浆内胆固醇的酯化　血浆中的胆固醇在卵磷脂胆固醇酰基转移酶（LCAT）的催化下，卵磷脂第2位碳原子的脂酰基转移到胆固醇的第3位碳原子上，生成胆固醇酯及溶血卵磷脂。

$$卵磷脂 + 胆固醇 \xrightarrow{卵磷脂胆固醇酰基转移酶} 胆固醇酯 + 溶血卵磷脂$$

 胆固醇的转化与排泄

胆固醇在体内不能彻底氧化分解生成CO_2和H_2O，也不能提供能量，但可以转化生成某些具有重要生理功能的类固醇物质，或直接排出体外。

1. 胆固醇的转化

（1）转化为胆汁酸：胆固醇在肝脏内转化为胆汁酸是胆固醇在体内的主要代谢去路。正常人在体内合成的胆固醇有40%在肝内转变为胆汁酸，生成后随胆汁排入肠道。

（2）转化成类固醇激素：胆固醇在某些内分泌腺中转化成类固醇激素。例如，在肾上腺皮质可转化成醛固酮、皮质醇及少量性激素；在睾丸间质细胞合成睾酮，在卵巢内可转化成雌二醇及孕酮等。

（3）转化成维生素D_3：人体皮肤细胞内的胆固醇经酶促反应脱氢生成7-脱氢胆固醇，7-脱氢胆固醇经紫外线照射后转变成维生素D_3。维生素D_3活化为$1,25-(OH)_2-D_3$后，具有调节钙磷代谢的作用。

2. 胆固醇的排泄　体内一部分胆固醇可随胆汁排泄进入肠道，其中，一部分随肝肠循环被重吸收，另一部分受肠道细菌的作用还原成粪固醇，随粪便排出体外。

> **链接**
>
> **胆固醇与动脉粥样硬化**
>
> 长期高脂血症易引起脂类浸润，沉积在大、中动脉管壁，引起动脉粥样硬化。动脉粥样硬化是中老年最常见的循环系统疾病，若动脉硬化发生在冠状动脉，会导致患者心绞痛、心肌梗死。而脑血管粥样硬化，易导致脑出血或脑血栓，这也是中老年人最常见的死亡原因，且发病率有逐年上升的趋势。目前发现高脂血症、动脉硬化与血浆胆固醇浓度及LDL浓度升高呈正相关，但与血浆中HDL浓度升高呈负相关。临床上认为HDL是抗动脉粥样硬化的保护因素，LDL是动脉粥样硬化的强危险因素。

第5节 血脂与血浆脂蛋白

● 案例 8-2

患者，男性，45岁，近2个月来自觉活动时心前区疼痛加重，每次持续3～5分钟，最长达10分钟。近2天有类似症状出现，每次发作立即舌下含服异山梨酯后约5分钟缓解。为进一步诊断入院。体检：T36.3℃，血压160/100mmHg，P80次/分，R15次/分，神清语明。生化检查总Ch15.82mmol/L，LDL-C12.02mmol/L，TG 0.71，HDL-C0.86mmol/L，余均正常。冠状动脉造影：冠脉多处狭窄呈串珠样显影。5年前发现血清胆固醇增高。初步诊断：冠心病、不稳定心绞痛、高胆固醇血症。

问题：1. 患者诊断高胆固醇血症的依据是什么？
2. 尝试用生化知识提出高胆固醇血症的治疗方案。

一、血脂

（一）血脂的组成与含量

表 8-2 正常人空腹血脂的组成及含量

组成	含量（mmol/L）
三酰甘油	0.11～1.69
总胆固醇	2.59～6.47
胆固醇酯	1.81～5.17
游离胆固醇	1.03～1.81
磷脂	1.94～3.23
游离脂肪酸	0.5～0.7
脂类总量	6.7～12.2

血浆中所含的脂类称为血脂。主要包括三酰甘油、磷脂、胆固醇、胆固醇酯及游离的脂肪酸。正常人血脂含量见表8-2。

在临床上，某些疾病可引起血脂含量明显升高，常采用血脂的检测以帮助这些疾病进行诊断，如高脂血症、动脉粥样硬化、冠心病等。

（二）血脂的来源和去路

正常人血脂的来源既可从脂类食物经消化吸收入血，又可由肝、脂肪组织等合成后释放入血。血脂的去路是被组织摄取后氧化供能、进入脂库内储存、构成生物膜或转变成其他物质等。正常情况下，血脂的来源与去路处于动态平衡之中，但可受膳食、年龄、性别、职业及代谢的影响，变动幅度较大。血脂的来源与去路概括如图8-8所示。

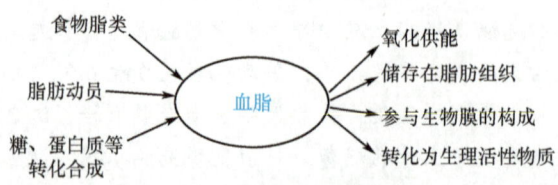

图 8-8 血脂的来源和去路

二、血浆脂蛋白

血浆中的脂类与载脂蛋白结合组成的复合体，称为血浆脂蛋白。由于脂类物质不溶于水，必须与水溶性很强的蛋白质结合形成脂蛋白（lipoprotein，LP），才能实现脂类在血浆中的运输，因此，血浆脂蛋白是脂类在血中的主要转运形式。血浆脂蛋白的微团结构一般为球状，疏水的三酰甘油、胆固醇酯等位于颗粒的核心，而具有亲水及疏水基团的载脂蛋白、磷脂、胆固醇等组成表面极性单层结构，它们的疏水基团与核心相连，亲水基团朝向外面，使脂蛋白具有较强的水溶性，能稳定地分散在血浆中（图8-9）。

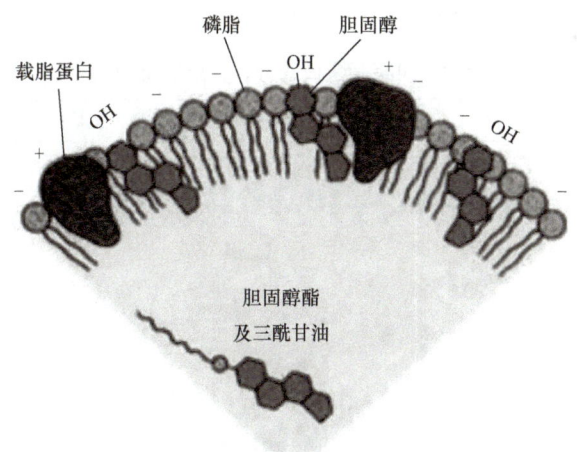

图 8-9　血浆脂蛋白结构示意图

（一）血浆脂蛋白的分类

血浆脂蛋白依据其所含脂类及载脂蛋白的种类、数量的不同，通常用密度分离法和电泳分离法进行分类。

1.密度分离法（超速离心法）　密度分离法是分离血浆脂蛋白的经典方法。由于不同脂蛋白中各种脂类及蛋白质所占的比例不同，故其密度不同。含三酰甘油多而蛋白质少者密度低，含三酰甘油少而蛋白质多者密度高。将血浆置于一定密度的盐溶液中进行超速离心（50 000r/min），可将血浆脂蛋白分为乳糜微粒（CM）、极低密度脂蛋白（VLDL）、低密度脂蛋白（LDL）、高密度脂蛋白（HDL）四种。

除上述四类脂蛋白外，还有中间密度脂蛋白（IDL），它是 VLDL 在脂肪组织毛细血管内的代谢物，其组成及密度介于 VLDL 与 LDL 之间。

2.电泳分离法　电泳法是分离血浆脂蛋白最常用的一种方法，由于组成各种脂蛋白的载脂蛋白的种类不同，其表面电荷不同，在电场中具有不同的电泳迁移率，按其电泳迁移率的快慢，可将血浆脂蛋白分为 α- 脂蛋白（α-LP）、前 β 脂蛋白（preβ-LP）、β- 脂蛋白（β-LP）和乳糜微粒（CM）四种。α- 脂蛋白泳动速度最快，相当于 $α_1$- 球蛋白的位置；前 β- 脂蛋白位于 β- 脂蛋白之前，相当于 $α_2$- 球蛋白的位置；β- 脂蛋白相当于 β- 球蛋白的位置；乳糜微粒则停留在原点不动（图 8-10）。

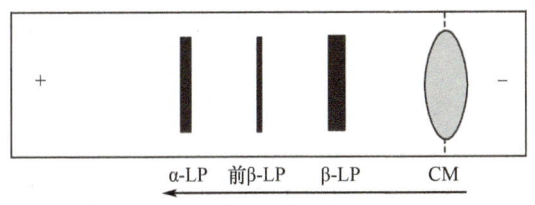

图 8-10　血清脂蛋白电泳（脂质染色）

(二)血浆脂蛋白的组成

血浆脂蛋白主要由蛋白质、三酰甘油、磷脂、胆固醇及胆固醇酯组成。但各类脂蛋白中所含蛋白质和脂类的比例不同,如 CM 颗粒最大,含三酰甘油最多,达 80%～95%;VLDL 含三酰甘油也多,达 50%～70%;LDL 含胆固醇及胆固醇酯最多,达 40%～50%;HDL 含蛋白质最多,约 50%。血浆脂蛋白的性质、组成及功能见表 8-3。

表 8-3 血浆脂蛋白的分类、组成及功能

分类		CM	VLDL(前 β-LP)	LDL(β-LP)	HDL(α-LP)
密度		<0.95	0.950～1.006	1.006～1.063	1.063～1.210
颗粒直径(nm)		80～500	25～80	20～25	7.5～10
组成(%)	蛋白质	0.5～2	5～10	20～25	50
	脂类	98～99	90～95	75～80	50
	三酰甘油	80～95	50～70	10	5
	胆固醇及其酯	4～5	15～19	48～50	20～22
	磷脂	5～7	15	20	25
载脂蛋白(apo)		AⅠ,AⅡ,B48, CⅠ,CⅡ,CⅢ	B100,E CⅠ,CⅡ,CⅢ	B100	AⅠ,AⅡ,D,E CⅠ,CⅡ,CⅢ
合成部位		小肠	肝	血浆	肝、小肠
功能		转运外源性 三酰甘油	转运内源性 三酰甘油	转运胆固醇 到肝外组织	转运肝外胆固醇至肝 内代谢

(三)血浆脂蛋白的代谢

1.乳糜微粒 脂肪消化吸收时,小肠黏膜细胞利用重新酯化的三酰甘油、被吸收的磷脂、胆固醇及胆固醇酯与载脂蛋白等形成新生的 CM,CM 经淋巴管进入血液循环,其功能主要是运输外源性三酰甘油。由于 CM 颗粒大,能使光线散射而呈乳浊样外观,故饭后血浆是混浊的。正常人 CM 在血浆中代谢迅速,半衰期仅为 5～15 分钟,因此,空腹 12～14 小时后血浆中不含 CM。

2.极低密度脂蛋白 VLDL 主要由肝细胞合成和分泌。肝脏利用自身合成的三酰甘油、磷脂、胆固醇及其酯、载脂蛋白等合成 VLDL,进入血液循环后,从 HDL 处获得 apoC 及 apoE,形成成熟的 VLDL。经脂蛋白脂肪酶(LPL)的作用,VLDL 的三酰甘油水解,其组成成分也不断改变,形成中间密度脂蛋白(IDL),最后转变为 LDL。VLDL 含较多的三酰甘油,因此,VLDL 的功能主要是将肝内三酰甘油运输到肝外组织代谢。VLDL 在血浆中的半衰期为 6～12 小时。

3.低密度脂蛋白 LDL 是由血浆中的 VLDL 转变而来,正常人空腹血浆脂蛋白主要是 LDL,约占血浆脂蛋白总量的 2/3。LDL 的主要功能是将肝合成的胆固醇运至肝外组织。LDL 在血浆中的半衰期为 2～4 天。

4.高密度脂蛋白 HDL 主要由肝细胞合成,小肠黏膜细胞也可少量合成。正常人空腹血浆 HDL 约占脂蛋白总量的 1/3。HDL 分泌入血后,接受由其他脂蛋白转移而来的载脂蛋白、磷脂、胆固醇,同时,胆固醇在 LCAT 的催化下,酯化形成胆固醇酯。HDL 是胆固醇、磷脂含量较多的脂蛋白。HDL 可被 HDL 受体识别,进入肝细胞后,所含的胆固醇酯分解为脂肪酸

和胆固醇，后者转变为胆汁酸排出体外。因此，HDL 是机体从外周组织向肝逆转运胆固醇的主要形式。HDL 在血浆中的半衰期为 3～5 天。

（四）血浆脂蛋白代谢异常

1. 高脂蛋白血症　高脂蛋白血症（hyperlipidemia）即高脂血症，指空腹血脂浓度持续高于正常范围上限。一般以成人空腹 12～14 小时，血浆 TG > 2.26mmol/L 和（或）TC（总胆固醇）> 6.21mmol/L，儿童 TC > 4.14mmol/L 作为高脂蛋白血症的诊断标准。WHO 建议将高脂蛋白血症分为五型六类（表 8-4）。

表 8-4　高脂蛋白血症分型

分类	血脂变化	脂蛋白变化
Ⅰ	TG 明显升高，TC 升高或正常	CM 增加
Ⅱ$_a$	TC 明显升高	LDL 增加
Ⅱ$_b$	TC、TG 升高	VLDL、LDL 增加
Ⅲ	TC、TG 升高	IDL 增加
Ⅳ	TG 升高或正常	VLDL 增加
Ⅴ	TG 明显升高，TC 升高	VLDL、CM 增加

（1）Ⅰ型高脂蛋白血症：主要是血浆中 CM 增加。将血浆置于 4℃冰箱中过夜，可出现"奶油样"盖，下层澄清。血脂 TG 升高，TC 水平正常或轻度增加，临床罕见。

（2）Ⅱ$_a$ 型高脂蛋白血症：血浆中 LDL 水平单纯性增加。血浆外观澄清或轻微混浊。血脂 TC 升高，而 TG 水平则正常，临床常见。

（3）Ⅱ$_b$ 型高脂蛋白血症：血浆中 VLDL 和 LDL 水平增加。血浆外观澄清或轻微混浊。血脂 TC、TG 均增加。临床常见。

（4）Ⅲ型高脂蛋白血症：血浆中 IDL 增加，其血浆外观混浊，可见奶油样盖。血浆 TC 和 TG 均明显增加。临床少见。

（5）Ⅳ型高脂蛋白血症：血浆 VLDL 增加，血浆外观可以澄清也可以混浊，一般无奶油样盖，血浆 TG 明显升高，TC 正常或偏高，临床常见。

（6）Ⅴ型高脂蛋白血症：血浆中 CM 和 VLDL 水平均升高，血浆外观有奶油样盖，下层混浊，血浆 TG 和 TC 均升高，以 TG 升高为主，临床较少见。

高脂蛋白血症从病因上可分原发性和继发性两大类。继发性高脂蛋白血症是指继发于某种疾病，如糖尿病、肾病、甲状腺功能减退等。原发性高脂蛋白血症病因多不明确，现已证明有些由遗传缺陷而引起。

2. 动脉粥样硬化　动脉粥样硬化（atherosclerosis，As）的发生与高血脂、高血糖、高血压、吸烟、遗传、性别、年龄、肥胖等多因素有关。As 主要累及大、中动脉病变，粥样斑块沉积在动脉内膜上对血管壁造成损伤，管壁增厚变硬、管腔狭窄甚至阻塞，进而影响受累器官的血液供应，导致器官组织缺血缺氧、功能障碍、组织坏死甚至引起危重后果。动脉粥样硬化是人体机能退化的重要原因。如果冠状动脉粥样硬化造成血管腔狭窄，可引起心肌缺血、心律失常、心绞痛、心肌梗死等；如果脑动脉粥样硬化可造成脑缺血，引起头晕头痛、脑血栓、脑卒中等。

在长期高脂血症状况下，增高的脂蛋白中主要是 LDL 及氧化型 LDL（oxidized LDL，ox-

LDL），对动脉内膜造成损伤。近年来的研究证明，血浆 LDL 和 VLDL 水平增高的患者，As 性心脑血管病的发病率显著增高；而血浆 HDL 水平与 As 性心脑血管病的发病率呈负相关。因此，降低血浆 LDL 和 VLDL 水平及升高血浆 HDL 水平是防治动脉粥样硬化性心脑血管病的关键措施。

自测题

一、名词解释

1. 血脂　　2. 酮体　　3. 脂肪动员
4. 脂肪酸 β- 氧化

二、选择题

（一）单项选择题

1. 在脂肪细胞中，激素敏感性脂肪酶是（　）
   A. 单酰甘油脂肪酶　　B. 二酰甘油脂肪酶
   C. 三酰甘油脂肪酶　　D. 脂蛋白脂肪酶
   E. 胰脂肪酶

2. 脂肪酸 β- 氧化酶系存在于（　）
   A. 胞质　　　　　　B. 微粒体
   C. 溶酶体　　　　　D. 线粒体内膜
   E. 线粒体基质

3. 脂酰 CoA 在肝脏 β- 氧化的酶促反应顺序是（　）
   A. 脱氢、再脱氢、加水、硫解
   B. 硫解、脱氢、加水、再脱氢
   C. 脱氢、加水、再脱氢、硫解
   D. 脱氢、脱水、再脱氢、硫解
   E. 加水、脱氢、硫解、再脱氢

4. 长期饥饿后血液中下列哪种物质的含量增加（　）
   A. 葡萄糖　　B. 血红素　　C. 酮体
   D. 乳酸　　　E. 丙酮酸

5. 合成脂肪酸所需的供氢体由下列哪一种递氢体提供（　）
   A. NADH　　B. FADH$_2$　　C. FMNH$_2$
   D. NADPH　　E. 以上都是

6. 1mol 软脂酸在体内彻底氧化净生成多少（mol）ATP？（　）
   A. 106　　B. 96　　C. 239
   D. 86　　　E. 176

7. 甘油氧化分解及其异生成糖的共同中间产物是（　）
   A. 丙酮酸　　　　　B. 2- 磷酸甘油酸
   C. 磷酸二羟丙酮　　D. 3- 磷酸甘油酸
   E. 磷酸烯醇丙酮酸

8. 下列血浆脂蛋白密度由低到高的正确顺序是（　）
   A. LDL、HDL、VLDL、CM
   B. CM、VLDL、LDL、HDL
   C. VLDL、HDL、LDL、CM
   D. CM、VLDL、HDL、LDL
   E. HDL、VLDL、LDL、CM

9. 内源性胆固醇主要由血浆中哪一种脂蛋白运输（　）
   A. HDL　　B. LDL　　C. VLDL
   D. CM　　　E. IDL

10. 胆固醇在体内代谢的主要去路是转变成（　）
    A. 胆汁酸　　　B. 类固醇激素
    C. 维生素 D$_3$　　D. 胆固醇酯
    E. 乙酰 CoA

11. 胆固醇合成中的乙酰 CoA 主要来源于（　）
    A. 糖　　B. 脂肪　　C. 氨基酸
    D. 酮体　　E. 甘油

12. 糖尿病患者呼出气体有烂苹果味，是因为呼出气体中含（　）
    A. 丙氨酸　　　B. 乙酰乙酸
    C. 丙酮　　　　D. 丙酮酸
    E. β- 羟丁酸

(二)多项选择题

13. 肝脏中乙酰 CoA 可合成（　　）
   A. 脂肪酸　　　　B. 胆固醇
   C. 酮体　　　　　D. 甘油
   E. 糖

14. 下列化合物中，参与脂肪酸 β-氧化的有（　　）
   A. NAD^+　　　　B. $NADP^+$
   C. HSCoA　　　　D. FAD
   E. FMN

15. 胆固醇在体内可转化为（　　）
   A. 性激素　　　　B. 胆汁酸
   C. 类固醇激素　　D. 二氧化碳和水
   E. 维生素 D_3

三、填空题

1. 电泳法可将血浆脂蛋白分为_____、_____、_____和乳糜微粒四种类型。

2. 根据血浆脂蛋白的密度，可将其分为_____、_____、_____和 CM 四种类型。

3. 储存在脂库中的三酰甘油，被_____逐步水解为_____和_____并释放入血以供全身各组织氧化利用的过程，称为脂肪动员。

4. 脂肪酸彻底氧化生成 H_2O 和 CO_2 的全过程包括_____、_____、_____和乙酰 CoA 的彻底氧化四个阶段。

5. 胆固醇可转化为_____、_____和_____等。

四、简答题

1. 血脂包括哪些主要成分？试述其来源与去路。

2. 简述血浆脂蛋白的分类、化学组成特点及其主要生理功能。

3. 试分析 1mol 硬脂酸（含 18 个碳原子的饱和脂肪酸）彻底氧化可净生成多少 ATP。

4. 酮体包括哪些成分？酮体代谢有何生理意义？

五、病例讨论

患者，男性，48 岁，体型较胖。无明显症状体征。健康体检时化验血脂，结果为 TG：14mmol/L（0.11～1.69mmol/L）；TC：4.82mmol/L（2.59～6.47mmol/L）；LDL-C：2.8mmol/L（0～4.14mmol/L）；HDL-C：0.87mmol/L（1.04～1.74mmol/L）；空腹血浆在 4℃放置 24 小时呈奶油样混浊。

1. 患者初步诊断为什么？
2. 该诊断的依据是什么？
3. 建议如何治疗？

（王贞香）

第9章 氨基酸代谢

氨基酸是蛋白质的基本组成单位,氨基酸的主要生理功能是合成组织蛋白质,而且组织蛋白质的分解代谢也是先分解为氨基酸再进一步代谢,因此氨基酸代谢是蛋白质分解代谢的主要内容。

第1节 概　　述

蛋白质的生理功能

（一）维持组织细胞生长、更新和修补

蛋白质是构成机体组织细胞的重要组成成分,约占人体固体成分的45%,占细胞干重的70%以上。蛋白质最主要的生理功能是维持组织、细胞的生长、更新和修补。因此,为机体提供足够食物蛋白质对机体维持正常的生长发育及组织细胞的正常代谢有非常重要的意义,同时也是维持机体正常生理活动的必要条件,特别对于处于生长发育时期的儿童和康复期的患者,提供足量、优质的蛋白质尤为重要。

（二）蛋白质构成机体重要的生理活性物质

体内多种具有重要生理活性的物质都是蛋白质。例如,具有催化功能的酶;有免疫功能的抗体（免疫球蛋白）;有运输功能的血红蛋白;有运动功能的肌动蛋白、肌球蛋白等。

（三）氧化供能

蛋白质作为三大营养素之一,在机体内可以通过生物氧化为机体提供部分能量,一般成人约有18%的能量来源于蛋白质氧化,1g蛋白质在机体氧化分解可释放17.9kJ能量。机体主要的供能物质是糖和脂肪。

蛋白质的消化与吸收

食物中的蛋白质是氨基酸的主要来源,食物中的蛋白质在消化道内经过消化酶的消化,分解为氨基酸才能被吸收。

(一)蛋白质的消化

蛋白质的化学性消化起始在胃,胃腺分泌的胃蛋白酶原由盐酸激活将蛋白质分解为多肽及少量氨基酸,经胃排空后进入小肠。小肠是蛋白质消化的主要部位。胰腺分泌的胰蛋白酶原和糜蛋白酶原在小肠内被肠激酶激活,在这些酶的共同作用下蛋白质分解成部分的氨基酸和寡肽,再由小肠黏膜细胞分泌的寡肽酶最后分解为氨基酸。一般情况下,食物中 95% 的蛋白质可被完全水解成可以吸收的氨基酸。

(二)氨基酸的吸收

食物中的蛋白质消化分解为氨基酸后,主要在小肠内进行主动吸收,氨基酸吸收的机制目前尚未完全阐明,主要机制为:①氨基酸吸收的载体机制。目前已知体内至少有四种类型的氨基酸载体,分别是中性氨基酸载体、碱性氨基酸载体、酸性氨基酸载体、亚氨基酸与甘氨酸载体,其中主要载体是中性氨基酸载体,分别参与不同氨基酸的吸收。②γ-谷氨酰基循环对氨基酸的转运。"γ-分氨酰基循环"是由 Meister 提出的,是指氨基酸从肠粘膜细胞吸收,通过 γ-谷氨酰转肽酶催化,使吸收的氨基酸与 G-SH 反应,而后生成 γ-谷氨酰基-氨基酸而将氨基酸转入细胞内。

(三)蛋白质的腐败作用

蛋白质的腐败作用是指肠道细菌对肠道中没有被消化的部分蛋白质或没有被吸收的分解产物进行的无氧分解过程。腐败作用产生的大多数产物对人体有害,如酪氨酸和苯丙氨酸经过脱羧作用产生的苯乙胺,若不能在肝内分解进入脑组织,可产生与儿茶酚胺结构的假神经递质苯乙醇胺和 β-羟酪胺,另外还产生氨及其他有害物质如苯酚、吲哚和硫化氢等。在正常情况下,产生的大部分有害物质通过粪便排出,只有小部分被吸收,然后经肝的代谢而解毒,故一般不会产生中毒。

氮平衡

机体内蛋白质代谢的概况可根据氮平衡实验来衡量,测定尿与粪便中的含氮量(排出氮)及摄入食物的含氮量(摄入氮)可以反映人体蛋白质的代谢概况,机体的氮平衡有氮的总平衡、氮的正平衡、氮的负平衡三种类型。

(一)氮的总平衡

氮的总平衡指每日摄入氮量基本等于排出氮量,即摄入氮 = 排出氮,反映正常成人的蛋白质合成代谢与分解代谢相当,即氮的"收支平衡",常见于正常成年人。

(二)氮的正平衡

氮的正平衡指每日摄入氮量多于排出氮量,即摄入氮>排出氮,反映体内蛋白质合成代谢大于分解代谢。处于生长发育期的婴幼儿、孕妇及恢复期患者属于此种情况,因此这种人群应适当增加蛋白质的摄入量,以满足机体生理需要。

(三)氮的负平衡

氮的负平衡指每日摄入氮量少于排出氮量,即摄入氮<排出氮,反映蛋白质分解代谢大于合成代谢,见于过度节食、饥饿或某些消耗性疾病患者。

根据氮平衡实验,在不进食蛋白质的情况下,成人每日最低分解量约为 20g 蛋白质。由于食物中的蛋白质与人体蛋白质的组成差异,以及食物中的蛋白质不能全部被消化和吸收,故成人每日最低需要 30~50g 蛋白质,为了长期保持总氮平衡,我国营养学会推荐成人每日需要量为 80g。

四 蛋白质的营养互补作用

不同蛋白质所含的氨基酸的种类和数量不同，蛋白质的营养价值亦不同。构成人体蛋白质的 20 种氨基酸，其中有 8 种氨基酸机体需要而又不能自身合成，必须由食物供应，称为营养必需氨基酸，包括异亮氨酸、亮氨酸、色氨酸、苏氨酸、苯丙氨酸、赖氨酸、甲硫氨酸、缬氨酸。组氨酸和精氨酸人体可以合成，但合成量不足，称为营养半必需氨基酸，其余的 10 种氨基酸机体可以合成，不需要由食物供应，称为非必需氨基酸。

> **链接**
>
> **腊 八 粥**
>
> 腊八粥是中华民族的传统食品，腊八粥是一种在腊八节用多种食材熬制的粥，在蛋白质的补充上起到良好的互补作用。《燕京岁时记·腊八粥》说"腊八粥者，用黄米、白米、江米、小米、菱角米、红豇豆、去皮枣泥等合水煮熟，外用染红桃仁、杏仁、瓜子、花生、松子、白糖、红糖、葡萄，以作点染"。

食物中的蛋白质的营养价值根据所含的必需氨基酸的种类和含量决定，含有的必需氨基酸的种类越多，含量越丰富，营养价值越高，反之营养价值越低。动物性蛋白质所含的必需氨基酸的种类比例与人体需要接近，故营养价值优于植物性蛋白质。

营养价值较低的蛋白质如果混合食用，则必需氨基酸可以相互补充以提高蛋白质营养价值，称为食物蛋白质的互补作用。例如，谷类与豆类混合食用可以达到色氨酸和赖氨酸互补。

五 氨基酸代谢概况

食物蛋白经消化吸收的氨基酸（外源性氨基酸）与体内组织蛋白降解产生的氨基酸及机体内合成的非必需氨基酸（内源性氨基酸）混合在一起，分布于体内各处参与代谢，称为氨基酸代谢库。代谢库中的氨基酸的主要来源是食物蛋白质，最主要的去路是合成蛋白质，分解代谢中的主要途径是脱氨基作用。氨基酸代谢概况见图 9-1。

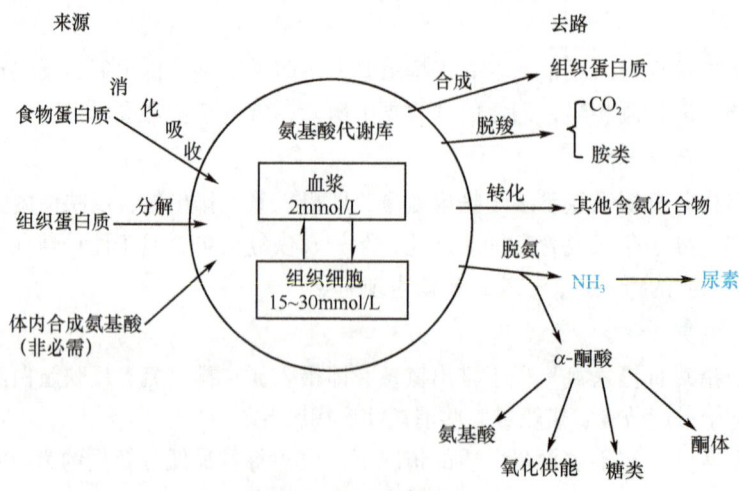

图 9-1 氨基酸代谢概况

第2节 氨基酸的一般代谢

● 案例9-1

患者,男性,56岁,肝硬化病史10年。2天前进肉食后出现记忆力减退,行为异常,睡眠倒错。实验室检查血氨浓度升高,诊断为肝性脑病。医生提示禁用肥皂水灌肠。

问题:1. 为什么患者进肉食后出现记忆力减退、行为异常、睡眠倒错等症状?
      2. 患者禁用肥皂水灌肠的目的是什么?

氨基酸的一般代谢主要包括氨基酸的脱氨基作用和脱羧基作用。

一、氨基酸脱氨基作用

氨基酸分解代谢最主要的反应途径是脱氨基作用,通过脱氨基作用生成 α-酮酸和氨,在体内大多数组织中均可进行。氨基酸的脱氨基作用主要有转氨基、氧化脱氨基和联合脱氨基三种方式。在这三种脱氨基作用中,以联合脱氨基作用最为重要。

(一)转氨基作用

在氨基转移酶催化下,将某一 α-氨基酸的氨基转移到另一种 α-酮酸酮基上,生成相应的 α-氨基酸,而原来的 α-氨基酸则转变为相应的 α-酮酸,此过程称为转氨基作用。

转氨基作用既是氨基酸的分解代谢过程,也是体内非必需氨基酸合成的重要途径。参与蛋白质合成的20种 α-氨基酸中,除赖氨酸、脯氨酸及羟脯氨酸外,其他氨基酸均可以参与转氨基作用。

体内的转氨酶种类多,分布广泛,在各组织中的含量不等,其中以催化 L-谷氨酸与 α-酮酸转氨基的氨基转移酶最为重要。例如,丙氨酸氨基转移酶(ALT),常称谷丙转氨酶(GPT);天冬氨酸氨基转移酶(AST),常称谷草转氨酶(GOT)。ALT 和 AST 的分布见表9-1。

表9-1 正常成人各组织中 AST 和 ALT 活性 (单位:U/g湿组织)

组织	AST	ALT	组织	AST	ALT
心	156 000	7 100	胰腺	28 000	2 000
肝	142 000	44 000	脾	14 000	1 200
骨骼肌	99 000	4 800	肺	10 000	700
肾	91 000	19 000	血清	20	16

由表中看出,不同组织含有酶的活性高低不同,而在血清中的含量很低,当组织细胞由于某些原因导致通透性增高或细胞破坏时,血清中酶的活性会明显升高。例如,急性肝炎患者血清中 ALT 的活性会明显升高,而心肌梗死的患者血清中 AST 的活性会显著升高,因此临床可通过测定血清氨基转移酶活性作为疾病诊断和预后判断的指标之一。

ALT、AST 催化的反应如下。

$$\text{谷氨酸} + \text{丙酮酸} \xrightarrow{ALT} \alpha\text{-酮戊二酸} + \text{丙氨酸}$$

$$\text{谷氨酸} + \text{草酰乙酸} \xrightarrow{AST} \alpha\text{-酮戊二酸} + \text{天冬氨酸}$$

> **链接**
>
> **血清氨基转移酶测定与肝功能检查**
>
> 肝细胞内含有多种酶，作为催化剂参与体内物质代谢。当肝细胞有实质性损害时，可因肝细胞坏死，细胞膜通透性增高，而使细胞内各种酶释放入血。肝病变时测定血清中有关酶的变化作为诊断、鉴别诊断及预后观察的依据。ALT 在肝内含量最高，肝细胞损害后可使其在血中升高，AST 在肝中含量也较高，但其在心肌中含量最高。在急性病毒性肝炎时，两种氨基转移酶升高率达 100%，是急性病毒性肝炎在黄疸出现前检查出现最早的异常指标，对轻型、隐性感染及潜伏期肝炎的发现有重要意义。血清氨基转移酶的升高在一定程度上反映出肝细胞损害和坏死的程度。

（二）氧化脱氨基作用

氧化脱氨基作用是指在 L- 氨基酸氧化酶的催化下氨基酸氧化脱氢同时脱去氨基的过程。

L- 氨基酸氧化酶在体内分布不广泛，而且活性较低。在肝、肾和脑组织中广泛存在着 L- 谷氨酸脱氢酶，催化 L- 谷氨酸氧化脱氨生成 α- 酮戊二酸，辅酶是为 NAD^+ 或 $NADP^+$，GTP、ATP 为其抑制剂，GDP、ADP 为其激活剂，因此当体内 GTP 和 ATP 不足时，谷氨酸加速氧化脱氨，这对于氨基酸氧化供能起着重要的调节作用。反应式如下。

```
    NH₂        NAD⁺   NADH+H⁺  NH                          O
    |                            ‖               +H₂O       ‖
    CH—COOH  ⇌                   C—COOH    ⇌                C—COOH  + NH₃
    |         L-谷氨酸脱氢酶      |          −H₂O            |
    (CH₂)₂—COOH                 (CH₂)₂—COOH                (CH₂)₂—COOH

      谷氨酸                      亚谷氨酸                   α-酮戊二酸
```

（三）联合脱氨基作用

由两种或两种以上的酶联合催化使氨基酸的 α- 氨基脱下并产生游离氨的过程称为联合脱氨基作用。联合脱氨基作用是体内主要的脱氨方式，主要有两种反应途径。

1. 由 L- 谷氨酸脱氢酶和氨基转移酶联合催化的联合脱氨基作用　首先在氨基转移酶催化下，将某种氨基酸的 α- 氨基转移到 α- 酮戊二酸上生成谷氨酸，然后，在 L- 谷氨酸脱氢酶作用下将谷氨酸氧化脱氨生成 α- 酮戊二酸，而 α- 酮戊二酸再继续参加转氨基作用（图 9-2）。

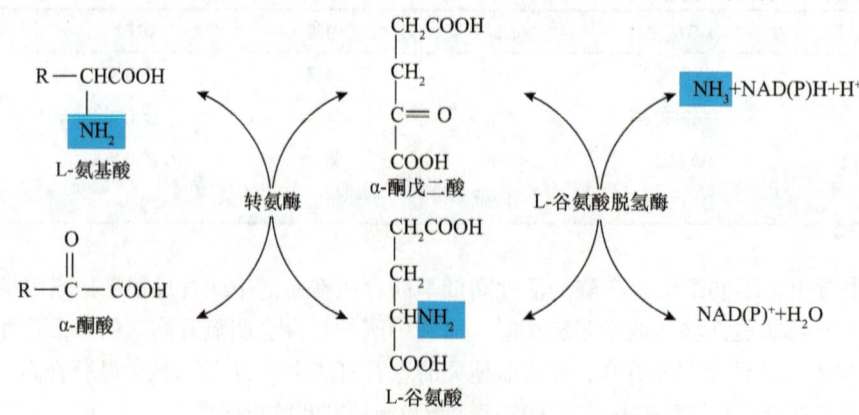

图 9-2　转氨基与氧化脱氨基的联合脱氨基作用

L-谷氨酸脱氢酶主要分布于肝、肾、脑等组织中，而α-酮戊二酸参加的转氨基作用普遍存在于各组织中，所以此种联合脱氨反应主要在肝、肾、脑等组织中进行。联合脱氨反应是可逆的，因此也可称为联合加氨。

2. 嘌呤核苷酸循环　骨骼肌和心肌组织中 L-谷氨酸脱氢酶的活性很低，因而不能通过上述形式的联合脱氨反应脱氨基。但骨骼肌和心肌中含丰富的腺苷酸脱氨酶，能催化腺苷酸加水、脱氨生成次黄嘌呤核苷酸（IMP）。一种氨基酸经过两次转氨基化作用可将α-氨基转移至草酰乙酸生成天冬氨酸，天冬氨酸又可将此氨基转移到次黄嘌呤核苷酸上生成腺嘌呤核苷酸（通过中间化合物腺苷酸代琥珀酸的裂解）。目前认为嘌呤核苷酸循环是骨骼肌和心肌中氨基酸脱氨的主要方式（图 9-3）。

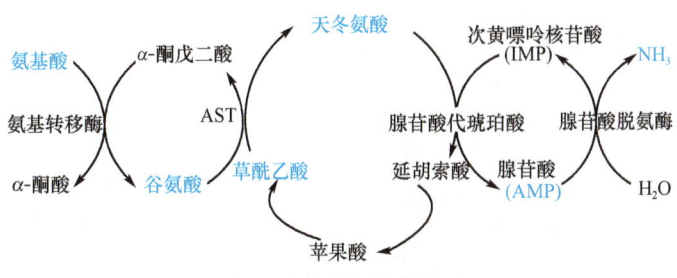

图 9-3　嘌呤核苷酸循环

这种形式的联合脱氨是不可逆的，因而不能通过其逆过程合成非必需氨基酸。这一代谢途径不仅把氨基酸代谢与糖代谢、脂代谢联系起来，而且也把氨基酸代谢与核苷酸代谢联系起来。

二、α-酮酸的代谢

多种氨基酸脱氨基后生成的α-酮酸进一步代谢，主要的有以下代谢途径。

（一）经氨基化合成非必需氨基酸

体内的一些非必需氨基酸一般通过相应的α-酮酸经氨基化合成，这种合成过程就是氨基转移酶与 L-谷氨酸脱氢酶的联合脱氨基作用的逆过程。

（二）α-酮酸可转变成糖及脂类化合物

有些氨基酸经脱氨基生成的α-酮酸可经过糖异生途径生成葡萄糖，这些在体内可以生成糖的氨基酸称为生糖氨基酸；有的α-酮酸可以转变成酮体，这类氨基酸称为生酮氨基酸，生酮氨基酸可以通过脂肪酸合成途径转变为脂肪；既能转变成糖、又能生成酮体的氨基酸称为生糖兼生酮氨基酸。生糖氨基酸和生酮氨基酸见表 9-2。

表 9-2　氨基酸生糖及生酮性质的分类

类别	氨基酸
生糖氨基酸	甘氨酸、丝氨酸、缬氨酸、组氨酸、精氨酸、半胱氨酸、脯氨酸、羟脯氨酸、丙氨酸、谷氨酸、谷氨酰胺、天冬氨酸、天冬酰胺、甲硫氨酸
生酮氨基酸	亮氨酸、赖氨酸
生糖兼生酮氨基酸	异亮氨酸、苯丙氨酸、酪氨酸、苏氨酸、色氨酸

(三)氧化供能

α-酮酸通过一定的反应途径先转变为丙酮酸、乙酰CoA进入三羧酸循环,经过三羧酸循环彻底氧化生成H_2O和CO_2,同时释放能量满足机体的生理需要。三羧酸循环将氨基酸代谢与糖代谢、脂肪代谢紧密联系起来(图9-4)。

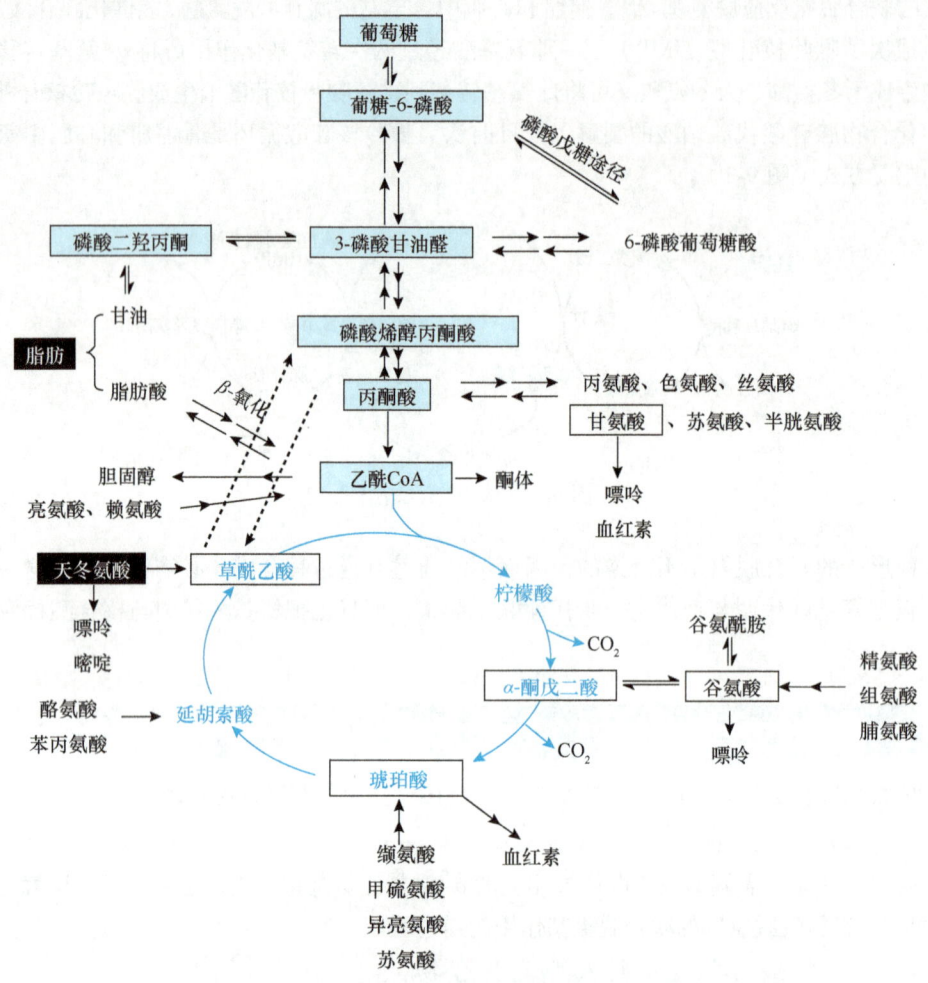

图 9-4 氨基酸、糖类和脂类代谢的联系图

三 氨的代谢

体内代谢产生的氨及其他来源途径的氨进入血液称为血氨。氨是机体正常代谢的产物,对机体具有一定的毒性,脑组织对其尤为敏感。正常人血氨的浓度极低,一般不超过60μmol/L(0.1mg/100ml)。当体内血氨浓度升高时,会引起高血氨或氨中毒。

(一)氨的来源

1. 氨基酸脱氨基作用产生的氨 氨基酸脱氨基作用产生的氨是体内氨的主要来源。另外胺类的分解、嘌呤碱和嘧啶碱代谢也产生少量的氨。膳食摄入蛋白质过多时,氨的生成量也相应增多。

2. 肾小管上皮细胞分泌的氨 肾小管上皮细胞分泌的氨主要来自谷氨酰胺的水解。血液中的谷氨酰胺流经肾脏时，可被肾小管上皮细胞中的谷氨酰胺酶分解生成谷氨酸和 NH_3。肾脏产氨的去路决定于肾小管内的 pH。pH 偏酸时，排入原尿中的 NH_3 与 H^+ 结合成为 NH_4^+，随尿排出体外（图 9-5）。若原尿的 pH 较高，则 NH_3 易被重吸收入血。临床上肝硬化而产生腹水的患者，不宜使用碱性利尿药，以免血氨升高。

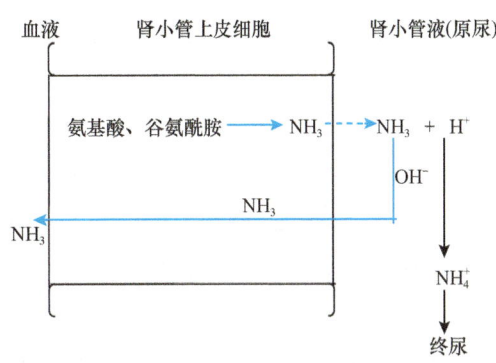

图 9-5 肾小管上皮细胞分泌的氨

3. 肠道吸收的氨　肠道吸收的氨有两个来源，一方面来自蛋白质腐败作用产生的氨。在肠道中未被消化的蛋白质或未被吸收的氨基酸，由于受到肠道细菌的作用发生分解代谢产生氨气，这是肠道氨的主要来源途径。另一方面来自肠道尿素分解产生的氨。血液中尿素经扩散进入肠腔后，在肠道细菌脲酶的作用下水解生成 CO_2 和 NH_3，成为肠道氨的又一来源途径。

肠道产氨的量较多，每日约 4g。肠内蛋白质腐败作用增强时，氨的产生量增多。NH_3 比 NH_4^+ 易于穿过细胞膜而被吸收，NH_3 与 NH_4^+ 的互变受肠道 pH 影响。在碱性环境下，NH_4^+ 易转变成 NH_3，从而使氨的吸收增多。因此，临床上高血氨患者禁止使用碱性肥皂水灌肠，以减少肠道氨的吸收。

（二）氨的转运

氨在血液中的转运主要以丙氨酸及谷氨酰胺两种形式运输。

1. 丙氨酸 - 葡萄糖循环　肌肉组织中的氨基酸经转氨基作用将氨基转给丙酮酸生成丙氨酸，经血液运输到肝脏。在肝脏中，丙氨酸通过联合脱氨基作用释放氨并生成丙酮酸，丙酮酸可经糖异生作用生成葡萄糖，葡萄糖由血液运输到肌肉组织中，经分解代谢再生成丙酮酸，后者再接受氨基生成丙氨酸，这一过程称为"丙氨酸 - 葡萄糖循环"。通过此循环肌肉中氨以无毒的丙氨酸形式运输至肝，同时肝又为肌肉提供能源物质——葡萄糖（图 9-6）。

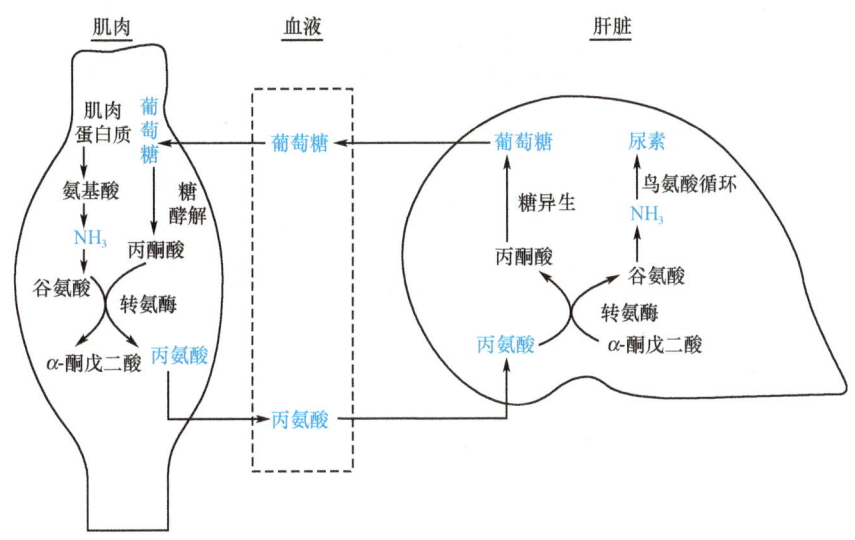

图 9-6 丙氨酸 - 葡萄糖循环

2. 谷氨酰胺的运氨作用　脑、肌肉等组织产生的氨在谷氨酰胺合成酶的催化下与谷氨酸结合生成谷氨酰胺，并由血液运输至肝或肾，经谷氨酰胺酶水解生成谷氨酸和氨。

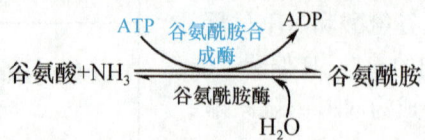

谷氨酰胺既是氨的解毒产物，也是氨的储存及运输形式。临床上氨中毒患者可服用或输入谷氨酸盐，以降低体内氨的浓度。

（三）氨的去路

氨是人体内的一种有毒物质，机体通过一定的机制及时将氨转变成无毒或毒性小的物质，然后从体内排出体外，从而解除氨的毒性。氨的主要去路是在肝脏合成无毒的尿素，正常情况下体内的尿素占排氮总量的80%～90%。还有少部分氨转变为其他物质，如谷氨酰胺、非必需氨基酸及嘌呤碱和嘧啶碱等。

1. 合成尿素　氨的主要去路是合成尿素，合成尿素的主要器官是肝脏，其次肾脏和脑也可以合成微量的尿素。尿素合成后，主要经过肾脏排出体外。尿素合成途径是由Hans Krebs和Kurt Henseleit提出，称为鸟氨酸循环（orinithine cycle），又称尿素循环（urea cycle）或Krebs-Henseleit循环（图9-7）。

> **链接**
>
> **鸟氨酸循环的发现**
>
> 1932年，德国生物学家Hans Krebs和Kurt Henseleit，利用大鼠肝切片做体外实验，他们发现在供能情况下，可由二氧化碳和氨合成尿素，若在反应体系中加入少量精氨酸、鸟氨酸或瓜氨酸，可加速尿素合成，而这些氨基酸的含量并不减少，为此提出鸟氨酸循环学说。Hans Krebs提出鸟氨酸循环和三羧酸循环，为生物化学的发展作出了重大贡献。

鸟氨酸循环的反应过程如下。

（1）氨甲酰磷酸的合成：在肝细胞线粒体中，NH_3与CO_2在氨甲酰磷酸合成酶Ⅰ（CPS Ⅰ）催化下首先合成氨甲酰磷酸。此反应不可逆，需要Mg^{2+}、N-乙酰谷氨酸（N-AGA）的参与，消耗2个ATP。

$$NH_3 + CO_2 + H_2O + 2ATP \xrightarrow[Mg^{2+}、N-\text{乙酰谷氨酸}]{\text{氨甲酰磷酸合成酶Ⅰ}} \text{氨甲酰磷酸} + 2ADP + Pi$$

（2）瓜氨酸生成：氨甲酰磷酸生成后，在鸟氨酸氨甲酰转移酶催化下，与鸟氨酸缩合生成瓜氨酸，此反应仍在线粒体内进行。因反应物鸟氨酸在胞液中生成，所以必须通过穿梭系统进入线粒体内。瓜氨酸生成后，经膜载体的转运进入细胞液。

$$\begin{matrix} NH_2 \\ (CH_2)_3 \\ CHNH_2 \\ COOH \end{matrix} + \begin{matrix} NH_2 \\ C=O \\ O\sim PO_3H_2 \end{matrix} \xrightarrow{\text{鸟氨酸氨甲酰转移酶}} \begin{matrix} O \\ HN-C-NH_2 \\ (CH_2)_3 \\ CHNH_2 \\ COOH \end{matrix} + H_3PO_4$$

鸟氨酸　　　　氨甲酰磷酸　　　　　　　　　　　　　瓜氨酸

（3）精氨酸的合成：瓜氨酸转变成精氨酸的反应分两步进行。首先，瓜氨酸在线粒体合成后，随即被转运至细胞液，在胞液中由 ATP 供能、精氨酸代琥珀酸合成酶催化，瓜氨酸的脲基与天冬氨酸的氨基缩合生成精氨酸代琥珀酸；随后精氨酸代琥珀酸经精氨酸代琥珀酸裂解酶催化裂解成精氨酸和延胡索酸。

上述反应中生成的延胡索酸可经三羧酸循环的中间步骤生成草酰乙酸，再经谷草转氨酶催化发生转氨基作用重新生成天冬氨酸。由此，通过延胡索酸和天冬氨酸，使三羧酸循环与尿素循环联系起来。

（4）尿素的生成：鸟氨酸循环的最后一步反应在胞液中进行。在精氨酸酶的催化下，精氨酸水解生成尿素和鸟氨酸。鸟氨酸再次进入线粒体参与下一轮循环。

尿素合成是一个耗能的过程，合成 1 分子尿素需要消耗 4 个高能磷酸键，合成 1 分子尿素需消耗 3 分子 ATP（3 分子 ATP 水解生成 2 分子 ADP，2 分子 Pi，1 分子 AMP 和 PPi）；合成的部位主要在肝细胞的线粒体和胞液中进行；精氨酸代琥珀酸合成酶是尿素合成的限速酶；尿素分子中的两个氮原子，一个来源于 NH_3，一个来源于天冬氨酸。

2. 合成谷氨酰胺　在肌肉、脑等组织中，氨与谷氨酸在谷氨酰胺合成酶催化下合成无毒的谷氨酰胺。谷氨酰胺生成后即释放入血，经血液输送至肝或肾，再经谷氨酰胺酶水解生成谷氨酸和氨。在肝中氨用于合成尿素；在肾中氨可被分泌至肾小管腔，与原尿中 H^+ 结合以铵盐的形式排出，这对酸碱平衡的调节具有重要意义。所以谷氨酰胺的生成不仅是解氨毒的重要方式，也是运氨、储氨的一种重要形式。另外，谷氨酰胺可参与体内嘌呤、嘧啶的合成。

3. 合成非必需氨基酸及某些含氮化合物　氨还可与 α-酮酸经脱氨基的逆过程生成非必需氨基酸。还有部分氨可转变为嘌呤、嘧啶等含氮化合物。

$$2NH_3+CO_2+3ATP+3H_2O \longrightarrow NH_2-\underset{\underset{O}{\|}}{C}-NH_2+2ADP+AMP+4Pi$$

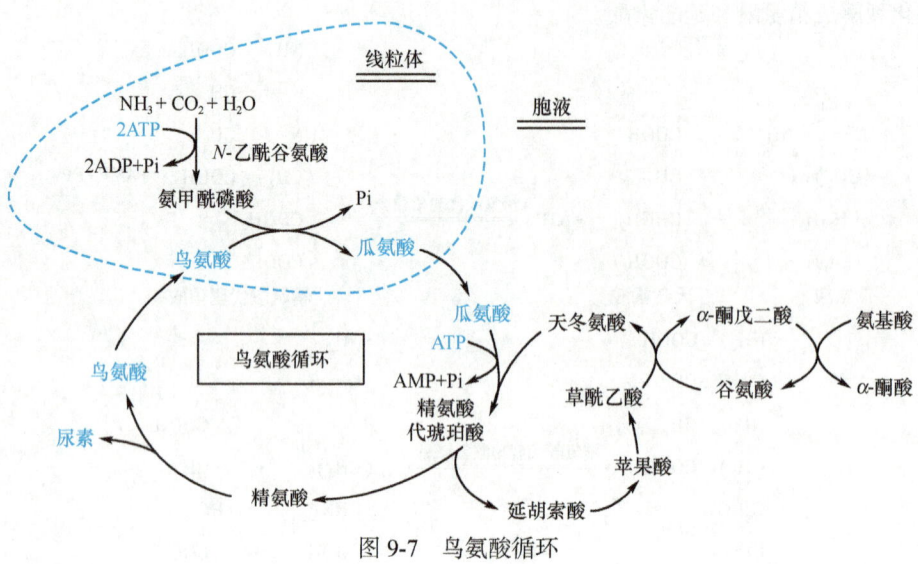

图 9-7 鸟氨酸循环

氨在体内的来源与去路总结如下（图 9-8）。

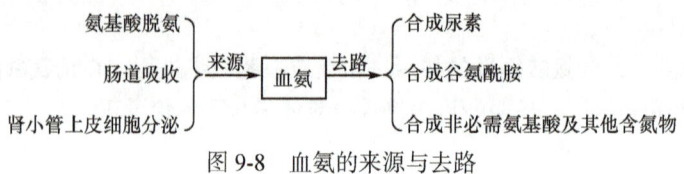

图 9-8 血氨的来源与去路

（四）高氨血症与氨中毒

正常生理情况下，血氨处于较低水平。鸟氨酸循环是维持血氨低浓度的关键。当肝功能严重损伤时，尿素循环发生障碍，血氨浓度升高，称为高氨血症。氨中毒机制尚不清楚。一般认为，氨进入脑组织，可与 α-酮戊二酸结合成谷氨酸，谷氨酸又与氨进一步结合生成谷氨酰胺，从而使 α-酮戊二酸减少，导致三羧酸循环减弱，从而使脑组织中 ATP 生成减少，引起大脑功能障碍，严重时引起肝性脑病。

第 3 节　个别氨基酸的代谢

一 氨基酸脱羧基作用

部分氨基酸可在氨基酸脱羧酶催化下发生脱羧基作用生成相应的胺。脱羧酶的辅酶为磷酸吡哆醛。下面列举几种氨基酸脱羧基生成的重要胺类物质。

1. γ-氨基丁酸（GABA）　GABA 由谷氨酸脱羧基生成，催化此反应的酶是谷氨酸脱羧酶。此酶在脑、肾组织中活性很高，所以脑中 GABA 含量较高。GABA 是一种仅见于中枢神经系统的抑制性神经递质,对中枢神经元有普遍性抑制作用。

$$\underset{\text{谷氨酸}}{\begin{array}{c} COOH \\ | \\ (CH_2)_2 \\ | \\ CHNH_2 \\ | \\ COOH \end{array}} \xrightarrow{\text{谷氨酸脱羧酶}} \underset{\gamma\text{-氨基丁酸}}{\begin{array}{c} COOH \\ | \\ CH_2 \\ | \\ CH_2 \\ | \\ CHNH_2 \end{array}} + CO_2$$

2. **组胺** 由组氨酸脱羧生成。组胺主要由肥大细胞产生并储存,在乳腺、肺、肝、肌肉及胃黏膜中含量较高。

组胺是一种强烈的血管舒张剂,并能增加毛细血管的通透性,可引起血压下降和局部水肿。组胺的释放与过敏反应症状密切相关。组胺可刺激胃蛋白酶和胃酸的分泌,所以常用它作胃分泌功能的研究。

3. **5-羟色胺(5-HT)** 色氨酸在脑中首先由色氨酸羟化酶催化生成 5-羟色氨酸,再经脱羧酶作用生成 5-羟色胺。

5-羟色胺在神经组织中有重要的功能,目前已肯定中枢神经系统有 5-羟色胺神经元。5-羟色胺可使大部分交感神经节前神经元兴奋,而使副交感节前神经元抑制。其他组织如小肠、血小板、乳腺细胞中也有 5-羟色胺,它具有强烈的血管收缩作用。

4. **牛磺酸** 体内牛磺酸主要由半胱氨酸脱羧生成。半胱氨酸先氧化生成磺酸丙氨酸,再由磺酸丙氨酸脱羧酶催化脱去羧基生成牛磺酸。牛磺酸是结合胆汁酸的重要组成成分。

$$\underset{\text{半胱氨酸}}{\begin{array}{c} CH_2-SH \\ | \\ CH-NH_2 \\ | \\ COOH \end{array}} \xrightarrow{\text{氧化}} \underset{\text{磺酸丙氨酸}}{\begin{array}{c} CH_2-SO_3H \\ | \\ CH-NH_2 \\ | \\ COOH \end{array}} \xrightarrow[\text{磺酸丙氨酸脱羧酶}]{CO_2} \underset{\text{牛磺酸}}{\begin{array}{c} CH_2-SO_3H \\ | \\ CH_2-NH_2 \end{array}}$$

5. **多胺** 某些氨基酸的脱羧作用可以产生多胺类物质。例如,鸟氨酸经脱羧生成腐胺,然后再转变成精脒和精胺。精脒和精胺是调节细胞生长的重要物质,凡生长旺盛的组织,均可引起多胺的含量增高,如再生肝、胚胎、生长激素作用的组织细胞及癌瘤组织等。临床上,测定血或尿中多胺的含量可作为肿瘤辅助诊断和观察病情变化的指标之一。

二、一碳单位的代谢

(一)一碳单位的概念

某些氨基酸在代谢过程中能生成含一个碳原子的基团,经过转移可参与生物合成过程。

这些含一个碳原子的基团称为一碳单位（C1 unit 或 one carbon unit），如甲基—CH_3、亚甲基—CH_2—，次甲基—CH—、甲酰基—CHO 及亚氨甲基—CH=NH 等，但 CO_2 不属于一碳单位。有关一碳单位生成和转移的代谢称为一碳单位代谢。

（二）一碳单位代谢的辅酶

一碳单位不能游离存在，通常与四氢叶酸（FH_4）结合而转运或参加代谢。FH_4 是一碳单位代谢的辅酶。

FH_4 由叶酸衍生而来。叶酸需经两次还原方可转变为活性辅酶形式 FH_4。两次还原均由二氢叶酸还原酶所催化。

一碳单位通常连接于 FH_4 分子的 N^5、N^{10} 位上。

（三）一碳单位的来源及转换

一碳单位主要来源于丝氨酸、甘氨酸、组氨酸及色氨酸代谢。FH_4 分子上的一碳单位可通过氧化还原反应相互转化，N^5- 甲基四氢叶酸除外。

甲硫氨酸分子中的甲基也是一碳单位，在 ATP 的参与下甲硫氨酸转变生成 S- 腺苷甲硫氨酸，又称活性甲硫氨酸（SAM）。S- 腺苷甲硫氨酸是活泼的甲基供体，因此 FH_4 并不是一碳单位的唯一载体。

（四）一碳单位的功能

1. 一碳单位是合成嘌呤和嘧啶的原料　一碳单位在核酸生物合成中有重要作用。例如，N^5，N^{10}—CH=FH_4 直接提供甲基用于脱氧核苷酸 dUMP 向 dTMP 的转化。N^{10}—CHO—FH_4 和 N^5，N^{10}—CH=FH_4 分别参与嘌呤碱中 C_2、C_8 原子的生成，所以一碳单位代谢与细胞的增殖、组织生长和机体发育等重要过程密切相关。

2. 一碳单位参与体内多种物质的甲基化过程　体内许多具有重要功能的化合物需要甲基化反应，可有 SAM 直接提供甲基；而 N^5- 甲基四氢叶酸作为甲基的间接供体参与此类反应，如肾上腺素、胆碱、甜菜碱、肉毒碱、肌酸等都是从 SAM 中获得甲基的。SAM 是体内最主要的甲基供体。

一碳单位代谢将氨基酸代谢与核苷酸及一些重要物质的生物合成联系起来。一碳单位代谢的障碍可造成某些病理情况，典型的病例就是叶酸缺乏可引起巨幼红细胞贫血。磺胺药及某抗癌药（甲氨蝶呤等）也正是分别通过干扰细菌及瘤细胞的叶酸、四氢叶酸合成，进而影响核酸合成而发挥药理作用的。

三 含硫氨基酸的代谢

含硫氨基酸共有甲硫氨酸、半胱氨酸和胱氨酸三种。甲硫氨酸可转变为半胱氨酸和胱氨酸，后两者也可以互变，但后者不能变成甲硫氨酸。

（一）甲硫氨酸代谢与甲硫氨酸循环

1. 甲硫氨酸与转甲基作用　甲硫氨酸中含有 S- 甲基，可参与多种转甲基的反应生成多种含甲基的生理活性物质。在腺苷转移酶催化下与 ATP 反应生成 SAM（活性甲硫氨酸）。SAM 中的甲基是高度活化的，称活性甲基，SAM 称为活性甲硫氨酸。

2. 甲硫氨酸循环　SAM 转出甲基后形成 S- 腺苷同型半胱氨酸（S-adenosyl homocystine，SAH），SAH 水解释出腺苷变为同型半胱氨酸（homocystine，hCys）。同型半胱氨酸可以接受 N^5- 甲基四氢叶酸提供的甲基再生成甲硫氨酸，形成一个循环过程，称为甲硫氨酸循环

（methionine cycle）（图 9-9）。此循环的生理意义在于由 N^5—CH_3—FH_4 供给甲基合成甲硫氨酸，再通过此循环的 SAM 提供甲基，以进行体内广泛存在的甲基化反应，因此 N^5—CH_3—FH_4 可看成是体内甲基的间接供体。

甲基转移酶的辅酶是维生素 B_{12}。维生素 B_{12} 缺乏时，N^5—CH_3—FH_4 上的甲基不能转移，这不仅不利于甲硫氨酸的生成，同时影响四氢叶酸的再生，使组织中游离

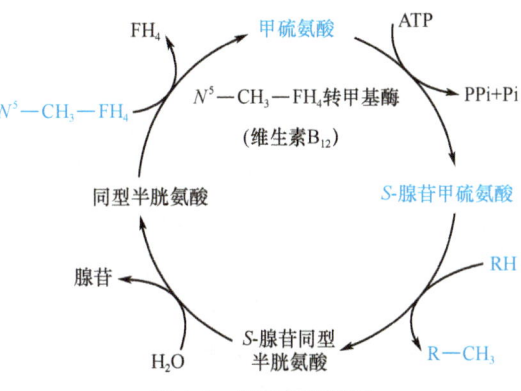

图 9-9 甲硫氨酸循环

的四氢叶酸减少，不能重新利用它转运一碳单位，导致核酸合成障碍，影响细胞分裂，从而引起巨幼红细胞贫血。

3.肌酸的合成　肌酸和磷酸肌酸在能量储存及利用中起重要作用。肌酸以甘氨酸为骨架、精氨酸提供脒基、SAM 供给甲基，在脒基转移酶和甲基转移酶的催化下合成。肝是合成肌酸的主要器官。在肌酸激酶催化下肌酸形成磷酸肌酸，并储存 ATP 的高能磷酸键。

肌酸和磷酸肌酸代谢的终产物是肌酸酐简称肌酐。正常成人，每日尿中肌酐量恒定。肾功能障碍时，检查血或尿中肌酐含量以帮助诊断。

（二）半胱氨酸和胱氨酸的代谢

1.半胱氨酸和胱氨酸的互变　半胱氨酸含巯基（—SH），胱氨酸含有二硫键（—S—S—），二者可通过氧化还原而互变。半胱氨酸的巯基是许多蛋白质或酶的活性基团。两个半胱氨酸氧化脱氢形成二硫键生成胱氨酸，胱氨酸不参与蛋白质的合成，但胱氨酸所含的二硫键对维持蛋白质分子构象起重要作用。

$$2 \begin{matrix} CH_2SH \\ CHNH_2 \\ COOH \end{matrix} \underset{+2H}{\overset{-2H}{\rightleftharpoons}} \begin{matrix} CH_2—S—S—CH_2 \\ CHNH_2 \quad\quad CHNH_2 \\ COOH \quad\quad\quad COOH \end{matrix}$$

半胱氨酸　　　　　　胱氨酸

2.活性硫酸根代谢　含硫氨基酸经分解代谢可生成硫酸根。半胱氨酸是体内硫酸根的主要来源。体内的硫酸根一部分以无机盐形式从尿中排出，一部分经活化生成 3′-磷酸腺苷 5′-磷酰硫酸（3′-phosphoadenosine5′-phosphosulfate，PAPS），即活性硫酸根。

PAPS 的性质活泼，在肝脏的生物转化中有重要作用。例如，类固醇激素可与 PAPS 结合成硫酸酯而被灭活，一些外源性酚类亦可形成硫酸酯而增加其溶解性以利于从尿于排出。此外，PAPS 也可参与硫酸角质素及硫酸软骨素等分子中硫酸化氨基多糖的合成。

四 芳香族氨基酸的代谢

（一）苯丙氨酸代谢

苯丙氨酸在体内可经苯丙氨酸羟化酶（phenylala）催化羟化生成酪氨酸，此反应不可逆。生成的酪氨酸可进一步代谢。

$$\text{酪氨酸} \xleftarrow[\text{(此酶缺乏导致苯丙酮尿症)}]{\text{苯丙氨酸羟化酶}} \text{苯丙氨酸} \xrightarrow[\text{(正常时极少)}]{\text{苯丙氨酸氨基转移酶}} \text{苯丙酮酸}$$

当苯丙氨酸羟化酶先天性缺陷时，苯丙氨酸不能正常地转变成酪氨酸，体内的苯丙氨酸蓄积，并可经转氨基化作用生成苯丙酮酸，后者可转化为苯乙酸等衍生物。此时，尿中出现大量苯丙酮酸等代谢产物，称为苯丙酮尿症。临床主要表现为智能低下，惊厥发作和色素减少。本病属于常染色体隐性遗传性疾病。

（二）酪氨酸代谢

1. **生成儿茶酚胺** 酪氨酸经酪氨酸羟化酶催化生成多巴（3,4-二羟苯丙氨酸）。多巴经多巴脱羧酶催化生成多巴胺（dopamine）。多巴胺是脑中的一种神经递质，其含量不足可导致帕金森病，引起震颤性麻痹。多巴胺在肾上腺进一步转化生成去甲肾上腺素，后由 SAM 提供甲基使去甲肾上腺素甲基化生成肾上腺素（epinephrine）。多巴胺、去甲肾上腺素、肾上腺素统称为儿茶酚胺。酪氨酸羟化酶是儿茶酚胺合成的限速酶，受终产物的反馈调节。

2. **合成黑色素** 在黑色素细胞中，酪氨酸在酪氨酸酶催化下羟化生成多巴，多巴再经氧化生成多巴醌而进入合成黑色素的途径。所形成的多巴醌进一步环化和脱羧生成吲哚醌。黑色素是吲哚醌的聚合物，是人体皮肤和毛发的主要色素物质。人体若缺乏酪氨酸酶，黑色素合成障碍，使患者的皮肤、毛发呈白色，称为白化病（albinism）。

3. **分解代谢** 酪氨酸可在酪氨酸氨基转移酶的催化下生成对-羟苯丙酮酸，然后氧化脱羧生成尿黑酸，尿黑酸逐步转变为延胡索酸和乙酰乙酸（若尿黑酸代谢受阻可引起尿黑酸症）。酪氨酸还可以通过脱羧生成 β-羟酪氨，是一种假神经递质；另外也可以通过碘化参与甲状腺激素的合成。

酪氨酸代谢汇总见图 9-10。

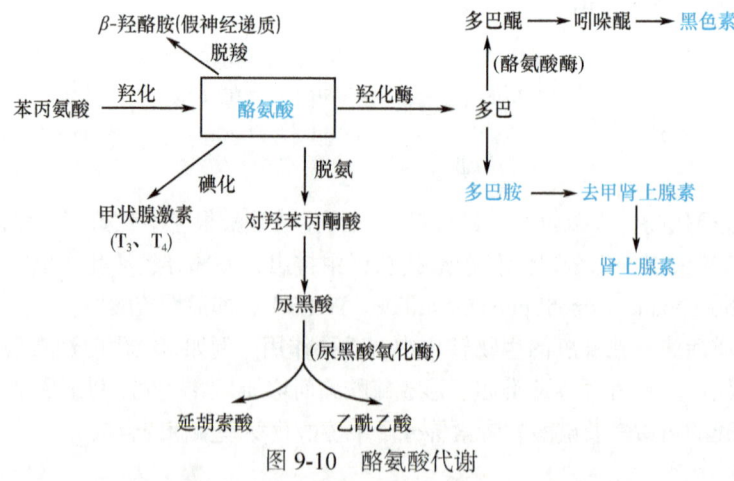

图 9-10 酪氨酸代谢

（三）色氨酸代谢

色氨酸是必需氨基酸，除参加蛋白质合成外，还可经氧化脱羧生成 5-羟色胺，并可降解产生生糖、生酮成分，此过程中还产生一碳单位及烟酸等。

五 支链氨基酸的代谢

支链氨基酸（BCAA）包括亮氨酸、异亮氨酸和缬氨酸。三种氨基酸的分解代谢主要在肌肉组织中进行，且过程均较复杂。经若干步反应后，亮氨酸转化为乙酰 CoA 及乙酰乙酰 CoA，进而参与酮体合成；缬氨酸产生琥珀酸单酰 CoA 后异生为糖；而异亮氨酸转化为乙酰 CoA 及琥珀酸单酰 CoA，既可参与酮体合成，又可作为原料异生为糖或糖原。

自测题

一、名词解释

1. 必需氨基酸　　2. 蛋白质的互补作用
3. 联合脱氨基作用　　4. 一碳单位

二、选择题

（一）单项选择题

1. 下列哪类氨基酸不是营养必需氨基酸（　　）
   A. 亮氨酸　　B. 苏氨酸
   C. 甲硫氨酸　　D. 精氨酸
   E. 谷氨酸

2. 急性肝炎患者血清中活性显著升高的酶是（　　）
   A. 丙氨酸氨基转移酶
   B. 天冬氨酸氨基转移酶
   C. 乳酸脱氢酶（LDH）
   D. 碳酸酐酶
   E. 谷草转氨酶

3. 氨基酸的主要去路（　　）
   A. 合成组织蛋白质
   B. 脱羧生成各类胺
   C. 转化为其他的含氮化合物
   D. 脱氨基作用
   E. 氧化供能

4. 谷类和豆类的营养互补氨基酸是（　　）
   A. 赖氨酸和谷氨酸
   B. 赖氨酸和色氨酸
   C. 赖氨酸和甘氨酸
   D. 赖氨酸和酪氨酸
   E. 赖氨酸和丙氨酸

5. 氨的主要来源（　　）
   A. 氨基酸的脱氨基作用
   B. 谷氨酰胺的水解
   C. 肠道吸收
   D. 尿素的分解
   E. 肾小管的分泌

6. 氨的主要去路是（　　）
   A. 合成尿素
   B. 合成非必需氨基酸
   C. 以铵盐的形式排出
   D. 参与其他含氮化合物的合成
   E. 合成丙氨酸

7. 高血氨患者灌肠时禁用（　　）
   A. 碱性肥皂水灌肠
   B. 中性透析液结肠透析
   C. 弱酸性透析液结肠透析
   D. 酸性利尿剂
   E. 碱性利尿剂

8. 由于肝硬化引起高血氨的患者宜使用（　　）
   A. 碱性肥皂水灌肠
   B. 中性透析液结肠透析
   C. 弱酸性透析液结肠透析
   D. 酸性利尿剂
   E. 碱性利尿剂

9. 体内最主要的脱氨基作用是（ ）
   A. 氧化脱氨基   B. 转氨基化
   C. 联合脱氨基   D. 嘌呤核苷酸循环
   E. 以上都是

10. 在骨骼肌和心肌组织中最重要的脱氨基作用（ ）
    A. 氧化脱氨基   B. 转氨基化
    C. 联合脱氨基   D. 嘌呤核苷酸循环
    E. 以上都是

11. 尿素合成的主要器官是（ ）
    A. 肌肉   B. 肾脏   C. 肝脏
    D. 心脏   E. 肺

12. NH_3 经鸟氨酸循环形成尿素的主要生理意义是（ ）
    A. 可消除 NH_3 毒性，产生尿素由尿排泄
    B. 是 NH_3 储存的一种形式
    C. 是鸟氨酸合成的重要途径
    D. 是精氨酸合成的主要途径
    E. 以上都对

13. 体内转运一碳单位的载体是（ ）
    A. 维生素 B_{12} B. 叶酸
    C. 四氢叶酸   D. 生物素
    E. 维生素 C

14. 经脱羧酶催化脱羧后可生成 γ-氨基丁酸的是（ ）
    A. 赖氨酸   B. 谷氨酸
    C. 天冬氨酸   D. 精氨酸
    E. 色氨酸

15. 白化病是由于缺乏（ ）
    A. 酪氨酸酶
    B. 酪氨酸羟化酶
    C. 苯丙氨酸羟化酶
    D. 酰基转移酶
    E. 苯丙氨酸氨基转移酶

（二）多项选择题

16. 下列哪些氨基酸属于必需氨基酸（ ）
    A. 异亮氨酸   B. 色氨酸
    C. 苯丙氨酸   D. 甲硫氨酸
    E. 苏氨酸

17. 氨基酸的脱氨基作用有（ ）
    A. 氧化脱氨基   B. 转氨基化
    C. 联合脱氨基   D. 甲硫氨酸循环
    E. 鸟氨酸循环

18. 关于酪氨酸代谢说法正确的是（ ）
    A. 可以转化为苯丙氨酸
    B. 可以在酶的作用下生成多巴
    C. 可以碘化参与甲状腺激素的合成
    D. 可以分解为延胡索酸和丙酮酸
    E. 可以形成尿黑酸

三、填空题

1. 氮平衡包括_____、_____、_____三种，当摄入氮＞排出氮时，属于_____。
2. 磷酸吡哆醛含维生素_____，具有_____作用。
3. 氨的主要来源有_____、_____、_____；主要去路有_____、_____、_____。
4. 儿茶酚胺包括_____、_____、_____。

四、简答题

1. 简述氮平衡的类型及各种氮平衡的生理意义。
2. 何为体内氨基酸代谢库？
3. 简述体内氨的主要来源和去路。

五、病例讨论

1. 患儿，女性，2岁，就诊时其母叙述：患儿出生时未见异常，母乳喂养，患儿尿液有特殊的鼠尿味，随着年龄增长智力发育明显低于同龄儿，生长迟缓，毛发有白色的浅点，带医院做检查，尿液三氯化铁实验呈现绿色反应，显示尿中含有苯丙酮酸超标。
   （1）该患儿患有什么疾病？
   （2）患儿的发病机制是什么？
   （3）对这类患儿的预防和治疗原则是什么？

2. 患者，女性，56岁，慢性乙型肝炎十

余年,原来性格乐观,多言快语。近期出现性格明显改变,沉默寡言,并出现不同程度的抑郁,而且出现睡眠倒错,医生检查出现扑翼样震颤,血清检查血氨高达 0.98μmol/L;诊断为肝性脑病。

(1)根据氨的来源与去路,简述肝性脑病的治疗原则有哪些。

(2)用氨中毒学说解释肝性脑病发病的生化机制。

(卢秀真)

第 10 章　核苷酸代谢

核苷酸是核酸的基本组成单位，广泛分布于生物体内的各组织器官，参与生物体遗传、生长和发育等生命活动。食物中虽然含有丰富的核苷酸，但很少被机体利用，因此人体内的核苷酸主要由机体细胞自身合成。现已证实，临床上许多遗传、代谢性疾病的发生都与核苷酸代谢障碍有关，而某些干扰核苷酸代谢的类似物作为抗代谢、抗肿瘤药物已被临床广泛应用。

在生物体内，核苷酸具有重要的生物学功能，主要表现：①以 NTP 或 dNTP 形式作为核酸生物合成的原料。②为机体的物质代谢和生命活动提供所需能量。ATP 是机体能量储存、转移和利用的主要形式，可将高能磷酸键转移给 CDP、GDP、UDP 生成 CTP、GTP 和 UTP 等。③以 cAMP、cGMP 形式作为第二信使，参与细胞的信号转导。④构成体内多种辅酶的组成成分，如 NAD^+、FAD、HSCoA 等。⑤作为活化中间代谢物的载体，参与体内多种物质的合成代谢，如 UDPG、CDP-二酰甘油。

第 1 节　核酸的消化与吸收

食物中的核酸多以核蛋白的形式存在，核蛋白在胃中受胃酸作用分解成核酸和蛋白质。核酸的消化主要在小肠内进行，进入小肠的核酸在胰液和肠液各种水解酶作用下逐步水解成核苷酸，最终水解成磷酸、戊糖和碱基（图 10-1）。核苷酸及其水解产物均可被小肠黏膜细胞吸收，进入细胞的磷酸和戊糖可以被机体利用，参与体内的磷酸戊糖途径，而大部分碱基（嘌呤碱和嘧啶碱）被继续分解为代谢产物而排出体外，只有很少碱基被机体直接利用合成核苷酸。所以核苷酸不属于营养必需物质。

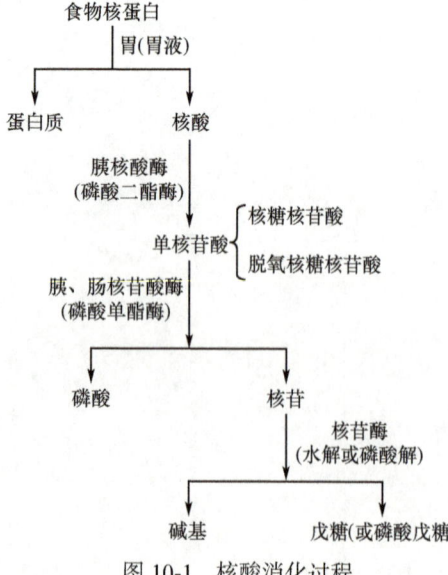

图 10-1　核酸消化过程

第 2 节　核苷酸的合成代谢

● 案例 10-1

患儿，男性，4岁，经常用指甲和器械划伤自己的脸部，用牙齿咬伤自己的手指、唇和口腔黏膜，攻击性和破坏性行为较明显，智力低下，并有痛风表现。实验室检查：患儿血尿酸增高，诊断为 Lesch-Nyhan 综合征，也称自毁性综合征。

问题：1. 患儿引起自毁性综合征的生化机制是什么？
　　　2. 患儿出现血尿酸增高的原因是什么？

人体内嘌呤核苷酸和嘧啶核苷酸的合成主要有两种途径：从头合成途径和补救合成途径。从头合成途径是指细胞利用一碳单位、5-磷酸核糖、氨基酸及 CO_2 等小分子为基本原料，经过一系列复杂的酶促反应，合成嘌呤（或嘧啶）核苷酸的过程。补救合成途径是指细胞利用体内已有的嘌呤碱或嘧啶碱及它们的核苷形式，经过简单的酶促反应，合成嘌呤（或嘧啶）核苷酸的过程。从头合成途径是人体内多数组织核苷酸合成的主要途径，其合成过程实际是嘌呤碱和嘧啶碱的合成。

一、嘌呤核苷酸的合成

（一）嘌呤核苷酸的从头合成

1. 合成原料　嘌呤核苷酸从头合成的基本原料包括 5-磷酸核糖、一碳单位、谷氨酰胺、甘氨酸、天冬氨酸和 CO_2，这些原料是嘌呤环上 N、C 元素的主要来源物质（图 10-2）。谷氨酰胺提供 N_3、N_9，甘氨酸提供 N_7、C_4、C_5，天冬氨酸提供 N_1，一碳单位提供 C_2、C_8，CO_2 提供 C_6。

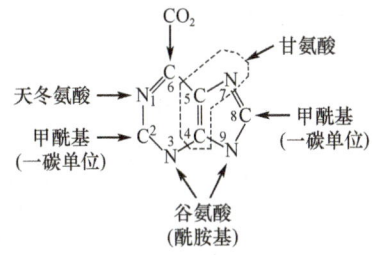

图 10-2　嘌呤碱的元素来源

2. 合成部位　嘌呤核苷酸从头合成的主要器官是肝，其次是小肠和胸腺。其反应过程均在细胞液中进行。

3. 合成过程　嘌呤核苷酸的从头合成途径可划分为两个阶段。首先在 5-磷酸核糖基础上经过一系列酶促反应合成为次黄嘌呤核苷酸（IMP），然后由 IMP 转变为腺嘌呤核苷酸（AMP）和鸟嘌呤核苷酸（GMP），其合成过程由 ATP 供能。

（1）IMP 的合成：IMP 是嘌呤核苷酸合成的重要中间产物，其合成过程需经过 11 步反应。首先，5-磷酸核糖在磷酸核糖焦磷酸合成酶（PRPP 合成酶）的催化下，生成 5-磷酸核糖-1-焦磷酸（PRPP）。此反应需消耗 ATP。PRPP 是 5-磷酸核糖的活性形式。在磷酸核糖焦磷酸酰胺转移酶（PRPP 酰胺转移酶）的催化下，PRPP 上的焦磷酸被谷氨酰胺的酰胺基取代生成 5-磷酸核糖胺（PRA）。以上两步反应是合成 IMP 的关键步骤，PRPP 合成酶和 PRPP 酰胺转移酶是合成 IMP 的限速酶。在 PRA 的基础上，依次由谷氨酸、$N^5,N^{10}=CH-FH_4$、谷氨酰胺、CO_2、天冬氨酸、$N^{10}-CHO-FH_4$ 作为基本原料，再经过 9 步连续的酶促反应，最终生成 IMP。反应过程如下（图 10-3）。

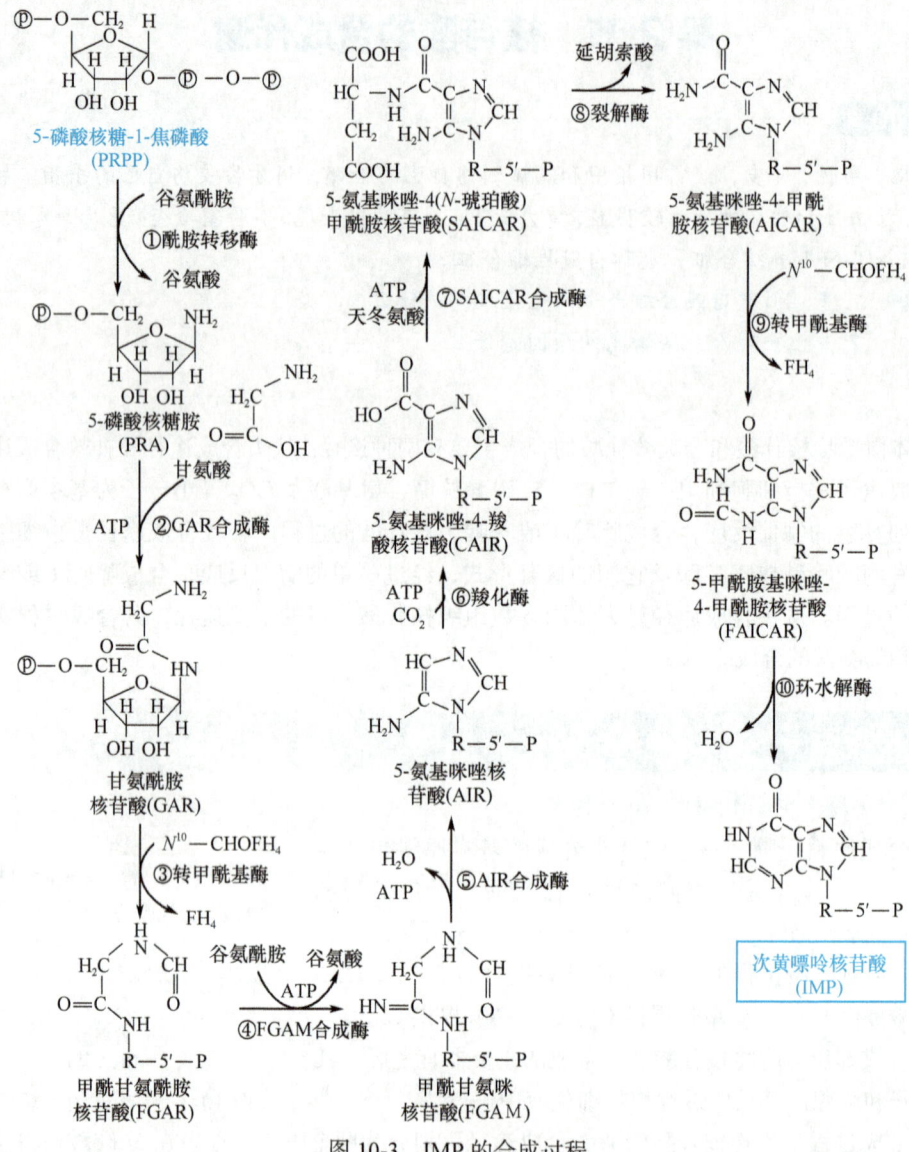

图 10-3 IMP 的合成过程

（2）AMP 和 GMP 的生成：第一阶段生成的中间产物 IMP 在酶的催化下分别转变为 AMP 和 GMP（图 10-4）：① IMP 在腺苷酸代琥珀酸合成酶的催化下，由 GTP 供能，天冬氨酸提供氨基，生成腺苷酸代琥珀酸，后者在裂解酶的催化下裂解为延胡索酸和 AMP。② IMP 在脱氢酶催化下脱氢氧化生成黄嘌呤核苷酸（XMP），然后由 ATP 供能，谷氨酰胺提供氨基，XMP 氨基化生成 GMP。AMP 和 GMP 在激酶的作用下，可进一步生成 ATP 和 GTP。

4. 主要特点 包括：①嘌呤环是在 5-磷酸核糖的基础上逐渐合成的。②首先合成的核苷酸是次黄嘌呤核苷酸（IMP），在 IMP 的基础上才能合成腺嘌呤核苷酸（AMP）和鸟嘌呤核苷酸（GMP）。③嘌呤核苷酸的从头合成需要消耗大量的 ATP。

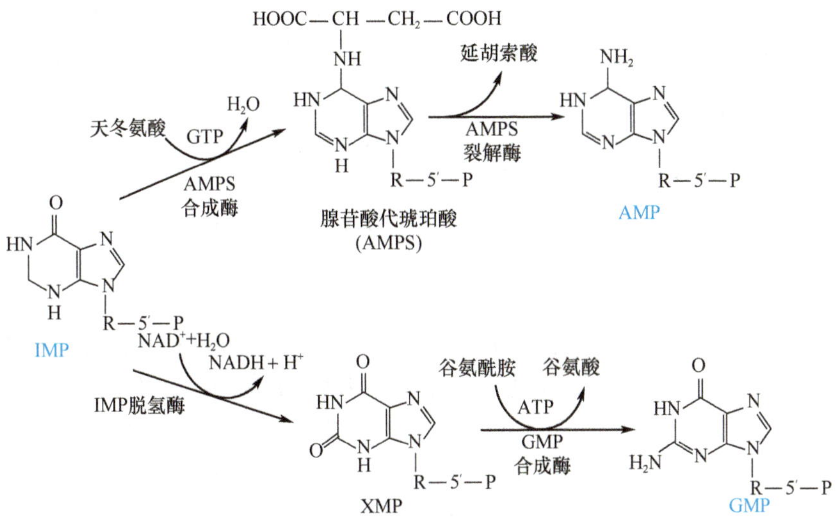

图 10-4　由 IMP 合成 AMP 和 GMP

（二）嘌呤核苷酸的补救合成

在脑、骨髓、白细胞和脾等组织细胞中，由于缺乏从头合成所需的酶，只能进行补救合成途径来合成核苷酸。体内嘌呤核苷酸的补救合成有两种形式。

1. 利用游离嘌呤碱的补救合成　此过程由 PRPP 提供磷酸核糖，在腺嘌呤磷酸核糖转移酶（APRT）和次黄嘌呤 - 鸟嘌呤磷酸核糖转移酶（HGPRT）的催化下，分别补救合成 AMP、GMP 和 IMP。

$$腺嘌呤 + PRPP \xrightarrow{APRT} AMP + PPi$$
$$次黄嘌呤 + PRPP \xrightarrow{HGPRT} IMP + PPi$$
$$鸟嘌呤 + PRPP \xrightarrow{HGPRT} GMP + PPi$$

2. 利用游离嘌呤核苷的补救合成　人体内的腺嘌呤核苷可在腺苷激酶的催化下形成 AMP。

$$腺嘌呤核苷 + ATP \xrightarrow{腺苷激酶} AMP + ADP$$

嘌呤核苷酸补救合成的意义：①补救合成过程简单，耗能少，和从头合成途径相比，既节省能量，又减少氨基酸的消耗。②体内因缺乏从头合成酶系的某些组织（脑和骨髓）来说，利用补救合成途径合成核苷酸具有十分重要的意义。临床上的自毁性综合征（Lesch-Nyhan 综合征），是由于先天基因缺陷导致 HGPRT 缺失，致使脑内核苷酸合成障碍，进而影响脑细胞的生长发育而引起的一种遗传代谢性疾病。该病以男婴居多，2 岁前发病，患儿表现为智力发育障碍、反应迟钝、共济失调、强迫性自残行为（咬自己的口唇、手指及足趾等），很少存活至 20 岁。

二、嘧啶核苷酸的合成

（一）嘧啶核苷酸的从头合成

1. 合成原料　嘧啶核苷酸从头合成的基本原料包括谷氨酰胺、CO_2、天冬氨酸和 5- 磷酸

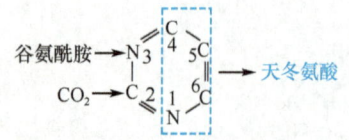

图 10-5 嘧啶碱的元素来源

核糖，这些原料是嘧啶环上 N、C 元素的主要来源物质（图 10-5）。谷氨酰胺提供 N_3，天冬氨酸提供 N_1、C_4、C_5、C_6，CO_2 提供 C_2。

2. 合成部位　嘧啶核苷酸从头合成的主要器官是肝，反应过程在细胞液中进行。

3. 合成过程　嘧啶核苷酸的从头合成也分为两个阶段，首先合成 UMP，在 UMP 的基础上，再转变为 CTP。

（1）UMP 的生成：此反应过程包括 6 步酶促反应（图 10-6）。首先谷氨酰胺和 CO_2 在氨甲酰磷酸合成酶Ⅱ（CPS Ⅱ）的催化下，由 ATP 供能生成氨甲酰磷酸；氨甲酰磷酸再与天冬氨酸在天冬氨酸氨甲酰转移酶的催化下，合成氨甲酰天冬氨酸；后者在二氢乳清酸酶的催化下脱水、环化生成具有嘧啶环的二氢乳清酸，至此嘧啶环形成；二氢乳清酸脱氢生成乳清酸；乳清酸在乳清酸磷酸核糖转移酶的催化下与 PRPP 化合生成乳清酸核苷酸；乳清酸核苷酸脱羧生成 UMP。在细菌中，天冬氨酸氨甲酰基转移酶是嘧啶核苷酸从头合成调节的主要酶；而在哺乳动物细胞中，氨甲酰磷酸合成酶Ⅱ则是嘧啶核苷酸从头合成调节的主要酶。

（2）CTP 的合成：UMP 在激酶的连续作用生成 UTP；后者在 CTP 合成酶催化下，由谷氨酰胺提供氨基，UTP 氨基化生成 CTP，此反应由 ATP 供能（图 10-6）。

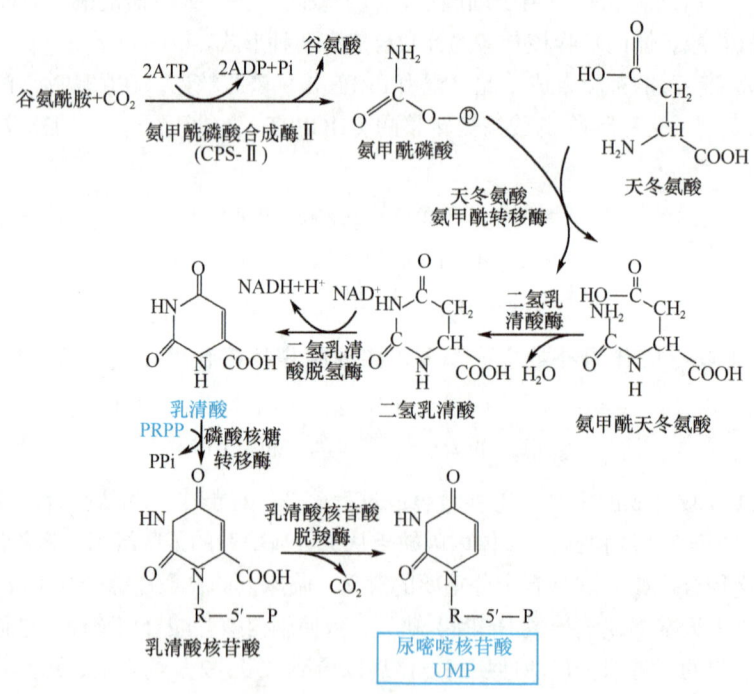

图 10-6　嘧啶核苷酸的合成过程

4. 主要特点　嘧啶核苷酸的合成是先合成嘧啶环，然后再与磷酸核糖相连接。首先合成的核苷酸是 UMP，然后氨基化生成 CTP。

（二）嘧啶核苷酸的补救合成

1. 利用嘧啶碱补救合成　嘧啶磷酸核糖转移酶能利用尿嘧啶、胸腺嘧啶及乳清酸作为底物，催化生成相应的嘧啶核苷酸，但对胞嘧啶不起作用。嘧啶磷酸核糖转移酶是嘧啶核苷酸补救合成的主要酶。

$$嘧啶 + PRPP \xrightarrow{嘧啶磷酸核糖转移酶} 嘧啶核苷一磷酸 + PPi$$

2. 利用嘧啶核苷补救合成　嘧啶核苷经嘧啶核苷激酶的催化生成嘧啶核苷酸。

$$尿嘧啶核苷 + ATP \xrightarrow{尿苷激酶} UMP + ADP$$

$$胞嘧啶核苷 + ATP \xrightarrow{尿苷激酶} CMP + ADP$$

$$脱氧胸苷 + ATP \xrightarrow{胸苷激酶} dTMP + ADP$$

脱氧核糖核苷酸的合成

除 dTMP 外，体内的脱氧核糖核苷酸均在二磷酸核糖核苷（NDP）水平上还原生成，总反应式如下（图 10-7）。

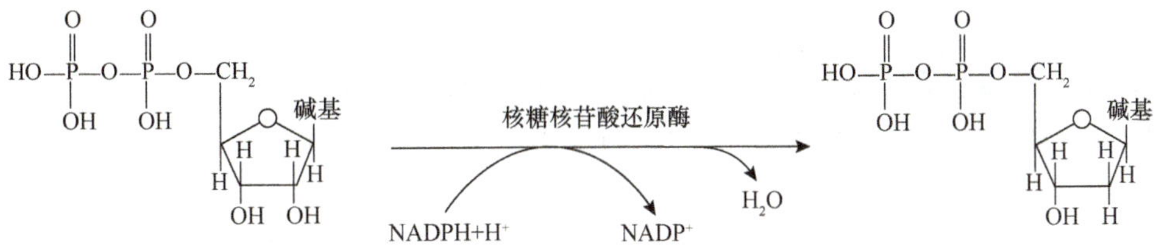

图 10-7　脱氧核糖核苷酸的生成

dTMP 的合成是在胸苷酸合酶催化下由 dUMP 甲基化而成，而 dUMP 可由 dUDP 水解生成，也可由 dGMP 脱氨生成。

dTMP 的合成反应如下。

$$dUDP \rightarrow dUMP \xrightarrow[N^5,N^{10}-CH_2-FH_4 \quad FH_4]{TMP合成酶} dTMP$$

四　多磷酸核苷的合成

多磷酸核苷主要指戊糖的 $C_{5'}$ 原子上连接 2 个或 3 个磷酸基团形成的核苷二磷酸和核苷三磷酸，它们是在核苷一磷酸的基础上进一步磷酸化生成的。根据戊糖的不同，多磷酸核苷包括多磷酸核糖核苷和多磷酸脱氧核糖核苷两大类。

多磷酸核糖核苷在一磷酸水平（NMP）上磷酸化生成核苷二磷酸 NDP，有 ADP、GDP、CDP、UDP 四种，当再次磷酸化后可生成核苷三磷酸 NTP，即 ATP、GTP、CTP、UTP。

多磷酸脱氧核糖核苷包括 dADP、dGDP、dCDP、dTDP、dATP、dGTP、dCTP、dTTP。其中前四种为脱氧核苷二磷酸（dNDP），dADP、dGDP、dCDP 均在 NDP 水平上还原生成，而 dTDP 则由 dUMP 甲基化先生成 dTMP，然后 dTMP 进一步磷酸化生成 dTDP。四种 dNDP 再次磷酸化后即可生成脱氧核苷三磷酸（dNTP），包括 dATP、dGTP、dCTP、dTTP。

多磷酸核苷对机体具有重要的生理作用，一方面它们可以作为核酸合成的原料，另一方面常参与细胞代谢的能量转化，其中 ATP 是体内能量的直接来源和利用形式。

第3节 核苷酸的分解代谢

● 案例 10-2

患者，男性，47岁，某日酒后午夜突然因关节剧痛而惊醒，数月来关节反复出现红、肿、热、痛的症状，近一个月来右足第一跖趾关节肿痛明显，走路困难，伴有发热、白细胞增多等全身症状，来院就诊。查体：神志清醒，右侧踝、跟、指及第一跖趾关节红、肿、触痛；化验：血清尿酸含量 0.63mmol/L；X 线：显示关节非对称性肿胀。诊断为痛风，入院后用别嘌醇治疗症状而缓解。

问题：1. 患者发生的疾病涉及的代谢途径是什么？
　　　2. 别嘌醇治疗痛风的机制是什么？

一、嘌呤核苷酸的分解

体内嘌呤核苷酸的分解代谢主要在肝、小肠及肾中进行。其代谢的终产物是尿酸，并随尿液排出体外。

嘌呤核苷酸分解代谢的基本过程为：嘌呤核苷酸经核苷酸酶的水解作用产生核苷，核苷经核苷磷酸化酶作用产生 1-磷酸核糖和自由的嘌呤碱。嘌呤碱一方面可作为核苷酸补救合成的原料，另一方面可进一步氧化分解，最终形成尿酸（图 10-8）。AMP 分解产生次黄嘌呤，后者在黄嘌呤氧化酶的作用下氧化生成黄嘌呤，最终生成尿酸。GMP 分解产生鸟嘌呤后，鸟嘌呤在鸟嘌呤脱氨酶的催化下转变成黄嘌呤，后者在黄嘌呤氧化酶的催化下生成尿酸。黄嘌呤氧化酶是尿酸生成的关键酶。

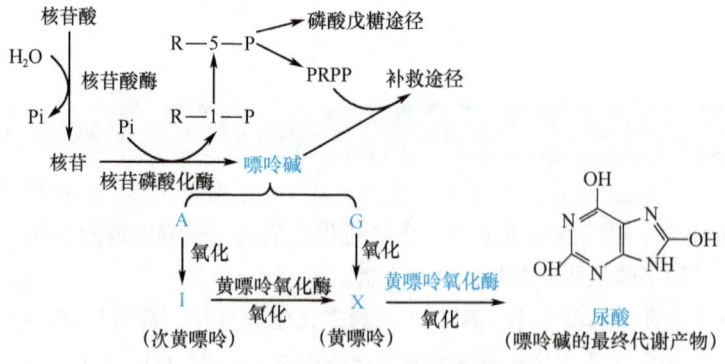

图 10-8 嘌呤核苷酸的分解代谢

正常人血浆中尿酸含量为 0.12～0.36mmol/L（2～6mg/dl），男性略高于女性。尿酸呈酸性，水溶性较差，在体液中以尿酸和尿酸盐的形式存在。当血中尿酸含量超过 0.48mmol/L（8mg/dl）时，尿酸盐结晶沉积于关节、软组织、软骨和肾处，最终导致关节炎、尿路结石及肾疾病等，称为痛风。临床上常用别嘌醇治疗痛风症。别嘌醇是一种抑制尿酸生成的药物，其结构与次黄嘌呤类似，可竞争性抑制黄嘌呤氧化酶，从而抑制尿酸的生成。

> **链接**
>
> ### 痛　风
>
> 痛风分为原发性和继发性两大类。主要特点：①高尿酸血症；②特征性急性关节炎反复发作；③痛风石沉积和慢性关节炎；④痛风性肾改变。原发性痛风是由于体内某些嘌呤核苷酸代谢相关酶的活性异常而引起嘌呤核苷酸分解增加，使血中尿酸升高所致。继发性痛风是由于某些疾病引起血尿酸升高所致，如肾疾病引起的尿酸排泄障碍。临床上的痛风以后者居多。
>
> 临床上治疗痛风主要采用两种方法：一是服用排尿酸的药物，如水杨酸、丙磺舒等；二是服用别嘌醇，它与次黄嘌呤的结构相似，是黄嘌呤氧化酶的竞争性抑制剂，抑制尿酸的生成，别嘌醇还与 PRPP 反应生成别嘌醇核苷酸，反馈性地抑制嘌呤核苷酸的从头合成。

嘧啶核苷酸的分解

嘧啶核苷酸的分解代谢主要在肝中进行。首先在核苷酸酶和核苷磷酸化酶的作用下，脱下磷酸和核糖，生成嘧啶碱，然后在肝中进一步分解。其中胞嘧啶经脱氨基转化成尿嘧啶。尿嘧啶还原成为二氢尿嘧啶，并水解开环，最终生成 NH_3、CO_2 和 $β$-丙氨酸。胸腺嘧啶分解生成 NH_3、CO_2 和 $β$-氨基异丁酸。和嘌呤碱分解代谢不同，嘧啶碱的分解产物都有很强的水溶性，因而可直接从尿中排出或进一步分解。临床发现，白血病患者或经放疗、化疗的癌症患者，由于 DNA 大量破坏降解，尿中 $β$-氨基异丁酸排出量增多。嘧啶核苷酸的分解代谢见图 10-9。

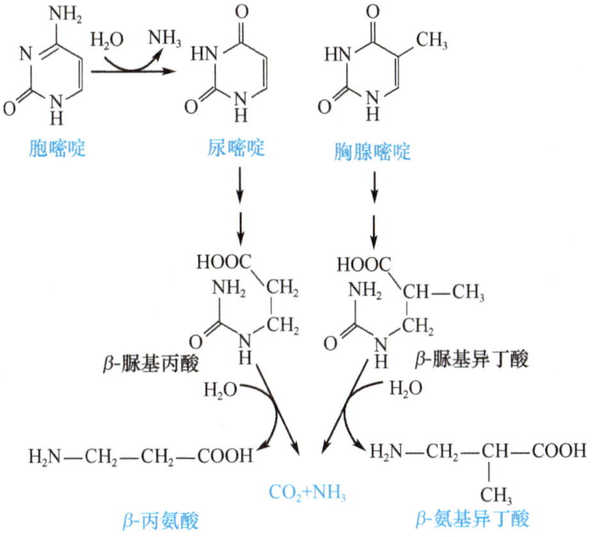

图 10-9　嘧啶核苷酸的分解代谢

第 4 节　核苷酸抗代谢物

核苷酸的抗代谢物是一些嘌呤、嘧啶、氨基酸和叶酸等的类似物。其作用机制以竞争性抑制或以假乱真的方式干扰或阻断核苷酸的合成代谢，从而进一步阻断核酸和蛋白质的生物合成。

嘌呤核苷酸的抗代谢物

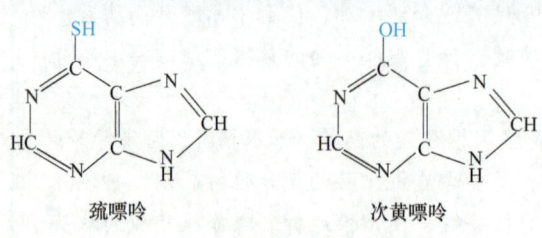

图10-10　巯嘌呤与次黄嘌呤

（1）巯嘌呤（6-MP）：6-MP结构与次黄嘌呤相似（图10-10），能与PRPP结合生成6-MP核苷酸，可作用于IMP脱氢酶、腺苷酸代琥珀酸合成酶等，从而抑制IMP转变为AMP和GMP。另外，6-MP还反馈抑制PRPP酰胺转移酶，干扰磷酸核糖胺的形成，从而阻断嘌呤核苷酸的从头合成。此外，6-MP可直接竞争性抑制次黄嘌呤-鸟嘌呤磷酸核糖基转移酶（HGPRT）的活性，从而阻断嘌呤核苷酸的补救合成。

（2）氮杂丝氨酸：氮杂丝氨酸结构与谷氨酰胺相似，可干扰谷氨酰胺在嘌呤核苷酸合成中的作用，从而抑制嘌呤核苷酸的从头合成。

（3）氨蝶呤和甲氨蝶呤（MTX）：两者都是叶酸的类似物，通过竞争性抑制二氢叶酸还原酶，使叶酸不能还原成二氢叶酸及四氢叶酸，从而影响一碳单位的代谢，阻断嘌呤核苷酸的从头合成。

嘧啶核苷酸的抗代谢物

（1）氟尿嘧啶（5-FU）：5-FU结构与胸腺嘧啶相似（图10-11），需在体内转变成氟尿嘧啶核苷三磷酸(FUTP)和氟尿嘧啶脱氧核苷一磷酸(FdUMP)才发挥作用，可作用于胸苷酸还原酶，从而阻断嘧啶核苷酸的合成。FdUMP与dUMP的结构相似，是TMP合成酶的抑制剂，可阻断dTMP的合成，从而影响DNA的合成。FUTP可以FUMP形式掺入到RNA分子中，从而破坏RNA的结构和功能。

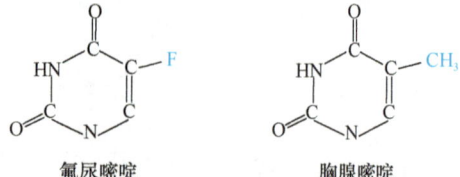

图10-11　氟尿嘧啶与胸腺嘧啶

（2）氮杂丝氨酸：氮杂丝氨酸与谷氨酰胺相似，可抑制CTP的合成。

（3）氨蝶呤和甲氨蝶呤：通过对叶酸、一碳单位代谢的干扰，从而影响嘧啶核苷酸的合成。

（4）阿糖胞苷：属于核糖结构的核苷类似物，能抑制CDP还原成dCDP，从而干扰DNA的合成。

> **链接**
>
> **甲氨蝶呤**
>
> 甲氨蝶呤是一种常用癌症化疗制剂，可通过非共价键与二氢叶酸还原酶紧密结合，并抑制该酶的活性，从而阻碍肿瘤细胞DNA合成，抑制肿瘤细胞的生长与繁殖。在临床上主要用于急性白血病、乳腺癌、绒毛膜上皮癌及恶性葡萄胎等疾病的治疗。另外，也作为目前最重要的抗风湿药物之一。

自 测 题

一、名词解释

1. 核苷酸从头合成途径
2. 核苷酸补救合成途径

二、选择题

（一）单项选择题

1. 体内嘌呤核苷酸从头合成的主要器官是（　）
   A. 脑　　B. 骨髓　　C. 肝
   D. 脾　　E. 小肠黏膜

2. 嘌呤核苷酸从头合成途径中，首先生成的核苷酸是（　）
   A. AMP　　B. IMP　　C. GMP
   D. ATP　　E. GTP

3. 下列哪种脱氧核糖核苷酸不能由 NDP 直接还原生成（　）
   A. dADP　　B. dUDP　　C. dGDP
   D. dCDP　　E. dTDP

4. 嘌呤碱分解生成的终产物是（　）
   A. 尿素　　B. CO_2 和 NH_3
   C. β-丙氨酸　　D. 尿酸
   E. β-氨基异丁酸

5. 嘌呤核苷酸从头合成第一步反应生成的物质是（　）
   A. PRPP　　B. 5-磷酸核糖
   C. IMP　　D. 嘌呤碱
   E. 核苷

6. 嘧啶核苷酸从头合成中，氨甲酰磷酸的氨基来自（　）
   A. 天冬氨酸　　B. 谷氨酸
   C. 谷氨酰胺　　D. 精氨酸
   E. 缬氨酸

7. 只能进行嘌呤核苷酸补救合成的器官是（　）
   A. 小肠黏膜　　B. 脑和骨髓
   C. 肝脏　　D. 肾脏
   E. 胸腺

8. 别嘌醇能抑制的酶是（　）
   A. 核苷酸酶
   B. 鸟嘌呤脱氨酶
   C. 黄嘌呤氧化酶
   D. 核苷磷酸化酶
   E. 尿酸氧化酶

9. 临床上治疗痛风患者效果较好的药物是（　）
   A. 甲氨蝶呤　　B. 5-FU
   C. 6-MP　　D. 别嘌醇
   E. 吗啡

10. 患者，男性，夜间反复出现足趾关节剧烈疼痛，并伴有红肿，生化检查：血尿酸为 0.68mmol/L，其他指标均正常。该患者可能患有（　）
    A. 关节炎　　B. 风湿病
    C. 痛风　　D. 脚气病
    E. 酮尿症

（二）多项选择题

11. 嘧啶核苷酸的代谢产物有（　）
    A. NH_3
    B. CO_2
    C. β-丙氨酸
    D. β-氨基异丁酸
    E. 尿酸

12. 嘌呤核苷酸、嘧啶核苷酸从头合成的共同原料有（　）
    A. 5-磷酸核糖
    B. 谷氨酰胺
    C. 甘氨酸
    D. 天冬氨酸
    E. CO_2

13. 尿酸是哪些核苷酸分解生成的终产物（　　）

　　A. AMP　　B. CMP　　C. TMP
　　D. GMP　　E. UMP

3. 嘌呤核苷酸从头合成的关键酶是_____；尿酸生成的关键酶是_____。

三、填空题

1. 嘌呤核苷酸从头合成的重要中间产物是_____。
2. 5-磷酸核糖的活性形式是_____。

四、简答题

1. 嘌呤核苷酸补救合成有何意义？
2. 核苷酸抗代谢物有哪些？简要说明在临床上的应用。

（周治玉）

第 11 章 血液的生物化学

循环流动的血液联系着体内每一个组织器官,同时又通过呼吸、消化、排泄等系统,保持着个体与外界环境的联系。血液中的血浆与组织间液一起构成机体的内环境。血液在沟通内外环境、维持内环境的相对稳定(如 pH、渗透压、各种化学成分的浓度等)、物质的运输(营养物、代谢产物、代谢调节物等)、异物的防御(免疫)及血液凝固等方面都起着重要的作用。

正常人血液的总量约占体重的 8%,一个体重为 50kg 的人,其血液总量约为 4L。当血液总量或组织、器官的血流量不足时,可造成组织的损伤,严重时甚至危及生命。

> **链接**
>
> **人类对血液的认识**
>
> 当科学还不能有效和合理地解释血液时,人类最早认为血液是神秘的,并对其充满崇拜。例如,人类认为血液具有巨大的能量,吸食他人的血液有助于自身的强壮。当然,仅仅是靠文化和宗教来解释血液是不够的,红细胞的发现加深了人类对血液的认识,让人类知道了血液是更新迅速且成分复杂的物质。今天,人类对血液有了更多的认识,极大地改变了生物医学的面貌,并为患者带来了巨大福音。

第 1 节 血液的组成及其化学成分

 血液的组成循环

血液是一种红色不透明的粘稠液体,循环流动在人体的心血管系统中。血液由液态的血浆及悬浮在其中的血细胞组成。血细胞的成分有红细胞、白细胞及血小板 3 种。血浆占全血容积的 55%~60%。离体血液加适当的抗凝剂后离心使有形成分沉降,所得的浅黄色上清液为血浆,离体血液不加抗凝剂任其凝固成血凝块后所析出的淡黄色透明的液体即为血清。血清和血浆的主要区别是血清不含纤维蛋白原。

 血液的化学成分

血液的化学成分中除大量水和少量 O_2、CO_2 等气体外,其余为可溶性固体成分。正常人血液的含水量为 77%～81%，密度为 1.050～1.060，pH 为 7.35～7.45。

血液中的固体成分分为无机物和有机物两大类。无机物主要以电解质为主，重要的阳离子有 Na^+、K^+、Ca^{2+}、Mg^{2+}，重要的阴离子有 Cl^-、HCO_3^-、HPO_4^{2-} 等。它们在维持血浆晶体渗透压、酸碱平衡及神经肌肉的正常兴奋性等方面起重要作用。有机物包括糖类、脂类、蛋白质及非蛋白质类含氮化合物、维生素等。其中非蛋白质含氮化合物主要有尿素、肌酸、肌酐、尿酸、胆红素和氨等，非蛋白质含氮化合物中的氮总称为非蛋白氮（non protein nitrogen，NPN），正常人血液中 NPN 含量为 14.28～24.99mmol/L，其中血尿素氮（blood urea nitrogen，BUN）约占 NPN 的 1/2。BUN 和 NPN 的高低取决于人体蛋白质分解代谢与肾脏的排泄功能。肾功能不全的患者 NPN 或 BUN 含量增高。

第 2 节　血浆蛋白质

● 案例 11-1

患者，5 岁。水肿伴少尿 3 天，病前 2 天有上呼吸道感染史。查体：眼睑及颜面水肿，双下肢凹陷性水肿。实验室检查：血浆清蛋白 22g/L，胆固醇 7.2mmol/L，肾功能正常。尿常规：RBC10/HP，蛋白（++++）。患者诊断为肾病综合征。

问题：患者引起水肿的生化机制是什么？

一　血浆蛋白质分类

人血浆内蛋白质总浓度为 60～80g/L，它们是血浆主要的固体成分。血浆蛋白质的种类繁多，按不同的分离方法可将血浆蛋白质分为不同组分，目前已知的血浆蛋白质有 200 多种。临床常用的分类方法有盐析法和电泳法。

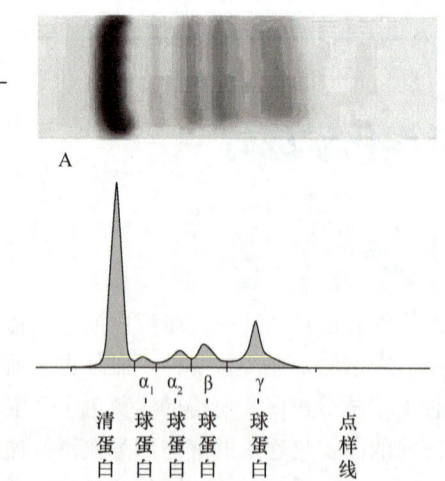

图 11-1　血清蛋白的醋酸纤维素薄膜电泳图谱
A. 染色后的醋酸纤维素薄膜电泳图谱；
B. 光密度扫描后的电泳峰

（一）盐析法

盐析法是根据各种血浆蛋白质在不同浓度的盐溶液中溶解度不同而加以分离的。盐析法（常用氯化钠、硫酸铵和硫酸钠）可将血浆蛋白质分为清蛋白、球蛋白和纤维蛋白原。其中清蛋白含量为 35～55g/L，球蛋白为 20～30g/L。

（二）电泳法

电泳是最常用的分离蛋白质的方法，由于电泳的支持物不同，其分离程度差别很大。临床上常采用简单快速的醋酸纤维素薄膜电泳法分离血清蛋白，以 pH8.6 的巴比妥溶液做缓冲液，可将血清蛋白质分成 5 条区带：清蛋白、α_1-球蛋白、α_2-球蛋白、β-球蛋白和 γ-球蛋白（图 11-1）。其中含量最多，分子量最小的为清蛋白，占血浆总蛋白的 59.2%，是人体血浆中最主要的蛋白质。肝脏每天大约合成 120mg/kg 清蛋白，半衰期为 15～19 天，在维持血液胶体渗透压、体内代谢物质转运及营养等方面均起着重要作用。α_1-球蛋白占血浆总蛋白的 3.9%，α_2-球蛋白占 7.5%，β-球蛋白占 12.1%，γ-球蛋白占 17.3%，它们统称为血清球蛋白。

根据清蛋白与球蛋白的量，可计算出清蛋白与球蛋白的比值（A/G）。血浆 A/G 比值检查结果有助于肝脏疾病的诊断，正常参考范围为 1.5～2.5。当肝功损害严重时，A 合成减少，G 上升，A/G 比值下降，当出现 A/G＜1 时，称为 A/G 比值倒置。这种比值异常也可作为判断预后的指标，A/G 比值持续倒置表示预后较差。而 A/G 比值升高则较为少见，主要见于低球蛋白血症或先天性无 γ-球蛋白血症。

二 血浆蛋白质功能

（一）维持血浆胶体的渗透压

血浆胶体渗透压是各种血浆蛋白胶体渗透压的总和。因为血浆蛋白以清蛋白含量最多，分子量小，因此在维持血浆胶体渗透压方面起主要作用，75%～80% 由清蛋白来维持。当血浆蛋白（尤其是清蛋白）含量减少时，血浆胶体渗透压降低，导致组织间隙潴留水分过多，可出现水肿。常见于肝功能不全和肾功能障碍患者。

（二）维持血浆的 pH

血浆蛋白为两性电解质，等电点在 4.6～7.3，而正常血液的 pH 为 7.35～7.45，故血浆蛋白在血液中呈弱酸，它们一部分以酸分子的形式存在，一部分以弱酸盐的形式存在，两者共同构成血液的一种缓冲系统，参与调节血液 pH 的相对恒定。

（三）运输作用

血浆中许多物质如营养物质、代谢产物等都要靠蛋白质来运输。血浆蛋白可与这些物质结合成复合物，成为这些物质在血液中的运输形式。例如，许多药物、某些激素、Ca^{2+}、脂肪酸、胆红素等可与清蛋白结合而运输。脂类、许多甾体激素、脂溶性维生素和血浆 α-球蛋白结合而运输。Cu^{2+} 与 Fe^{3+} 也分别与 α-球蛋白及 β-球蛋白结合而运输。此外，发现许多血浆球蛋白在体内可专一性的运输某种物质，如甲状腺素结合球蛋白、运皮质激素球蛋白、运铁蛋白能分别运输甲状腺素、皮质激素和 Fe^{3+} 等。

（四）免疫作用

血浆中的 γ-球蛋白几乎都是抗体，α-球蛋白和 β-球蛋白中也有少部分是抗体。抗体能和相应的抗原（细菌、病毒或其他异种蛋白）起反应而破坏抗原的致病因素，在体液免疫中起至关重要的作用。此外，血浆中还有一组协助抗体完成免疫功能的蛋白酶——补体。补体系统有协助杀伤细菌、肿瘤细胞等功能。

（五）凝血和抗凝血作用

血浆中存在众多的凝血因子、抗溶血物质及纤溶物质，它们在血液中相互作用、相互制约，保持循环血流通畅。当有创伤时，凝血因子促使血液形成凝块，防止出血；血纤溶酶原激活后，具有溶解纤维蛋白的作用，防止血栓形成。

（六）营养作用

血浆蛋白质分解产生的氨基酸可进入氨基酸代谢库，用于组织蛋白质的合成，修复损伤的组织或转变成其他含氮化合物，也可氧化分解以供应能量（表 11-1）。

表 11-1 血浆蛋白质的主要功能

血浆蛋白质	血浆中含量	主要功能
清蛋白	59.2%	维持渗透压，激素、维生素、药物的载体，储存氨基酸
α_1- 球蛋白	3.9%	运输脂类、甲状腺素、肾上腺皮质素、皮质酮
α_2- 球蛋白	7.5%	运输脂类、铜，有过氧化物酶的活性
β- 球蛋白	12.1%	运输脂类、铁，含纤维蛋白溶酶原及纤维蛋白原 含凝血因子 V、Ⅵ，参与补体结合反应
γ- 球蛋白	17.3%	抗体：IgG、IgA、IgM、IgD、IgE

第 3 节　红细胞代谢

 成熟红细胞的代谢特点

红细胞是在骨髓中由造血干细胞定向分化而成的，是血液中最主要的细胞。其经原始红细胞、早幼红细胞、中幼红细胞、晚幼红细胞、网织红细胞等阶段，最后成为成熟红细胞。在成熟的过程中，红细胞发生了一系列形态和代谢方面的改变，细胞核、线粒体、核糖体等细胞器和细胞结构逐步消失，只有细胞膜，没有细胞器，因此，成熟的红细胞不能进行核酸和蛋白质的生物合成，不能进行糖的有氧氧化，所需的能量主要由糖酵解供给（表 11-2）。

表 11-2 不同阶段的红细胞代谢能力比较

	有核红细胞	网织红细胞	成熟红细胞
DNA 合成	+	-	-
RNA 合成	+	-	-
蛋白质合成	+	+	-
脂类合成	+	+	-
血红素合成	+	+	-
糖酵解	+	+	+
TAC	+	+	-
氧化磷酸化	+	+	-
磷酸戊糖途径	+	+	+

（一）糖代谢

血液循环中的红细胞每天大约从血浆中摄取 30g 的葡萄糖，其中 90%～95% 经糖酵解通路和 2,3- 二磷酸甘油酸支路进行代谢，5%～10% 通过磷酸戊糖途径进行代谢。

1. 糖酵解和 2,3- 二磷酸甘油酸（2,3-BPG）支路　糖酵解是成熟红细胞能量的唯一来源。红细胞中 ATP 的主要作用是：①维持红细胞膜上 Na^+、K^+-ATP 酶的正常功能，保持红细胞内外离子平衡，维持红细胞容积和双凹圆盘状形态。②维持红细胞膜上 Ca^{2+}-ATP 酶的运行，将红细胞内 Ca^{2+} 泵入血浆以维持红细胞内低钙状态。ATP 缺乏时，钙泵不能正常运行，钙将聚集并沉积于红细胞膜，使膜失去柔韧性而易被破坏。③为红细胞膜的脂质交换提供能量。④参与谷胱甘肽、NAD^+ 等的合成。红细胞中存在催化糖酵解所需要的所有的酶和中间代谢物，糖酵解的基本反应和其他组织器官相同。

2,3- 二磷酸甘油酸支路（图 11-2）是红细胞内糖酵解途径的侧支循环。2,3- 二磷酸甘油酸支路的分支点是 1,3- 二磷酸甘油酸（1,3-BPG）。红细胞中有两种特殊的酶，即二磷酸甘油酸变位酶和 2,3-BPG 磷酸酶。由于 2,3-BPG 磷酸酶的活性较低，2,3-BPG 的生成大于分解，造成红细胞内 2,3-BPG 升高。红细胞内 2,3-BPG 的主要功能是调节血红蛋白的运氧功能。2,3-BPG 带有高密度的负电荷，可通过与血红蛋白肽链中带正电荷的基团相结合的方式来稳定血红蛋白的空间构象，从而降低了血红蛋白对 O_2 的亲和力，促使氧合血红蛋白释放氧（图 11-3）。

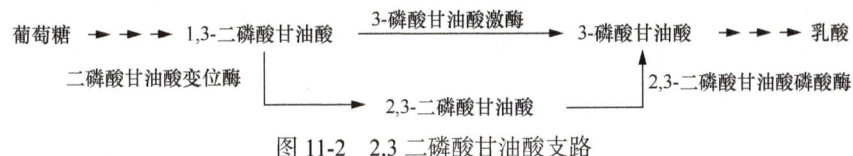

图 11-2　2,3 二磷酸甘油酸支路

2. 磷酸戊糖途径　红细胞内磷酸戊糖途径的代谢过程与其他细胞相同，主要的生理意义也是产生 $NADPH+H^+$。$NADPH+H^+$ 主要用于维持红细胞本身谷胱甘肽的还原状态，而还原型谷胱甘肽具有抗氧化、保护细胞膜蛋白及酶蛋白等的巯基不被氧化的作用，从而维持红细胞的正常功能。

（二）脂类代谢

成熟红细胞的脂类主要存在于细胞膜。成熟的红细胞虽然不能从头合成脂肪，但是细胞膜脂质的不断更新同样是红细胞存活的必要条件。为了维持红细胞正常的脂质组成、结构和功能，就需要与血浆进行脂质交换，方式为主动参入和被动交换。

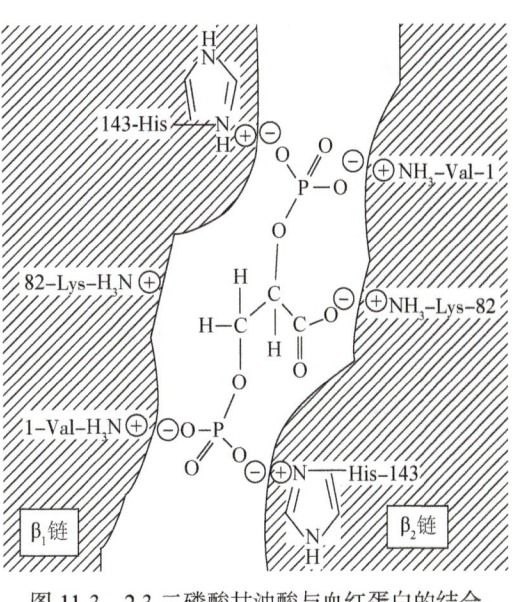

图 11-3　2,3 二磷酸甘油酸与血红蛋白的结合

二、血红蛋白的合成

血红蛋白（Hb）是红细胞中最主要的成分，由珠蛋白和血红素组成。由于珠蛋白的合成与一般蛋白质的合成过程相同，下面主要介绍血红素的合成。

（一）血红素合成代谢

血红素是含铁卟啉化合物，卟啉由 4 个吡咯环组成。血红素主要在骨髓的幼红细胞和网织红细胞中合成，合成的基本原料是甘氨酸、琥珀酰辅酶 A 和 Fe^{2+}，合成的起始和终止阶段在线粒体中进行，中间阶段在胞液中进行。

1. 合成过程

（1）δ-氨基-γ-酮戊酸（δ-amino-levulinic acid，ALA）的合成：ALA 在线粒体内合成，由 ALA 合酶催化琥珀酰辅酶 A 和甘氨酸缩合生成 ALA（图 11-4）。ALA 合酶的辅酶是磷酸吡多醛，此酶是血红素生物合成的限速酶，受血红素的反馈调节。

$$\text{琥珀酰 CoA + 甘氨酸} \xrightarrow{\text{ALA 合酶}} \text{δ-氨基-γ-酮戊酸}$$

图 11-4　δ-氨基-γ-酮戊酸（ALA）的生成

（2）卟胆原（porphobilinogen，PBG）的合成：在线粒体中合成的 ALA 进入到胞液中，在 ALA 脱水酶的催化下，2 分子 ALA 缩合成 1 分子卟胆原。

（3）尿卟啉原Ⅲ及粪卟啉原Ⅲ的合成：在胞液中，尿卟啉原Ⅰ同合酶（UPG Ⅰ cosynthase）催化 4 分子卟胆原脱氨合成 1 分子线状四吡咯，后者再由尿卟啉原Ⅲ同合酶催化生成尿卟啉原Ⅲ（UPG Ⅲ）。UPG Ⅲ经尿卟啉原脱羧酶催化使 4 个乙酸基脱羧成为 4 个甲基，从而生成粪卟啉原Ⅲ（CPG Ⅲ）。

（4）血红素的合成：在胞液中合成的粪卟啉原Ⅲ进入线粒体，在粪卟啉原Ⅲ氧化脱羧酶的作用下，使 2，4 位的两个丙酸基氧化脱羧成为乙烯基后生成原卟啉原Ⅸ，再经原卟啉原Ⅸ氧化酶催化生成原卟啉Ⅸ。原卟啉Ⅸ最后在亚铁螯合酶又称血红素合成酶的催化下与 Fe^{2+} 结合，生成血红素（图 11-5）。

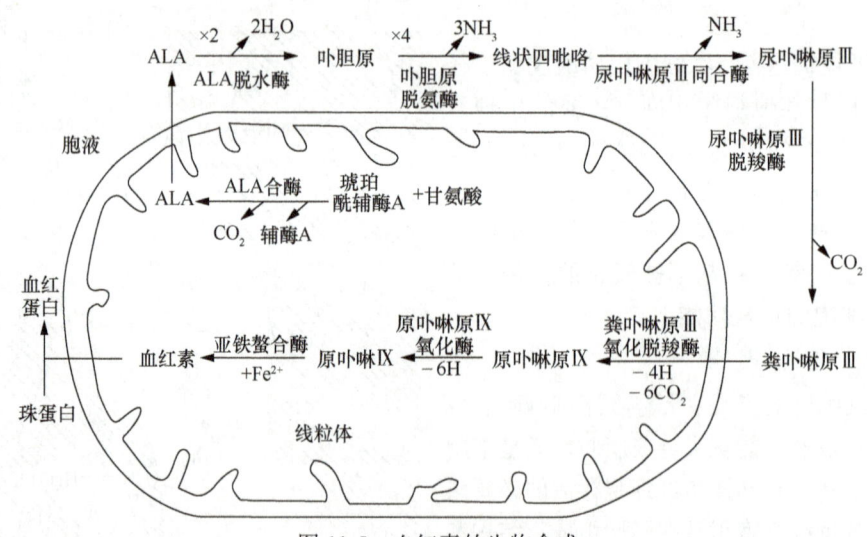

图 11-5　血红素的生物合成

Fe 是一种变价元素，它从一种价态变为另一种价态时，需要消耗（或放出）的能量极少，因而是血液中氧的良好载体。当血液进入肺部后，红细胞中的铁与新鲜氧相结合，铁便由低价变为高价；当血液进入到身体其他部位时，红细胞中的铁则由高价变为低价，并释放出氧。如果人体对铁的摄入量不足或丢失过多，将会影响血红素的合成，随之引起红细胞中血红蛋白的合成显著减少，红细胞数目减少，携带氧气能力下降，使人体内的细胞、组织供氧不足，从而导致缺铁性贫血，又称营养性贫血。

> **链接**
>
> **缺铁性贫血的主要症状表现**
>
> ①由于供氧不足，体内的血液更多地流向重要脏器，而那些暂时影响不大的脏器的血管则开始收缩。常会出现皮肤、眼睑内黏膜等变白。此现象在口唇、指甲和耳垂等部位尤为明显。②由于无法供给细胞足够的氧而导致身体不适：呼吸急促、心跳加速、乏力、易疲劳、食欲减退、嗜睡等。③易造成脑内缺氧，影响正常思维，健忘、头晕、眼花、耳鸣等。对于2岁以内的婴幼儿，还会直接影响到脑和身体的正常发育。

血红素在线粒体中合成后被转运到胞液，在骨髓的有核红细胞及网织红细胞中，与珠蛋白结合成为血红蛋白。

2.血红素合成的调节

（1）ALA合酶：该酶是血红素合成酶系的限速酶，受血红素的反馈抑制。磷酸吡哆醛是该酶的辅酶，因此，维生素 B_6 的缺乏将影响血红素的合成。某些类固醇激素，如 5β-氢睾酮，能诱导ALA合酶，促进血红素的合成；许多在肝中进行生物转化的物质，如药物、致癌剂、杀虫剂等可导致肝脏ALA合酶增加，从而促进血红素的合成。

（2）促红细胞生成素（erythropoietin，EPO）：EPO是红细胞生成和血红蛋白水平的主要调节剂，主要在肾脏合成，其生成量受机体对氧的需要及氧的供应情况的影响。当机体缺氧时，促红细胞生成素分泌增多，其释放入血并到达骨髓，促进红细胞的发育成熟和血红蛋白的合成。

（3）ALA脱水酶与亚铁螯合酶：这两种酶对铅等重金属的抑制作用均非常敏感，因此，血红素合成的抑制是铅中毒的重要体征。此外，亚铁螯合酶还需要还原剂，如谷胱甘肽。任何还原条件的中断也会抑制血红素的合成。

（二）血红蛋白的合成

血红蛋白中珠蛋白的合成与一般蛋白质相同。珠蛋白的合成受血红素的调控，血红素的氧化产物——高铁血红素能促进血红蛋白的合成。成年人的血红蛋白由2条α链和2条β链组成，两种肽链的一级结构虽然差距很大，但是它们却有相似的三级结构。每一条肽链都能卷曲成球状的立体结构，并且都有一个可以容纳血红素辅基的空隙。在珠蛋白的肽链合成之后，一旦容纳血红素的空隙形成，立刻就有血红素与之结合，最终形成由2个二聚体构成的有功能的血红蛋白。

一、名词解释

1.血清　2.非蛋白氮
3.2,3-二磷酸甘油酸支路

二、选择题

（一）单项选择题

1.血清与血浆的主要区别是血清不含（　　）

A.清蛋白　　　　B.球蛋白
C.纤维蛋白原　　D.脂蛋白
E.葡萄糖

2.正常成人血浆蛋白质含量为（　　）

A. $20\sim30$ g/L　　B. $30\sim50$ g/L
C. $60\sim80$ g/L　　D. $80\sim90$ g/L
E. $90\sim100$ g/L

3. 血清中清蛋白/球蛋白（A/G）值为（　　）
   A. 1.5～2.5　　　　B. 2.0～3.0
   C. 0.5～1.5　　　　D. 3.0～4.0
   E. 3.0～5.0

4. 血浆蛋白中含量最多的是（　　）
   A. $α_1$-球蛋白　　B. 清蛋白
   C. $α_2$-球蛋白　　D. β-球蛋白
   E. γ-球蛋白

5. 血红素合成的步骤是（　　）
   A. ALA→卟胆原→尿卟啉原Ⅲ→血红素
   B. 卟胆原→ALA→尿卟啉原Ⅲ→血红素
   C. ALA→粪卟啉原Ⅲ→尿卟啉原Ⅲ→血红素
   D. ALA→原卟啉原Ⅸ→尿卟啉原Ⅲ→血红素
   E. 胆色素→原卟啉原Ⅸ→粪卟啉原Ⅲ→血红素

6. 促红细胞生成素（EPO）主要合成部位是（　　）
   A. 肝　　　B. 肾　　　C. 脾
   D. 骨髓　　E. 胆囊

7. 血红素合成的限速酶是（　　）
   A. ALA脱水酶
   B. ALA合酶
   C. 尿卟啉原Ⅰ同合酶
   D. 血红素合成酶
   E. 尿卟啉原Ⅲ同合酶

8. 将血浆蛋白置于pH8.6的缓冲液中进行醋酸纤维素膜电泳时，泳动最快的是（　　）
   A. $α_1$-球蛋白
   B. $α_2$-球蛋白
   C. β-球蛋白
   D. γ-球蛋白
   E. 清蛋白

9. 成熟红细胞内磷酸戊糖途径所生成的NADPH+H^+的主要功能是（　　）
   A. 合成膜上胆固醇
   B. 促进脂肪合成
   C. 提供能量
   D. 维持还原型谷胱甘肽（GSH）的正常水平
   E. 使MHb（Fe^{3+}）还原

10. 成熟红细胞利用葡萄糖的主要代谢途径是（　　）
    A. 磷酸戊糖途径
    B. 无氧酵解
    C. 有氧氧化
    D. 三羧酸循环
    E. 糖原分解

（二）多项选择题

11. 成熟红细胞可进行的代谢途径有（　　）
    A. 2,3-BPG支路
    B. 脂肪酸β-氧化
    C. 糖的有氧氧化
    D. 糖酵解
    E. 磷酸戊糖途径

12. 关于血红蛋白合成的叙述，错误的是（　　）
    A. 只有在成熟红细胞才能进行
    B. 以甘氨酸、天冬氨酸为原料
    C. 与珠蛋白合成无关
    D. 受肾分泌的促红细胞生成素调节
    E. 合成全过程仅受ALA合酶的调节

三、填空题

1. 血液由液态的_____及悬浮在其中的血细胞组成。血细胞的成分有红细胞、_____及_____3种。

2. 红细胞在成熟的过程中，发生了一系列形态和代谢方面的改变，成熟的红细胞不能进行_____，所需的能量主要由_____供给，没有细胞器，只有细胞膜。

3. _____是红细胞中最主要的成分，由珠蛋白和_____组成。

4. 合成血红素的基本原料是_____、琥珀酰辅酶A和_____，合成的起始和终止阶段在线粒体中进行，中间阶段在_____中进行。

5. 2,3-二磷酸甘油酸支路是红细胞内_____途径的侧支循环。2,3-二磷酸甘油酸的功能是_____。

四、简答题

1. 简述血液的组成。
2. 简述血浆蛋白质的生理功能。

（宋庆凤）

第12章 肝的生物化学

肝是人体内最大的腺体，也是重要的消化器官之一。肝不仅在糖、脂、蛋白质、维生素、激素等物质代谢中起着重要的作用，还具有分泌、排泄、生物转化等多种生理功能，被誉为"物质代谢中枢"和"人体化工厂"。

肝之所以具有诸多繁杂的生理功能，与其组织结构和生化组成特点密切相关：①肝具有肝动脉和门静脉的双重血液供应。肝既可以从肝动脉的血液中接受由肺运来的氧气和其他组织器官运来的代谢产物，又可以从门静脉的血液中获得大量来自肠道吸收的营养物质。②肝有肝静脉和胆道系统两条输出通路。肝与体循环和肠道相通，通过肝静脉可将肝的部分代谢终产物输送入体循环经肾由尿排出体外，通过胆道系统将肝的代谢废物从胆汁排入肠腔。③肝有丰富的血窦。血窦使肝细胞与血液的接触面积扩大，有利于肝细胞与血液间各种物质进行充分交换。④肝细胞内含有丰富的线粒体、内质网、微粒体及溶酶体等亚细胞结构及丰富的酶系，这些特点决定肝脏内物质代谢非常活跃，多种物质的代谢都在肝脏进行。

第1节 肝脏在物质代谢中的作用

● 案例12-1

患者，男性，43岁，腹胀、下肢水肿2个月，加重1周入院。5年前曾患肝炎。体检：面色黝黑，有肝掌，颈部见散在分布的蜘蛛痣，腹水（+），肝肋下2cm，质地硬，脾肋下4cm，双下肢水肿。实验室检查：空腹血糖低于正常，ALT升高，血浆清蛋白25g/L，球蛋白31g/L，A/G＜1，拟诊断肝硬化伴腹水。入院后采用低盐饮食、限制进水量、间歇输注清蛋白、利尿等措施进行治疗。

问题：1. 患者出现空腹血糖下降的原因是什么？
2. 患者引起腹水与下肢水肿的原因是什么？
3. 解释患者蜘蛛痣、肝掌的发生机制是什么？

 肝在糖代谢中的作用

肝是维持血糖浓度相对恒定的主要器官。肝通过糖原合成、糖原分解和糖异生作用维持血糖浓度在正常范围内，确保全身各组织，特别是脑细胞和红细胞的能量供应。进食后，肝细胞迅速摄取葡萄糖，并将其合成糖原储存起来，过多的糖还可在肝内转化为脂肪和胆固醇，降低血糖浓度。空腹时，肝糖原分解为葡萄糖，提高血糖浓度。当空腹十几个小时后，肝糖原几乎被耗尽，此时甘油、乳酸、丙酮酸、生糖氨基酸等非糖物质经糖异生转化为葡萄糖，维持血糖浓度。严重肝功能障碍时，易出现耐糖量下降及进食后暂时性高血糖，而空腹又易发生低血糖现象。

 肝在脂代谢中的作用

　　肝在脂质的消化、吸收、分解、合成及运输等代谢过程中均起重要的作用。

　　1. 肝促进脂质的消化和吸收　肝细胞能分泌胆汁，其中的胆汁酸盐可乳化脂质，增加其与各种脂酶的接触面积，有助于脂类物质和脂溶性维生素的消化吸收。临床上，肝损伤时，肝细胞分泌胆汁的能力下降，胆道梗阻时，胆汁排出障碍，这些疾病均可出现脂质消化吸收不良，产生厌油腻及脂肪泻等临床症状。

　　2. 肝是脂肪代谢和生成酮体的主要场所　脂肪酸氧化分解主要在肝脏，饱食后，合成脂肪酸以三酰甘油的形式储存；饥饿时，肝从血液中摄取大量游离脂肪酸，一方面氧化释能供自身需要，另一方面合成酮体。肝脏是人体生成酮体的唯一场所，肝不能氧化利用酮体，必须经血液运至脑、心、肾、骨骼肌等肝外组织，作为这些组织良好的能源物质。

　　3. 肝是胆固醇、磷脂、血浆脂蛋白合成的主要场所　磷脂是脂蛋白的主要组成成分，当肝功能障碍或磷脂合成原料缺乏时，肝细胞合成磷脂减少可导致脂肪肝。肝是胆固醇合成与转化排泄的主要场所。

 肝在蛋白质代谢中的作用

　　肝在人体蛋白质合成与分解代谢中起重要作用。

　　1. 肝是合成血浆脂蛋白的重要器官　肝中蛋白质更新速率远远高于肌肉等组织。肝除合成自身固有蛋白质外，还可合成与分泌血浆蛋白质。除 γ- 球蛋白外，几乎所有的血浆蛋白质均由肝合成。肝细胞严重受损时，血浆清蛋白合成减少而浓度降低，血浆清蛋白（A）与球蛋白（G）的比值（A/G）下降甚至倒置，此变化可作为肝病的辅助诊断指标。凝血因子大部分是肝合成的，所以肝细胞严重受损时，可出现凝血功能不良。

　　2. 肝是合成尿素、清除氨毒的主要器官　各种来源的毒性氨在肝细胞内经鸟氨酸循环合成尿素，肝严重损伤时，合成尿素的能力下降，血氨浓度升高，导致脑组织供能不足，引发肝性脑病。

　　3. 肝是体内氨基酸分解和转变的重要场所　肝中富含氨基酸代谢的酶类（如氨基转移酶、脱羧酶等），其中氨基转移酶含量多，活性高，特别是 ALT。当肝细胞受损时，细胞膜通透性增大，细胞内酶逸出，致使血清中 ALT 的活性升高，因而据此作为临床诊断肝脏疾病的重要指标之一。

 肝在维生素代谢中的作用

　　肝在维生素的吸收、储存、运输、转化等方面起重要作用。

1. **肝是体内多种维生素的储存场所**　肝能储存多种维生素，如维生素 A、维生素 D、维生素 K、维生素 B_1、维生素 B_2、维生素 B_{12} 等，其中储存的维生素 A 占体内总量的 95%，因此动物肝脏治疗维生素 A 缺乏病效果较好。

2. **肝协助脂溶性维生素的吸收**　肝分泌胆汁酸，可促进脂溶性维生素 A、维生素 D、维生素 E、维生素 K 的吸收，胆道梗阻时会引起脂溶性维生素缺乏，导致相关疾病。

3. **肝还参与多种维生素的转化**　如将胡萝卜素转变为维生素 A、将维生素 PP 转变为 NAD^+ 和 $NADP^+$、维生素 D_3 转化为 $25\text{-}(OH)\text{-}D_3$ 等。

 肝在激素代谢中的作用

肝在激素代谢中的作用主要是参与激素的灭活。多种激素在发挥其调节作用后在肝中被转化降解，从而降低或失去其活性的过程称激素的灭活。严重肝损伤时，激素灭活功能降低，出现相应的高激素状态。例如，体内雌激素水平过高可出现男性乳房增生、蜘蛛痣、肝掌等症状；醛固酮增多造成水、钠潴留等。

肝受损时可能的临床症状及其产生原因总结如下（表 12-1）。

表 12-1　肝受损时可能的临床症状及其产生原因

物质代谢	肝受损的临床表现	原因
糖代谢	低血糖	肝糖原储存下降，糖异生减弱
脂类代谢	厌油腻、脂肪泻	分泌胆汁酸盐的能力下降
	脂肪肝	极低密度脂蛋白合成减少
蛋白质代谢	肝性脑病	尿素合成能力下降
	水肿或腹水	清蛋白合成减少
	凝血时间延长出血倾向	凝血酶原、纤维蛋白原合成减少
维生素代谢	出血倾向、夜盲症	维生素 K、维生素 A 吸收、储存与代谢障碍
激素代谢	蜘蛛痣、肝掌	雌激素灭活功能下降

第 2 节　肝脏的生物转化作用

 生物转化的概念及特点

（一）生物转化的概念

非营养物质在机体内经氧化、还原、水解、结合等化学反应，使其极性增强，水溶性增加，易于溶解在胆汁或尿液中排出体外的过程称为生物转化。体内非营养性物质可分内源性和外源性两类。内源性非营养物质是机体在代谢过程中产生的有毒产物，如氨、胺、胆红素、激素、神经递质等；外源性非营养物质包括药物、毒物、食物添加剂、环境污染物和从肠道吸收来的腐败物质等。肝是机体生物转化最重要的器官。

（二）生物转化的特点

1. **解毒与致毒双重性**　大部分非营养物质经生物转化后其生物活性或毒性降低甚至消失，但有些物质经过肝生物转化后，虽然溶解性增加，其毒性反而增强，有的可能溶解性反而下降，不易排出体外。例如，黄曲霉素在体外并无致癌作用，进入体内经生物转化后可变为环氧化黄曲霉毒素后与鸟嘌呤结合而致癌；解热镇痛类药物非那西丁在肝内发生乙酰化反应，生成的对氨基乙醚可使血红蛋白变为高铁血红蛋白，导致发绀。因此，不能将生物转化作用简单地看作是"解毒作用"。

2. 连续性与多样性　肝脏的生物转化过程相当复杂。一种非营养物质需要连续进行几种反应类型的转化后，才能实现从体内排出的目的，此为生物转化的连续性。例如，阿司匹林先发生水解反应生成水杨酸，水杨酸又发生结合反应从而排出体外。同一种或同一类物质在体内可进行多种不同的转化反应，产生不同的代谢产物，此为生物转化的多样性。例如，阿司匹林可发生水解反应，还可进行氧化反应，其水解生成的水杨酸既可与甘氨酸反应，又可与葡糖醛酸结合。

  生物转化的反应类型

肝的生物转化反应可归纳为两相反应。其中氧化、还原、水解反应属第一相反应，结合反应属第二相反应。

（一）第一相反应——氧化、还原、水解反应

1. 氧化反应　是第一相反应中最主要的反应。

（1）单加氧酶系：主要存在于肝细胞的微粒体中，是肝中最重要的参与药物和毒物代谢的酶系，能催化多种化合物（如药物、毒物和类固醇激素等）进行氧化，其特点是催化氧分子中1个氧原子加到底物分子上，另一个氧原子则被NADPH还原成水。反应通式如下。

$$RH + NADPH + H^+ + O_2 \longrightarrow ROH + NADP^+ + H_2O$$

（2）单胺氧化酶系：存在于肝细胞的线粒体中，可催化胺类物质氧化脱氨，生成相应的醛类物质，再在细胞液中的醛脱氢酶催化下氧化成酸类。肠道吸收的腐败产物如组胺、酪胺、色胺、腐胺等通过此方式代谢。反应通式如下。

$$RCH_2NH_2 + O_2 + H_2O \longrightarrow RCHO + NH_3 + H_2O_2$$
$$RCHO + NAD^+ + H_2O \longrightarrow RCOOH + NADH + H^+$$

（3）脱氢酶系：存在于肝细胞质及线粒体中，主要有醇脱氢酶和醛脱氢酶，均以NAD^+为辅酶。醇脱氢酶催化醇氧化成醛，醛再经醛脱氢酶氧化为酸，并最终生成CO_2和H_2O。例如：

$$CH_3CH_2OH \xrightarrow[NAD^+ \quad NADH+H^+]{} CH_3CHO \xrightarrow[NAD^+ \quad NADH+H^+]{H_2O} CH_3COOH$$
乙醇　　　　　　　　　　乙醛　　　　　　　　　乙酸

> **链接**
>
> **乙醇对肝的损害及对代谢的影响**
>
> 乙醇作为饮料和调味剂广为利用，乙醇摄入后可被胃、肠道迅速吸收。吸收后的乙醇90%以上在肝中代谢。长期大量摄入乙醇会增加肝的负担，容易引起肝损害，轻度可表现为脂肪肝，中度可表现为乙醇性肝炎，重度可表现为肝纤维化或肝硬化，如果是孕妇，甚至可造成胎儿性乙醇综合征（智力障碍、发育障碍、大小畸形等）。乙醇代谢产生的乙醛可与儿茶酚胺缩合形成四氢异喹啉（与吗啡前身物质结构相似），形成"酒瘾"，引发乙醇戒断症状。

2. 还原反应　肝细胞微粒体中含有还原酶系，主要有硝基还原酶和偶氮还原酶类，分别

催化硝基化合物和偶氮化合物还原，最终生成胺。例如：

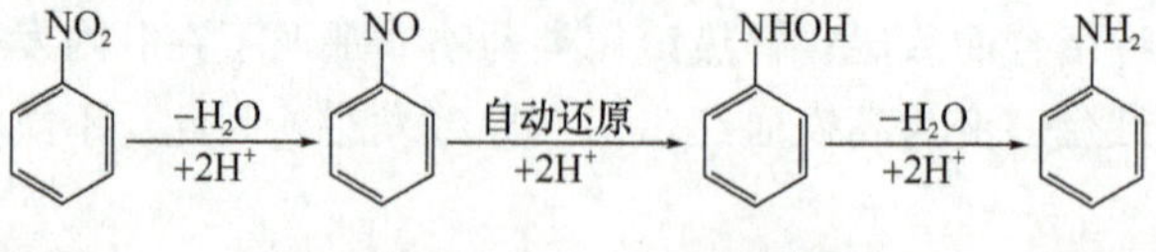

硝基苯 → 亚硝基苯 → 羟基苯氨 → 苯胺

3.水解反应　肝细胞的胞液和微粒体中含有多种水解酶，如酯酶、酰胺酶和糖苷酶等，分别催化相应物质水解。例如，局部麻醉药在肝脏中很快被水解，失去其药理作用；阿司匹林（乙酰水杨酸）则需经酯酶水解生成水杨酸后才具有解热镇痛作用。

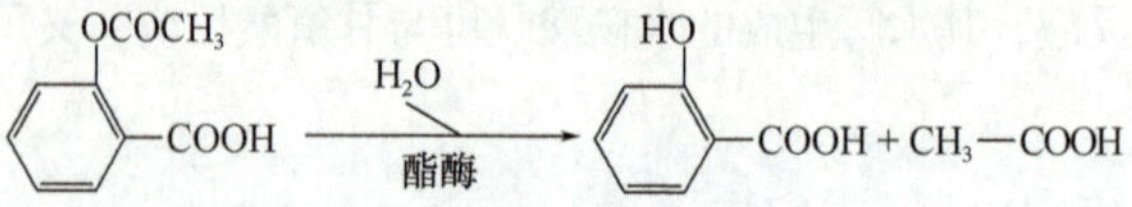

乙酰水杨酸 → 水杨酸 + 乙酸

（二）第二相反应——结合反应

有些脂溶性非营养物质经过第一相反应后，分子极性变化不大，还需进一步与体内一些极性较强的物质或化学基团结合，增强分子极性和溶解度，以利于随尿排出。结合反应是体内最重要的生物转化方式，常见结合物或基团有葡萄糖醛酸、硫酸、乙酰基、甘氨酸、甲基和谷胱甘肽等，其中以葡萄糖醛酸的结合反应最为普遍。

1.葡萄糖醛酸结合反应　肝细胞微粒体中有非常活跃的葡萄糖醛酸基转移酶，它以尿苷二磷酸葡萄糖醛酸（UDPGA）为供体，催化含有羟基、氨基、巯基及羧基等极性基团的化合物与之结合，使其毒性降低，极性增加，易排出体外。例如：

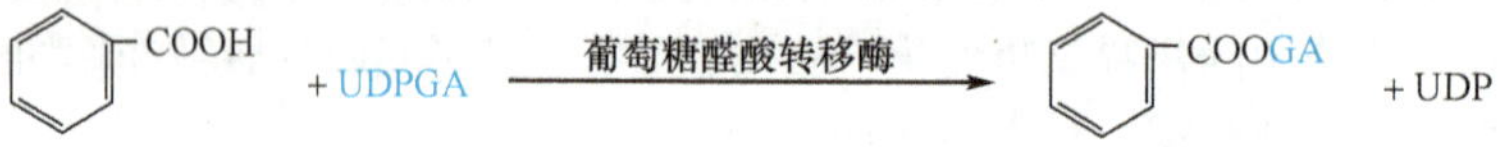

苯甲酸 + UDPGA → 苯甲酸-β-葡糖醛酸苷 + UDP

2.硫酸结合反应　醇、酚和芳香胺类化合物都可在肝细胞液中进行硫酸结合反应。催化此反应的酶为硫酸转移酶，硫酸的供体3'-磷酸腺苷-5'-磷酰硫酸（PAPS），又称"活性硫酸"，产物是硫酸酯。例如，雌酮通过硫酸酯的形式灭活和排泄。

雌酮 + PAPS → + PAP

3.乙酰基结合反应　各种芳香胺化合物（如苯胺、磺胺、异烟肼等）在肝细胞液中的乙酰基转移酶的催化下，与乙酰基结合形成乙酰基化合物。乙酰CoA是乙酰基的直接供体，大部分磺胺类药物通过此方式灭活。例如：

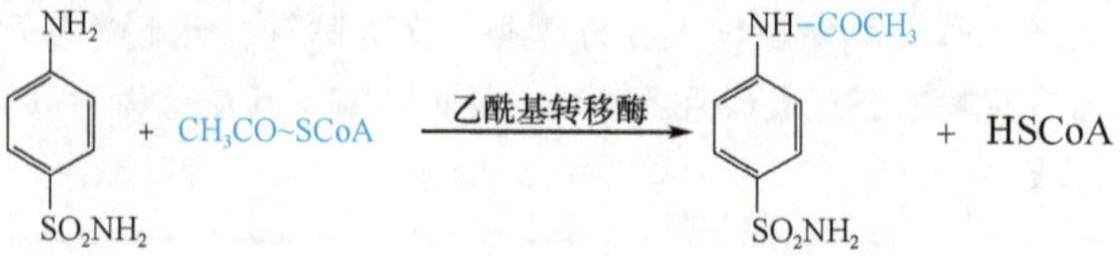

对氨基苯磺酰胺 + CH$_3$CO-SCoA → 对乙酰氨基苯磺酰胺 + HSCoA

4. 甘氨酸结合反应　某些物质在酰基辅酶 A 连接酶的催化下，与辅酶 A 形成酰基辅酶 A，再与甘氨酸结合。

5. 甲基化反应　体内一些胺类物质和药物可在肝细胞液和线粒体中在甲基转移酶的催化下甲基化而灭活。甲基由 S-腺苷甲硫氨酸（SAM）提供。

6. 谷胱甘肽（GSH）结合反应　GSH 在肝细胞液中的谷胱甘肽 -S- 转移酶催化下，与许多卤代化合物、环氧化物结合，生成的谷胱甘肽结合物随胆汁排出体外。

  影响生物转化作用的因素

生物转化受年龄、性别、疾病、诱导物与抑制物等多种因素的影响。

1. 年龄　新生儿特别是早产儿肝中生物转化酶系还未发育完善，对药物、毒物的耐受力差，易发生药物中毒。老年人因器官退化，代谢药物的酶不易被诱导，对许多药物的转化能力下降，服用药物后易出现中毒现象，如保泰松在青年人中的半衰期为 85 小时，老年人则为 105 小时。故临床上新生儿和老年人使用药物时要特别慎重，药物用量也应低于成年人。

2. 性别　某些生物转化反应存在明显的性别差异，如氨基比林在男性体内的半衰期约 13.4 小时，而在女性只有 10.3 小时；女性体内脱氢酶的活性一般高于男性等。

3. 诱导物与抑制物　长期服用某种药物或诱导物可诱导生物转化的酶合成增多、活性增强，可加速该药物或非营养物质的生物转化。例如，镇静催眠药苯巴比妥，因其诱导转化酶活性，加速其本身的代谢，长期使用会使疗效降低。另外有些药物是转化酶抑制剂，可抑制转化酶活性或减少转化酶合成，使这些药物的生物转化速度减慢，在血中浓度增高，易引起中毒反应，如异烟肼、氯霉素等。

4. 肝脏疾病　由于多数药物是在肝中进行转化而灭活的，当肝功能低下时，生物转化能力下降，药物灭活速率降低，药物的治疗剂量和中毒剂量之间差距减小，因此，对肝病患者用药应慎重。

第 3 节　胆汁酸代谢

  胆汁

胆汁是肝细胞分泌的一种黄色或棕色液体。肝细胞初分泌的胆汁称为肝胆汁，肝胆汁进入胆囊后，经浓缩后储存于胆囊，称为胆囊胆汁。胆囊胆汁后经胆总管进入十二指肠。正常成人平均每天分泌胆汁 800～1000ml。

胆汁中含有多种物质，除大部分水分外，还含有胆汁酸盐、胆色素、胆固醇、磷脂、黏蛋白、无机盐等物质。其中胆汁酸盐是胆汁中主要的特征性成分。

  胆汁酸的种类

胆汁酸按其来源可分为初级胆汁酸和次级胆汁酸。初级胆汁酸是肝细胞以胆固醇为原料合成的，包括胆酸，鹅脱氧胆酸及其与甘氨酸、牛磺酸结合的产物；次级胆汁酸是初级胆汁酸在肠道细菌的作用下生成的脱氧胆酸和石胆酸及其与甘氨酸、牛磺酸的结合产物。其中次级胆汁酸石胆酸溶解性小，不与甘氨酸或牛磺酸结合。胆汁酸的分类见表12-2。

一般结合胆汁酸的水溶性大于游离胆汁酸，体内胆汁中的胆汁酸以结合型为主，均以钠盐或钾盐的形式存在，即胆汁酸盐，简称胆盐，在有酸或钙离子存在时结合胆汁酸盐不容易沉淀，性质更稳定。

表 12-2 胆汁酸的分类

按来源分类	按结构分类	
	游离型胆汁酸	结合型胆汁酸
初级胆汁酸	胆酸	甘氨胆酸、牛磺胆酸
	鹅脱氧胆酸	甘氨鹅脱氧胆酸、牛磺鹅脱氧胆酸
次级胆汁酸	脱氧胆酸	甘氨脱氧胆酸、牛磺脱氧胆酸
	石胆酸	—

胆汁酸的代谢与功能

（一）胆汁酸的生成

1. 初级胆汁酸的生成　初级胆汁酸是以胆固醇为原料，在肝细胞内经过多步复杂的酶促反应生成的，是肝清除胆固醇的主要方式。正常成人每日合成胆固醇 1～1.5g，其中约 40% 在肝内转化为初级胆汁酸，而后随胆汁排入肠腔。

胆固醇首先在 7α- 羟化酶催化下生成 7α- 羟胆固醇，然后经过还原、羟化、氧化、加辅酶 A 等多步反应生成初级游离胆汁酸。7α- 羟化酶是胆汁酸合成过程中的限速酶，受胆汁酸的负反馈调节。初级游离胆汁酸包括胆酸和鹅脱氧胆酸（图 12-1），与甘氨酸或牛磺酸结合形成初级结合胆汁酸（图 12-2）。

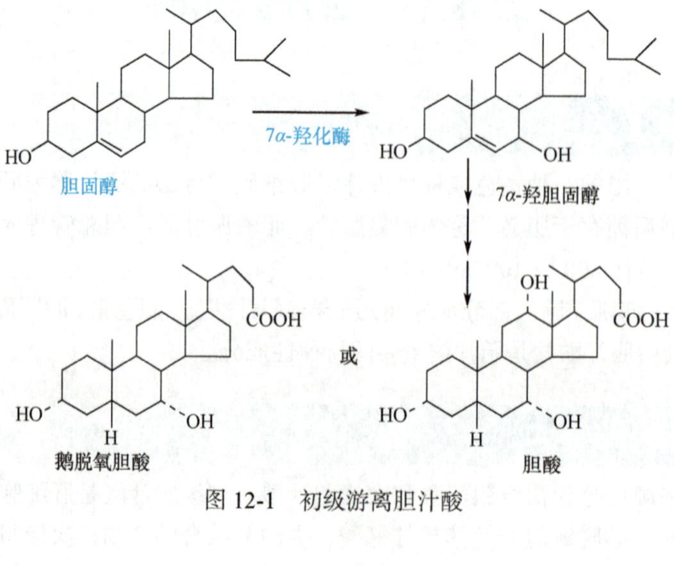

图 12-1　初级游离胆汁酸

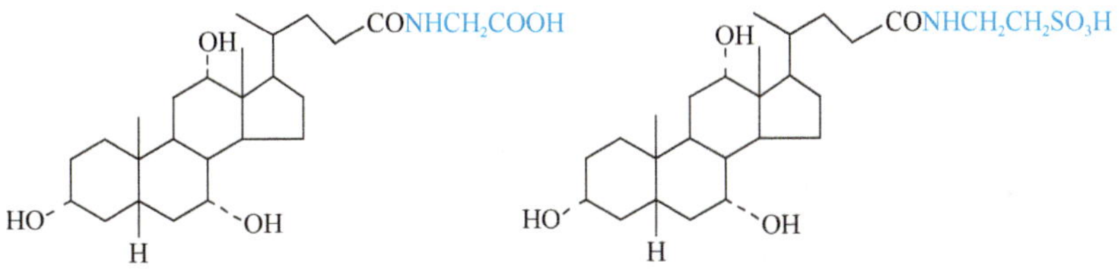

图 12-2　初级结合胆汁酸

2. **次级胆汁酸的生成**　初级结合胆汁酸进入肠道，在协助完成脂类的消化吸收后，在回肠和结肠上段细菌的作用下，发生 7α-脱羟基反应，胆酸转变为脱氧胆酸，鹅脱氧胆酸转变为石胆酸，这种在肠菌作用下形成的胆汁酸称为次级游离胆汁酸（图 12-3）。石胆酸主要以游离态存在，绝大部分随粪便排出。脱氧胆酸与甘氨酸或牛磺酸结合，生成次级结合胆汁酸。

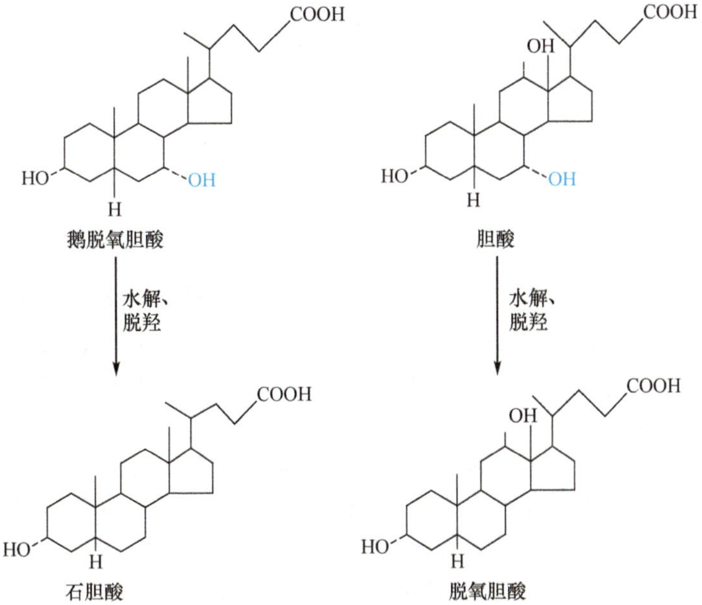

图 12-3　次级胆汁酸的生成

3. **胆汁酸的肝肠循环**　随胆汁进入肠道的胆汁酸（包括初级、次级、结合型与游离型）95% 被肠壁重吸收，经门静脉进入肝脏，在肝脏内游离胆汁酸被重新合成结合胆汁酸，与新合成的结合胆汁酸一起排入肠腔。这一过程称为胆汁酸的"肝肠循环"（图 12-4）。胆汁酸在肠道的重吸收主要有两种方式：一种是结合胆汁酸在回肠部位的主动重吸收；另一种是游离胆汁酸在肠道各部位通过扩散作用的被动重吸收。

胆汁酸的肝肠循环具有重要的生理意义。肝每日合成胆汁酸的量为 0.4～0.6g，肝胆的胆汁酸代谢池共 3～5g，即使饭后全部倾入小肠也不能满足食物中脂类物质消化吸收的需要。人体每次饭后可进行 2～4 次胆汁酸的肝肠循环，使有限的胆汁酸得以反复利用，最大限度发挥其生理功能，以满足脂类消化、吸收的需要。

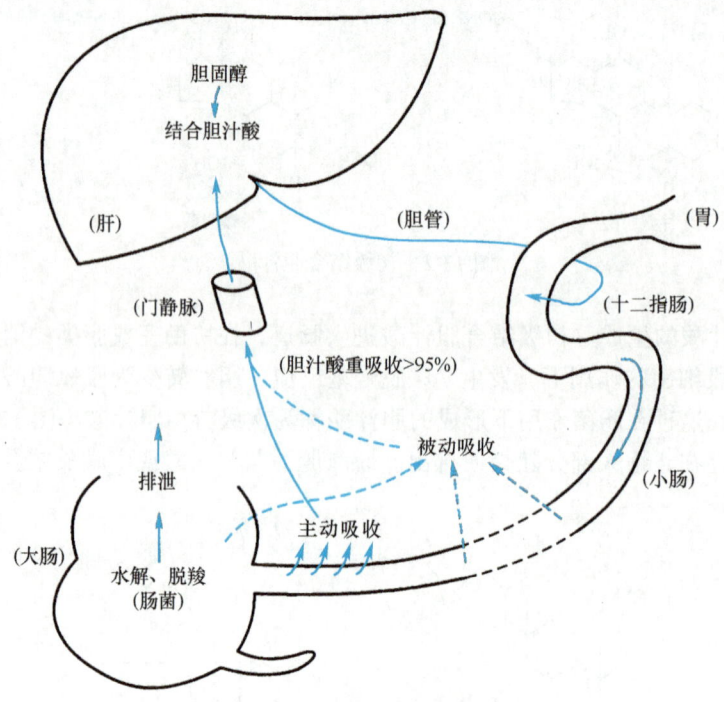

图 12-4　胆汁酸的肝肠循环

（二）胆汁酸的生理功能

1. 促进脂类的消化、吸收　胆汁酸分子既含有亲水的羟基和羧基，又含有疏水的甲基和烃核，它的立体构型具有亲水和疏水两个侧面，使其成为较强的乳化剂，能降低油/水两相之间的表面张力，使疏水的脂类在水中乳化成直径只有 3～10μm 的细小微团，增大了消化酶的接触面积，有利于脂类的消化和吸收。

2. 抑制胆固醇的析出　部分未转化的胆固醇可随胆汁进入胆囊，胆固醇难溶于水，胆汁在胆囊中浓缩后，胆固醇易析出产生沉淀。胆汁中的胆汁酸盐及卵磷脂可使胆固醇分散形成可溶性微团，使之保持溶解状态，不易结晶沉淀。例如，胆汁中胆汁酸、卵磷脂和胆固醇的比值下降（小于 10∶1），易引起胆固醇沉淀，形成胆结石。

第4节　胆色素代谢

● 案例12-2

患者，女性，40岁，无明显诱因，餐后突然上腹疼痛，并向后背、双肩部放射，较剧烈，伴38℃左右发热，次日发现巩膜、皮肤黄染。入院查体：巩膜、皮肤黄染，右上腹触痛。肝大，质地坚实。B超见胆囊内有 4～5 个强光团，最大为 0.7×1.0cm，胆总管见结石影。临床诊断：阻塞性黄疸，胆总管结石。

问题：1. 什么是黄疸？黄疸有哪些类型？
2. 分析该患者出现阻塞性黄疸的生化机制。

胆色素是铁卟啉类化合物在体内分解代谢的产物，包括胆红素、胆绿素、胆素原和胆素等。除胆素原无色外，其他均有颜色，胆红素是人体胆汁的主要色素，呈橙黄色。胆色素代谢一旦出现异常可导致血液胆红素浓度升高，引起高胆红素血症。

一 胆红素的来源与生成

（一）胆红素的来源

正常成人每日产生 250～350mg 胆红素，其中约 80% 来自衰老红细胞中血红蛋白的分解，其余来自肌红蛋白、过氧化物酶及细胞色素等含铁卟啉化合物。

（二）胆红素的生成

正常红细胞的平均寿命约为 120 天。衰老的红细胞在肝、脾、骨髓的单核吞噬细胞系统破坏后释放出血红蛋白。血红蛋白分解为珠蛋白和血红素，其中珠蛋白分解为氨基酸供体内再利用，血红素则在微粒体血红素加氧酶的催化下生成胆绿素。胆绿素在细胞液中被胆绿素还原酶还原成胆红素。胆红素生成过程见图 12-5。在肝、脾、骨髓中生成的胆红素称为游离胆红素，具有疏水亲脂性质，极易透过生物膜，当其透过血脑屏障与神经核团结合时，引起胆红素脑病或核黄疸。故游离胆红素是人体内一种内源性毒物。

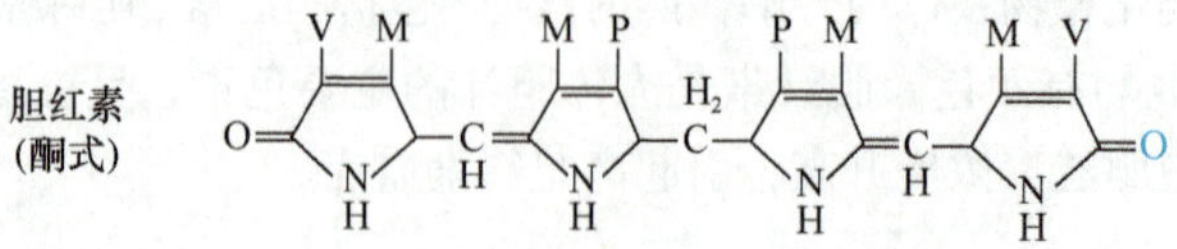

胆红素
(酮式)

V: —CH=CH₂; M: —CH₃; P: —CH₂CH₂CH₃

图12-5 胆红素的生成过程

胆红素在血液中的转运

游离胆红素进入血液后，主要与清蛋白结合为清蛋白-胆红素，有少量的胆红素与α-球蛋白结合。这种结合既增加了游离胆红素的溶解度便于运输，又限制了游离胆红素透过细胞膜对组织产生毒性作用。每100ml血浆中的清蛋白能结合20～25mg胆红素，不与清蛋白结合的游离胆红素很少，这些胆红素因尚未进入肝细胞，没有经过肝的生物转化，故称为未结合胆红素或血胆红素。胆红素和清蛋白的结合是非特异性和可逆的，某些有机阴离子药物如磺胺类药物、镇痛药、抗生素，可同胆红素竞争与清蛋白的结合，干扰游离胆红素与清蛋白结合，可使胆红素增多，过多的胆红素与脑部基底核的脂类结合，干扰脑的正常功能，引起胆红素脑病或核黄疸。故有黄疸倾向的患者或新生儿应慎用此类药物。

> **链接**
>
> **胆红素的另一面**
>
> 过量胆红素对人体有害，但近年来研究发现，正常代谢的胆红素对人体却有益。胆绿素和胆红素在体内具有很强的抗氧化作用，胆红素及其与清蛋白形成的复合物可有效地清除超氧化物和过氧化物自由基，其作用优于维生素E。此外，胆红素还具有诱导血红素加氧酶合成的作用，从而刺激血红素加氧酶-胆红素途径，增强细胞对氧攻击的抵抗力，在氧化应激过程中对机体起着重要的保护作用。

胆红素的转化与排泄

（一）胆红素在肝脏中的转化

肝对胆红素的代谢包括摄取、转化和排泄三个方面。胆红素-清蛋白复合物随血液循环运至肝，在肝血窦中胆红素与清蛋白分离，并迅速被肝细胞摄取。胆红素进入肝细胞后，与胞液中Y蛋白和Z蛋白两种配体蛋白结合，形成胆红素-Y蛋白和胆红素-Z蛋白复合物，将胆红素转运至滑面内质网进一步代谢。甲状腺激素、磺溴酞钠、造影剂等可竞争性地与Y蛋白结合，影响肝细胞对胆红素的摄取和运输。

在滑面内质网中，经UDP-葡萄糖醛酸基转移酶的催化，胆红素脱离配体蛋白，与葡萄糖醛酸结合，生成葡萄糖醛酸胆红素。葡萄糖醛酸胆红素包括双葡萄糖醛酸胆红素及少量单葡萄糖醛酸胆红素。葡萄糖醛酸的供体是尿苷二磷酸葡萄糖醛酸（UDPGA）。与葡萄糖醛酸结合的胆红素称为结合胆红素（conjugated bilirubin）或肝胆红素。葡萄糖醛酸与胆红素结合是肝对毒性胆红素的一种根本性的生物转化解毒方式。此外，还有少量胆红素与活性硫酸结合，生成硫酸酯。

结合胆红素自肝细胞释放入毛细胆管，然后随胆汁排入肠道。如胆道梗阻或其他原因导致胆红素排泄受阻，胆红素会逆流入血，使血中结合胆红素水平升高。血浆中的胆红素不断被肝细胞摄取、转化和排泄，保证了肝细胞对血液中胆红素的有效清除，起到解毒的作用。胆红素在肝细胞内转化代谢的全过程见图12-6。

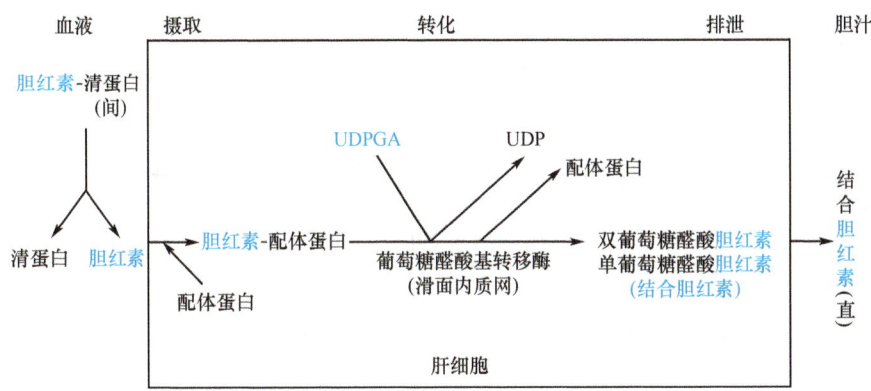

图12-6 胆红素在肝细胞内的转化代谢过程

胆红素在肝细胞内经生物转化后，其理化性质发生了改变，从极性低的未结合胆红素转变为极性强的结合胆红素，既有利于胆红素随胆汁排泄，又消除了其对细胞的毒性作用。苯巴比妥等药物可诱导Y蛋白和UDP-葡萄糖醛酸基转移酶的合成，故临床上可应用苯巴比妥消除新生儿生理性黄疸。

> **链接**
>
> **新生儿黄疸**
>
> 据统计，约60%的足月儿、80%的早产儿于出生后第2～3天开始出现皮肤、巩膜黄染，医学上称为新生儿黄疸。其原因是新生儿血液中的红细胞较多，且这类红细胞寿命短，易被破坏，造成胆红素生成过多，另外，新生儿肝功能发育不完善，摄取、结合、排泄胆红素的能力均较低，仅为成人1%～2%，从而极易出现黄疸。新生儿黄疸大多是生理性的，一般不需特殊治疗可自行消退。

（二）胆红素在肠道中的转变及胆素原的肝肠循环

结合胆红素随胆汁排入肠腔后，在回肠下段或结肠中细菌作用下，先水解脱去葡萄糖醛酸，再逐步还原生成一系列无色化合物，包括胆素原、粪胆素原和尿胆素原等，统称胆素原。大部分胆素原（80%）随粪便排出体外，经空气氧化，粪胆素原可氧化成黄褐色粪胆素，此即粪便颜色的主要来源。正常人每日从排出的粪胆素为40～280mg，当胆道梗阻时，胆红素不能排入肠腔形成胆素原与胆素，粪便颜色变浅甚至呈灰白色。新生儿肠道细菌少，胆红素未被细菌作用可直接随粪便排出，粪便呈橙黄色。

肠道中有10%～20%的胆素原可被肠黏膜重吸收，经门静脉入肝，其中大部分随胆汁再次排入肠腔，形成胆素原的肝肠循环。小部分进入体循环，通过肾小球滤过随尿排出，即为尿胆素原，被空气氧化后生成尿胆素，它是尿中的主要色素。尿胆素原、尿胆素、尿胆红素在临床上被称为尿三胆，常用来作为检查肝功能的指标之一。胆色素的代谢过程总结于图12-7。

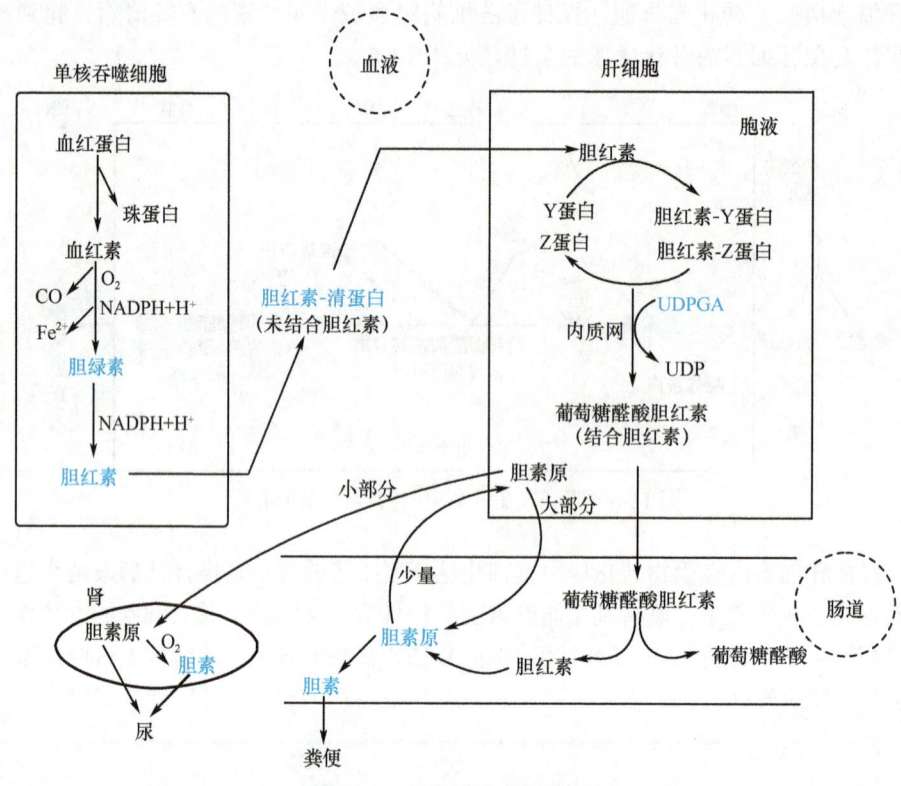

图 12-7 胆色素的代谢过程

四 血清胆红素及胆红素代谢异常

(一) 血清胆红素

按照性质和结构不同,正常人体内的胆红素可分为未结合胆红素和结合胆红素两大类型。

1. **未结合胆红素** 又称游离胆红素或间接胆红素,是未经肝细胞转化的、与清蛋白结合的胆红素,呈脂溶性,对脂类有高度的亲和性,极易通过细胞膜对细胞造成危害,尤其是含脂类较高的神经细胞。该类胆红素占血浆总胆红素的80%。

2. **结合胆红素** 又称直接胆红素,在肝细胞滑面内质网内转变成葡糖醛酸胆红素,呈水溶性,不易透过细胞膜,有利于胆红素排出体外,在正常血浆中结合胆红素的含量极低。两种胆红素的比较见表12-3。

表 12-3 未结合胆红素与结合胆红素的比较

项目	未结合胆红素	结合胆红素
其他名称	游离胆红素	酯型胆红素
	间接胆红素	直接胆红素
	血胆红素	肝胆红素
葡萄糖醛酸结合	未结合	结合
重氮试剂反应	缓慢、间接反应	迅速、直接反应
溶解性	脂溶性	水溶性

续表

项目	未结合胆红素	结合胆红素
经肾随尿排出	不能	能
透过细胞膜的能力	大	小
对脑的毒性作用	大	小

（二）胆红素代谢异常

正常人血中胆红素含量不超过 17.1μmol/L，其中未结合胆红素占 4/5，其余为结合胆红素。胆红素为金黄色物质，当血清中胆红素含量过高时，胆红素可扩散进入组织，造成皮肤、巩膜黄染现象，临床上称为黄疸。黄疸的程度与血清胆红素的浓度成正比。当血清胆红素浓度在 17.1～34.2μmol/L 之间，肉眼看不到组织黄染现象，称为隐性黄疸；当血清胆红素浓度大于 34.2μmol/L 时，肉眼可明显观察到皮肤、巩膜黄染现象，称为显性黄疸。

根据黄疸发病原因不同，临床分为三种类型。

1. 溶血性黄疸 也称肝前性黄疸。因红细胞大量破坏，生成过量的胆红素，超出了肝的生物转化能力。因此，血中未结合胆红素浓度显著增高，而结合胆红素浓度变化不大，尿中胆红素阴性。由于肝对胆红素的摄取、转化、排泄增强，胆素原的肝肠循环也增加，使尿胆素原、粪胆素原增多，故粪便和尿液的颜色均加深。药物或输血不当、恶性疟疾、过敏等均可引起溶血性黄疸。

2. 肝细胞性黄疸 也称肝原性黄疸。由于肝细胞或毛细胆管破坏，一方面肝对胆红素的摄取、结合和排泄的能力降低，造成血中未结合胆红素浓度升高；另一方面肝细胞肿胀，使毛细胆管阻塞，胆汁排泄障碍或肝细胞坏死，使毛细胆管与肝血窦直接相通，结合胆红素逆流入血，造成血中结合胆红素浓度升高。由于血中结合胆红素、未结合胆红素均增多，尿胆素原升高，尿胆红素阳性；因排入肠道的胆红素减少，生成粪胆素减少，粪便颜色可变浅；通过肝肠循环进入肝脏的胆素原也可经损伤的肝组织进入体循环，尿胆素原及胆素可升高。肝细胞性黄疸常见于肝实质性病变，如肝炎、肝硬化、肝肿瘤等。

3. 阻塞性黄疸 也称肝后性黄疸。各种原因引起的胆汁排泄障碍，使胆小管和毛细胆管内压力增大而破裂，导致结合胆红素回流入血，使血中结合胆红素升高而导致的黄疸称为阻塞性黄疸。临床检验时，表现为血清中结合胆红素明显升高，未结合胆红素无明显变化。由于结合胆红素可透过肾小球，故尿胆红素阳性，尿颜色加深。胆道梗阻使肠道胆素原减少，粪胆素原、尿胆素原均减少，粪便颜色变浅甚至呈灰白色或陶土色。阻塞性黄疸可见于先天性胆道闭锁、胆管炎、肿瘤、胆道结石等。

各种类型黄疸血清、粪便及尿液中胆色素变化情况见表 12-4。

表 12-4 三型黄疸血、尿、粪的变化

分析项目	比较项目	正常情况	溶血性黄疸	肝细胞性黄疸	阻塞性黄疸
血清胆红素浓度（μmol/L）	总胆红素	3.4～17.2	17.2～85.6	17.2～819.7	17.2～513.8
	未结合胆红素	<13.7	↑↑	↑	正常或轻度↑
	结合胆红素	<3.4	正常或轻度↑	↑↑	↑↑
尿液	颜色	浅黄	加深	加深	加深

续表

分析项目	比较项目	正常情况	溶血性黄疸	肝细胞性黄疸	阻塞性黄疸
	胆素原	1∶20	↑	不一定	↓
	胆素	正常	↑	不一定	↓
	胆红素	阴性	阴性	阳性	阳性
粪便	颜色	黄色	加深	变浅或正常	变浅或陶土色
	胆素原或胆素	正常	↑	↓或正常	↓

自 测 题

一、名词解释

1. 生物转化 2. 胆汁酸肝肠循环 3. 胆红素 4. 黄疸

二、选择题

（一）单项选择题

1. 下列能转变为胆汁酸的物质是（   ）
   A. 类固醇激素   B. 胆固醇
   C. 磷脂   D. 胆红素
   E. 嘌呤碱

2. 胆固醇在体内的主要去路是（   ）
   A. 转变为类固醇激素
   B. 转变为胆汁酸
   C. 转变为维生素
   D. 转变为胆红素
   E. 转变为粪固醇

3. 胆汁酸之所以能最大限度乳化脂肪，是因为（   ）
   A. 饭后肝内立即加速胆汁酸的分泌
   B. 饭后可进行一次胆汁酸肝肠循环
   C. 饭后可进行 2～4 次胆汁酸肝肠循环
   D. 饭后胆汁酸快速分泌至小肠
   E. 饭后肝内胆固醇合成量增加

4. 生物转化的主要组织器官是（   ）
   A. 肺   B. 肠   C. 肝
   D. 肾   E. 皮肤

5. 生物转化中最普遍的结合反应是（   ）
   A. 硫酸结合反应
   B. 乙酰基结合反应
   C. 葡萄糖醛酸结合反应
   D. 甘氨酸结合反应
   E. 甲基结合反应

6. 严重肝病患者出现蜘蛛痣的主要原因是（   ）
   A. 凝血酶原合成不足   B. 雌激素灭活不够
   C. 维生素 A 转化不足   D. 胆汁酸生成减少
   E. 酮体生成过多

7. 胆汁酸合成的限速酶是（   ）
   A. 7α- 羟化酶
   B. 7α- 羟胆固醇羟化酶
   C. 胆酰 CoA 合成酶
   D. 胆汁酸合成酶
   E. 鹅脱氧胆酰 CoA 合成酶

8. 有"物质代谢中枢"称号的器官是（   ）
   A. 心   B. 脑   C. 肝
   D. 脾   E. 肾

9. 血液中与游离胆红素结合进行运输的主要是（   ）
   A. α_2- 球蛋白   B. α_1- 球蛋白
   C. β- 球蛋白   D. γ- 球蛋白
   E. 清蛋白

10. 肝性脑病时，患者血生化指标明显升高的是（   ）

A. 氨基酸　　　B. 血氨
C. 胆红素　　　D. 尿素
E. 血糖

（二）多项选择题

11. 溶血性黄疸患者的特点是（　　）
   A. 尿中胆素原增多
   B. 尿中胆红素增加
   C. 恶性疟疾、输血不当、过敏等可导致红细胞破坏过多而引起
   D. 血中未结合胆红素浓度增高
   E. 血中结合胆红素改变不大

12. 下列属于初级胆汁酸的是（　　）
   A. 脱氧胆酸　　B. 胆酸
   C. 石胆酸　　　D. 甘氨脱氧胆酸
   E. 鹅脱氧胆酸

13. 下列物质需要进行生物转化的是（　　）
   A. 药物　　　B. 食品添加剂
   C. 激素　　　D. 葡萄糖
   E. 维生素

三、填空题

1. 初级游离胆汁酸是在_____内由_____转变而来的。
2. 胆色素包括_____、_____、_____、_____。
3. 未结合胆红素在肝细胞内经_____酶催化而转变成_____，并随胆汁排至_____，再经_____作用转变为_____，主要随_____排泄。
4. 生物转化作用有_____、_____、_____、_____四个反应类型。
5. 临床上将黄疸分为三种类型，即_____、_____、_____。

四、简答题

1. 肝在物质代谢中有哪些作用？异常时有何表现？
2. 简述生物转化的概念、反应类型及特点。
3. 何谓胆汁酸的肝肠循环？胆汁酸有何生理功能？
4. 临床上如何鉴别肝细胞性黄疸、溶血性黄疸和阻塞性黄疸？

（卢英芹）

第13章 水和无机盐代谢

水和无机盐是一切生物体的重要组成部分，也是构成体液的主要成分。体液是指体内的水及溶解在水中的无机盐和有机物构成的液体。水和无机盐代谢又称水和电解质平衡，主要是指水和无机盐的摄取、排泄、在体内的存在形式和分布及体液交换等。水、电解质平衡是维持细胞正常代谢、保证各器官生理功能与生命活动所必需的条件。

第1节 体　　液

 体液的分布与组成

（一）体液的分布

体液广泛分布于细胞内外，构成了人体内环境。正常成年人体液总量约为体重的60%，分布于细胞内的体液称为细胞内液，约占体重的40%；分布于细胞外的体液称为细胞外液，占体重的20%。血浆和细胞间液共同构成细胞外液，细胞外液中血浆约占体重的5%，细胞间液约占体重的15%。

机体内体液的总量和分布受年龄、性别和胖瘦等因素影响。成年男性体液量多于同体重女性；肥胖者比同体重均衡体型者体液总量低。

> **链接**
>
> **婴幼儿体液的差异**
>
> 　　由于婴幼儿体内含水量较多，每日对水的需要量高，以每千克体重计算，可比成人高2～4倍，同时，婴幼儿每千克体重的体表面积比成年人大，水通过皮肤蒸发快，而调节水平衡的能力又差，因此，婴幼儿易发生水和电解质平衡紊乱。

（二）体液的组成及特点

体液中的溶质如无机盐、蛋白质和有机酸等常以离子状态存在，故称电解质。电解质在体内分布特点如下。

（1）无论细胞内液或细胞外液，其所含阴离子与阳离子的摩尔电荷总量相等，体液呈电中性。

（2）细胞内液和细胞外液电解质分布差异很大。细胞外液的阳离子以 Na^+ 为主，阴离子以 Cl^- 和 HCO_3^- 为主；而细胞内液的阳离子以 K^+ 为主，阴离子以 HPO_4^{2-} 和蛋白质负离子为主。

（3）细胞内外液渗透压基本相等。由于细胞内液含有二价离子（HPO_4^{2-}、SO_4^{2-}、Mg^{2+} 等）和蛋白质负离子较多，故细胞内液的电解质总量（以摩尔电荷浓度计）大于细胞外液。

（4）血浆与细胞间液两者的电解质组成及含量比较接近，而血浆中的蛋白质明显高于细胞间液，故血浆胶体渗透压高于细胞间液胶体渗透压。这一点对维持血容量和血浆与细胞之间水交换有重要作用。

体液中主要的电解质含量见表 13-1。

表 13-1　体液中电解质的分布及含量

电解质		血浆		细胞间液		细胞内液	
		离子(mmol/L)	电荷(mmol/L)	离子(mmol/L)	电荷(mmol/L)	离子(mmol/L)	电荷(mmol/L)
阳离子	Na^+	145	145	139	139	10	10
	K^+	4.5	4.5	4	4	158	158
	Mg^{2+}	0.8	1.6	0.5	1	15.5	31
	Ca^{2+}	2.5	5	2	4	3	6
	合计	152.3	156	145.5	148	186.5	205
阴离子	Cl^-	103	103	112	112	1	1
	HCO_3^-	27	27	25	25	10	10
	HPO_4^{2-}	1	2	1	2	12	24
	SO_4^{2-}	0.5	1	0.5	1	9.5	19
	蛋白质	2.25	18	0.25	2	8.1	65
	有机酸	5	5	6	6	16	16
	有机磷酸	—	—	—	—	23.3	70
	合计	138.75	156	144.75	148	79.9	205

体液的交换

体液之间不断地进行着水、电解质和小分子有机物的交换，以保证营养物质和代谢产物的相互沟通，使内环境保持相对稳定。

（一）血浆与组织液之间的交换

血浆与组织液之间进行物质交换的屏障是毛细血管壁。毛细血管壁是一种半透膜，葡萄糖、氨基酸、尿素及无机盐等小分子物质可以自由通过，而血浆蛋白质等大分子物质则不能自由通过。

毛细血管动脉端与静脉端的血压、血浆胶体渗透压和组织静水压的变化，维持着血管中流动着的血浆和组织液之间的动态平衡。

（二）细胞外液与细胞内液之间的交换

细胞内液与细胞外液之间进行物质交换的屏障是细胞膜，细胞膜也是半透膜，它与毛细血管壁不同,因为其对物质的透过有较为严格的限制。当细胞内、外液之间出现渗透压差时,主要依靠水的转移维持细胞内外的渗透压平衡。细胞外渗透压过高时,水从细胞内大量转移到细胞外,细胞失水萎缩;反之,细胞内渗透压过高时,水从细胞外大量流入细胞内,细胞充盈肿胀。

> **链接**
>
> **水 肿**
>
> 各种原因造成血浆与组织液间的动态平衡失调,引起进入组织间隙的液体超过从组织间液返回血管的液体量时,即可产生水肿。例如,心力衰竭时,毛细血管压力增大,组织液回流发生障碍,水肿发生。肾病综合征患者因大量蛋白尿导致低蛋白血症;肝功能障碍者,清蛋白减少,血浆胶体渗透压降低,均可发生水肿。

第2节 水 代 谢

 水的生理功能

水是机体内含量最多的组成成分,体内的水一部分与蛋白质、多糖等物质相结合,以结合水的形式存在;另一部分以自由状态存在于机体内,称为自由水。水的生理功能主要体现在以下几个方面。

1. 调节体温　水是良好的体温调节剂。水的比热大,能吸收或者释放较多的热量,而本身温度升高或者降低不多;水的蒸发热大,蒸发少量的汗就能散发大量的热。

2. 运输并参与物质代谢　水是良好的极性溶剂,流动性大,机体内大多数的营养物质和代谢废物都能较好地溶解于水中,通过血液循环而被运输至器官或组织。水分子还直接参与许多化学反应,如水解、水化、加水脱氢等。

3. 润滑作用　水作为润滑剂可以起到湿润和减少摩擦的作用。例如,唾液可保持口腔和咽部湿润,有利于吞咽;泪液可以防止眼球干燥,有利于眼球转运等。

4. 维持组织器官的正常形态、硬性和弹性　不同组织器官含水量不同,水在其中的存在形式也不同,使各种组织器官具有不同的形态、硬度和弹性。

 水的摄入和排出

正常成人每日水的摄入和排出处于动态平衡。正常成人每日需水量约为2500ml。

（一）水的摄入

体内水的来源主要有以下三个方面。

1. 饮水　饮水量多少因个人习惯、气候条件、劳动强度和生理情况的不同有很大差别。成人每天饮水约1200ml。

2. 食物　成人每天随食物摄入的水量约为1000ml。

3. 代谢水　糖、脂肪、蛋白质等营养物质在生物体内进行生物氧化时生成的水称为代谢水,又称为内生水,其生成量比较恒定,每天约300ml。

（二）水的排出

正常成人每天排出的水量约为2500ml，体内水的排出途径主要有以下四个方面。

1. **肾排出**　肾是人体排水的主要器官。正常成人每天排出尿量约为1500ml。但尿量受其他水的来源及去路途径影响很大，机体排尿除排出体内多余的水分外，更重要的生理功能是通过排尿过程排出机体内代谢终产物如尿素、尿酸等，防止其在身体内堆积对机体产生不良影响。正常成人每天产生代谢终产物35g～40g，一般每1g溶质需要15ml尿液才能溶解。故正常成人每天的最低尿量不低于500ml才能将代谢废物排尽。否则代谢终产物将潴留在机体内，造成尿毒症。

2. **呼吸蒸发**　呼吸蒸发是指肺在呼吸时以水蒸气的形式排出的水分，正常成人每日通过呼吸排出的水分约350ml。当某些疾病导致的呼吸加深加快，可增加肺的排水量。

3. **皮肤蒸发**　皮肤蒸发分为显性出汗和非显性出汗两种方式。显性出汗是指皮肤通过汗腺分泌的汗液。显性出汗多少与环境温度、劳动强度等因素有关，除失水外也有电解质的丢失，属于水的额外丢失而非生理性丢失。非显性出汗是指体表皮肤蒸发的水分，其中电解质含量微小，可将其视为纯水，正常成人每日通过此方式排出的水约500ml。

4. **消化道排出**　胃肠道的消化液大部分会随着食物的吸收而被重吸收，只有150ml随粪便排出体外。

所以，正常成人每日水的摄入与排出各为2500ml，基本保持水的进出量大致相等，这是正常生理状态下的水平衡，故将此量称为生理需水量（表13-2）。

当机体由于某些原因不能进食、进水时，经由皮肤、肺、消化道和肾仍在排水，以正常成人每天最低尿量500ml计，每日排出水约1500ml，这是人体每天必然丢失的水量，称为必然失水量，只有补足此量才能维持机体最基础的生理代谢。若机体不能通过饮食补充水分，除机体自身产生的300ml代谢水外，正常成人每日最低应补充水分约1200ml，才能维持基础生理需要。故正常成人每日的最低需水量为1200ml。

表13-2　正常成人每天水的出入量

来源	入量(ml/d)	去路	出量(ml/d)
饮水	1200	肾排出	1500
食物水	1000	皮肤蒸发	500
代谢水	300	呼吸蒸发	350
		经粪排出	150
合计	2500	合计	2500

第3节　无机盐代谢

● **案例13-1**

某同学在外就餐后上吐下泻数次不止，在口服药物无效的情况下决定去医院治疗。医生给他开具的处方中有大量的输液。

问题：1. 医生为什么要给他开具输液处方？
　　　2. 输液处方中还应该具有哪些电解质？

一、无机盐的生理功能

（一）维持体液的渗透压和酸碱平衡

Na^+、Cl^-是维持细胞外液渗透压的主要离子；K^+、HPO_4^{2-}是维持细胞内液渗透压的主要离子。这些离子同时也是体液和红细胞中各种缓冲对的主要组成成分，在体液的酸碱平衡的调节中起重要作用。

（二）维持神经、肌肉的兴奋性

神经、肌肉的应激性与体液中各种电解质的浓度和比例密切相关。Na^+、K^+可提高神经肌肉的应激性，而Ca^{2+}、Mg^{2+}等的作用则相反。

无机离子对神经、肌肉兴奋性的影响机制如下式所示。

$$神经肌肉的应激性 \propto \frac{[Na^+]+[K^+]}{[Ca^{2+}]+[Mg^{2+}]+[H^+]}$$

从上式看出，Na^+、K^+离子可增强神经、肌肉的兴奋性，Na^+、K^+离子浓度升高时，可增强神经、肌肉的兴奋性，Na^+、K^+浓度降低时，神经、肌肉接头的兴奋性降低，表现为肌肉无力甚至肌肉麻痹。而Ca^{2+}、Mg^{2+}浓度降低时，神经、肌肉兴奋性增强，可出现手足抽搐，严重者可发生惊厥。

无机离子对心肌兴奋性的影响机制如下式所示。

$$心肌的应激性 \propto \frac{[Na^+]+[Ca^{2+}]+[OH^-]}{[K^+]+[Mg^{2+}]+[H^+]}$$

从上式看出，K^+对心肌有抑制作用，K^+浓度升高，心跳慢、弱而不规则，严重时心跳可停止在舒张期。K^+浓度降低时，心肌兴奋性增强，可引起心律失常，心跳常停顿于收缩期。而Na^+、Ca^{2+}作用与K^+相拮抗，因此，临床上高钾血症所致的心肌兴奋性降低可用提高细胞外液Ca^{2+}浓度来拮抗。

（三）维持机体细胞正常新陈代谢

部分无机离子是酶的辅助因子或是辅助因子的组成成分。例如，各种ATP酶需要一定浓度的Na^+、K^+、Mg^{2+}和Ca^{2+}的存在才表现活性；唾液淀粉酶的激活剂是Cl^-，细胞色素氧化酶发挥作用需要Fe^{2+}和Cu^{2+}存在。

（四）构成组织细胞成分

体内的所有细胞、组织、器官均含电解质，如钙和磷是骨骼和牙齿的主要成分，含硫酸根的蛋白聚糖参与构成软骨、皮肤和角膜等组织。

二、钠和氯的代谢

（一）含量与分布

正常人体内的钠含量约为1g/kg体重。钠有45%分布于细胞外液，45%结合于骨骼的基质，其余10%存在于细胞内液。血清钠浓度为135～145mmol/L。

氯主要分布于细胞外液中，血清氯浓度为98～106mmol/L。

（二）吸收与排泄

1.吸收　人体摄入钠和氯主要来自于食盐（NaCl），一般成人每日NaCl需要量为4.5～9g。

机体摄入的钠大部分在小肠被吸收，通常每日摄入量在 7～15g。

2. 排泄　Na^+ 和 Cl^- 主要由肾随尿排出，少量由粪便及汗腺排出。肾对钠的排泄具有强大的调节能力。肾脏排钠的特点是"多吃多排，少吃少排，不吃不排"，因而一般情况下，机体不会出现钠和氯的缺乏。

钾的代谢

（一）含量与分布

正常成人体内的钾含量为 2g/kg 体重，其中 98% 存在细胞内液中，细胞外液仅占 2% 左右。细胞内液中钾浓度为 150mmol/L 左右，而血清中钾浓度仅为 3.5～5.5mmol/L。

血钾浓度极易受到物质代谢及细胞外 H^+ 的影响。机体每合成 1g 糖原需要 0.15mmol K^+ 进入细胞内，每合成 1g 蛋白质需要 0.45mmol K^+ 进入细胞内，而糖原或蛋白质分解时会释放等量的 K^+ 到细胞外。另外，机体发生酸中毒时，细胞外液 H^+ 浓度升高，大量的 H^+ 进入细胞内可缓解酸中毒的程度，同时又有 K^+ 转移出细胞以维持细胞内外液的电中性，引起高钾血症。反之，碱中毒时则引起低钾血症。

（二）吸收与排泄

1. 吸收　正常成人每日约需钾 2.5g。大部分来源于食物，如蔬菜、水果、谷类、肉类、豆类、薯类等食物，日常膳食就能满足机体对钾的需要。食物中的钾约 90% 在消化道被吸收。当消化道出现溃疡等疾病时，会影响钾的摄入。

2. 排泄　钾主要经肾脏随尿进行排泄，少量由肠道排出。肾脏的远曲小管和集合管具有泌钾功能，肾脏排钾的特点是"多吃多排，少吃少排，不吃也排"，所以对不能进食者常常出现缺钾的现象，应注意适当、及时地补钾。

第 4 节　水和无机盐平衡的调节

机体水和无机盐的平衡受神经系统和激素的调节，这种调节主要通过肾脏对水和无机盐的处理得以实现。参与调节的激素主要是抗利尿激素和醛固酮。

神经系统的调节

神经系统对水和无机盐平衡的调节主要通过调节摄水量加以实现。中枢神经系统通过感受体液渗透压的变化，直接影响水的摄入。当机体缺水或体液渗透压升高时，通过神经反射兴奋口渴中枢，引起摄水量增加，以补充水分，降低体液渗透压；反之，则口渴中枢抑制，摄水量减少。

抗利尿激素的调节

抗利尿激素（ADH）是由下丘脑视上核分泌的一种九肽激素，又称升压素。储存于垂体，机体需要时释放入血。它的作用是可增强肾小管对水的重吸收能力，使尿量减少（图 13-1）。

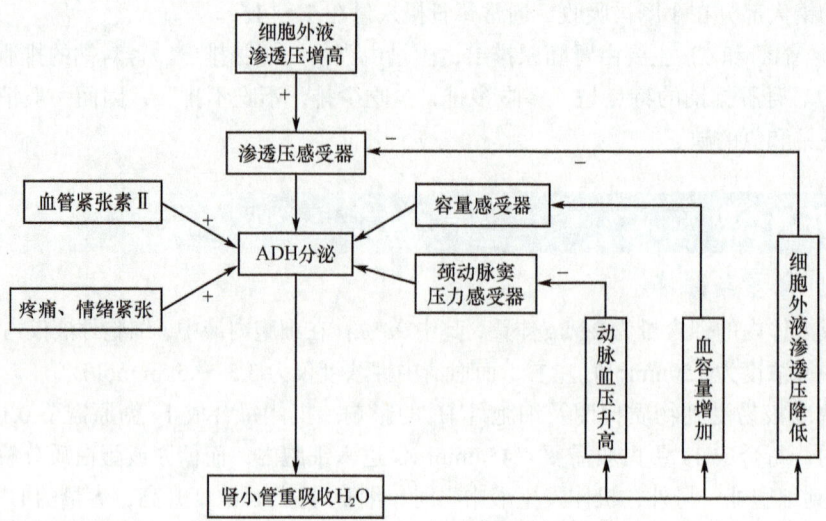

图 13-1　抗利尿激素分泌的调节及作用示意图

三　醛固酮的调节

醛固酮是肾上腺皮质球状带分泌的一种类固醇激素，它的作用是促进肾远曲小管和集合小管重吸收 Na^+，分泌排出 K^+ 和 H^+，同时伴有 Cl^- 和 H_2O 的重吸收，使尿量减少。当血容量下降时，血压及有效循环血量也随之下降，肾血流量减少，促使醛固酮分泌增加，加强肾小管对水钠的重吸收，使血容量与血压得以恢复。当机体内血钠降低、血钾升高或血浆 $[Na^+]/[K^+]$ 减少时，醛固酮分泌增加，促进肾小管保钠排钾，使机体电解质浓度恢复正常（图 13-2）。

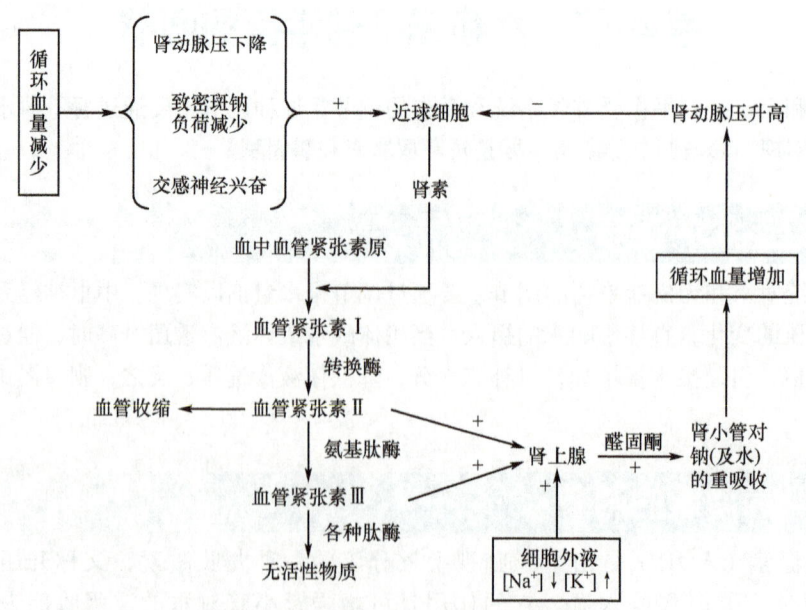

图 13-2　醛固酮分泌的调节及作用示意图

第5节 钙磷代谢

● 案例 13-2

患儿,男性,1岁。烦躁不安、爱哭闹、入睡后易惊醒、多汗,症状持续2个月前来就诊。患儿足月出生,人工牛乳、米粉喂养,未添加其他辅食,户外活动少。查体发现患儿方颅、颅后枕秃(+),胸廓肋缘外翻。实验室检查:Ca^{2+} 1.3mmol/L、Na^+ 135mmol/L,K^+ 3.8mmol/L,ALP280U/L(正常值 37~150U/L)。

问题:1. 该患儿患有何种疾病?
　　　2. 治疗和预防措施有哪些?

 钙和磷的含量和分布

钙、磷是人体内含量最多的无机盐,正常成人体内钙总量为 700~1400g,磷总量为 400~800g。人体内 99% 以上的钙和 86% 以上的磷分布于骨中,构成骨骼和牙齿的主要成分,其余部分存在于体液和软组织中。

 钙和磷的生理功能

1. 参与构成骨骼和牙齿　钙、磷在体内的主要功能是构成骨盐,以羟基磷灰石[$Ca_{10}(PO_4)_6(OH)_2$]结晶的形式结合在胶原纤维上,形成具有一定硬度的骨骼。

2. Ca^{2+} 的生理功能　体内离子形式钙的主要生理功能是:①降低神经肌肉的兴奋性。当机体内血钙浓度降低时,可使神经肌肉兴奋性增高,以致发生抽搐。②降低细胞膜和毛细血管壁的通透性。③作为细胞膜受体型激素的第二信使。④作为某些酶的辅助因子。⑤增强心肌收缩力。⑥参与凝血过程。

3. 磷的生理功能　磷除参与构成骨盐外,主要以磷酸根的形式在体内发挥多种生理作用,表现为:①是体内许多重要化合物的组成成分;②参与糖、脂、蛋白质和核酸等物质的代谢和能量代谢;③参与物质代谢的调节;④参与体内酸碱平衡调节。

 钙和磷的吸收与排泄

1. 钙的吸收和排泄　正常成人每日需钙量为 0.6~1.0g,主要从食物中摄取,牛奶、豆类是人体内钙的主要来源。钙的吸收主要在十二指肠和空肠上段,钙盐在酸性溶液中易溶解,凡使消化道内 pH 下降的食物(如糖、氨基酸等)均有利于钙的吸收。食物中的草酸盐、碱性磷酸盐、植酸盐可与钙形成不溶性磷酸钙复合物,不利于钙的吸收。活性维生素 D 能促进钙和磷的吸收。食物中的钙磷比例为 2:1 时更有利于钙的吸收。年龄因素也是影响食物中钙吸收的重要方面,钙的吸收随年龄的增长而下降。平均每增长 10 岁,吸收率下降 5%~10%,这也是造成老年人骨质疏松的原因之一。

正常成人每日排出的钙中约 80% 由肠道排出,20% 由肾排出。肾小球每日滤过约 9g 游离钙,大约 99% 被肾小管重吸收,只有大约 1% 随尿排出体外。肾对钙的重吸收受甲状旁腺激素的严格调控。

2.磷的吸收和排泄 食物中的有机磷酸酯和磷脂水解生成无机磷酸盐在小肠上段被吸收。钙、镁、铁可与磷酸根生成不溶性化合物而影响其吸收。磷主要经肾脏排泄，60%～80%随尿排出，甲状旁腺激素抑制血磷的重吸收，增加磷的排泄。

四 血钙和血磷

血钙是指血浆或血清中的钙，正常成人血钙含量为2.25～2.75mmol/L（9～11mg/dl），约一半是游离Ca^{2+}；另一半为结合钙，结合钙主要与清蛋白结合，小部分与小分子有机物（如柠檬酸）结合。发挥生理作用的主要是游离钙，游离钙与结合钙在血浆中呈动态平衡状态，血浆pH可影响它们的平衡。当血浆pH偏低时，结合钙解离，血浆游离钙增多；反之，则结合钙增多，而游离钙减少，神经肌肉兴奋性增高。故碱中毒患者常出现手足抽搐。

血浆中的磷主要以无机磷酸盐的形式存在，如Na_2HPO_4和NaH_2PO_4等。成人血磷含量为1.1～1.3mmol/L（3.5～4.0mg/dl）。

正常人血液中钙和磷的浓度乘积相对恒定，当两者浓度以mg/dl表示时，其乘积为一常数，即[Ca]×[P]=35～40。当此乘积大于40时，钙磷以骨盐的形式沉积于骨组织中；若小于35时，则发生骨盐溶解，甚至发展成佝偻病或软骨症。

五 钙、磷代谢的调节

1. 1,25-二羟维生素D_3 1,25-二羟维生素D_3[1,25-(OH)$_2$-D$_3$]称为活性维生素D，由维生素D_3经肝和肾的羟化作用生成，主要靶器官是小肠和骨。其作用除促进小肠对钙、磷的吸收。生理剂量的1,25-(OH)$_2$-D$_3$可促进骨盐沉积和骨基质的成熟，有利于成骨。总的作用是使血钙和血磷升高。

2. 甲状旁腺激素（PTH） PTH主要作用的靶器官是骨和肾。PTH激活破骨细胞，促进破骨作用，使血钙与血磷增高。PTH促进肾小管对钙的重吸收，抑制对磷的重吸收。PTH的总体作用是使血钙升高。

3. 降钙素（CT） CT作用的靶器官为骨和肾，是唯一降低血钙浓度的激素。CT通过激活成骨细胞、抑制破骨细胞促进成骨作用，抑制肾小管对钙、磷的重吸收。CT的总体作用是使血钙与血磷降低。

血钙与血磷通过1,25-(OH)$_2$-D$_3$、PTH和CT对小肠、骨、肾组织的协同作用维持其正常的动态平衡，若任何靶器官或调节激素出现异常，均可使血钙、血磷浓度升高或降低，导致钙磷代谢紊乱。

第6节 微量元素代谢

凡占人体总重量万分之一以下、日需要量小于100mg的物质称为微量元素。目前，公认的有铁、锌、铜、硒、钴、锰、铬、碘、氟、镍、钼、硅、锡等。微量元素在含量上极其微小，但具有十分重要的生理功能。

 铁

1. 代谢概况　铁是体内含量最多的一种微量元素,成年男性平均含铁量约为 50mg/kg 体重;女性略低于男性,约为 30mg/kg 体重。成年男性及绝经后的妇女需铁约 1mg/d,妊娠期妇女需铁约 3.6mg/d。

人体内的铁主要来源于体内血红蛋白降解时所释放的铁,食物中的铁主要用于补充因代谢丢失的铁。铁吸收部位主要在十二指肠及空肠上段。影响铁吸收的因素主要有:① Fe^{2+} 比 Fe^{3+} 易吸收;②胃酸可促使铁盐溶解;③维生素 C 和谷胱甘肽可将 Fe^{3+} 还原成 Fe^{2+},氨基酸、柠檬酸、苹果酸等能与铁离子形成络合物,有利于铁的吸收;④鞣酸、草酸、植酸、无机磷酸、含磷酸的抗酸药等可与铁形成难溶的铁盐,从而影响铁的吸收。

吸收的铁在血液中与亚铁蛋白结合而运输。铁主要随着粪便排出体外。

2. 生理作用　铁在体内主要参与合成铁卟啉,约有 75% 存在于铁卟啉化合物中,25% 存在于其他含铁化合物中,而铁卟啉是血红蛋白、肌红蛋白、细胞色素系统、过氧化物酶及过氧化氢酶等的重要组成部分,这些物质在气体运输、生物氧化和酶促反应中均发挥重要作用。

 锌

1. 代谢概况　成人体内锌的含量为 1.5～2.5g。锌主要在小肠吸收,肉类尤其是海鲜类、豆类、坚果、麦胚等含锌丰富。血中锌与清蛋白或运铁蛋白结合而运输。血锌浓度为 0.10～0.15mmol/L。体内储存的锌主要与金属硫蛋白结合。锌主要经粪便排泄,其次为尿、汗、乳汁等。

2. 生理作用　锌是含锌金属酶的组成成分,与多种酶(碳酸酐酶、DNA 聚合酶和 RNA 聚合酶等)的活性有关。锌是合成胰岛素所必需的元素。锌也是重要的免疫调节剂,在抗氧化和抗炎症中均起重要作用。

 铜

成人体内铜的含量为 80～110mg,成人每日需铜 1.0～3.0mg,孕妇和生长期的青少年略有增加。铜主要在十二指肠吸收,血液中的铜主要与铜蓝蛋白、清蛋白或组氨酸形成复合物,铜主要随胆汁排泄。

铜是体内多种酶的辅基,如细胞色素氧化酶、多巴胺 β- 羟化酶等。铜增强血管内皮生长因子和相关细胞因子的表达,促进血管生成。

四 硒

成人体内含硒为 14～21mg。硒在十二指肠吸收。硒入血后与球蛋白或极低密度脂蛋白结合而运输,主要随尿及汗液排泄。

硒是谷胱甘肽过氧化物酶的成分,该酶在体内具有抗氧化作用,具有清除自由基、抗脂质过氧化、保护细胞膜结构和功能、延缓衰老等功能。体内硒的缺乏可导致生长缓慢、肌肉萎缩、毛发稀疏、精子生成异常等疾病。世界上不同地区的土壤中含硒量不同,影响食用植物中硒的含量,从而影响人类硒的摄取量。克山病和大骨节病都被认为是由于地域性生长的农作物中含硒量低引起的地方病。由于硒的抗氧化作用,服用硒或含硒制剂可以明显降低某些癌症(如前列腺癌、肺癌、大肠癌)的危险性。

五 碘

成人每日需碘 100～300mg。碘的吸收部位主要在小肠，大多数碘随尿排出体外，其他由汗腺通过排汗排出体外。

成人体内含碘 30～50mg，甲状腺是人体内含碘最多的器官。碘的主要功能为：①合成甲状腺激素。②抗氧化作用。碘可与活性氧竞争细胞成分和中和羟自由基，防止细胞遭受破坏。③与细胞膜上的多不饱和脂肪酸结合，使之不易产生自由基。因此，碘在预防癌症方面有一定的积极作用。

机体内碘缺乏可引起地方性甲状腺肿，小儿缺碘可致呆小病。

自 测 题

一、名词解释
1. 体液 2. 显性出汗 3. 电解质
4. 钙磷乘积 5. 微量元素

二、选择题
（一）单项选择题

1. 细胞外液的主要阳离子是（ ）
   A. Na^+ B. K^+ C. Mg^{2+}
   D. Zn^{2+} E. Ca^{2+}

2. 正常人血浆中 [Ca] 与 [P] 的乘积为（ ）
   A. 5～10   B. 15～20   C. 25～30
   D. 35～40   E. 45～50

3. 下列哪种微量元素是谷胱甘肽过氧化物酶的成分（ ）
   A. 铁   B. 硒   C. 氟
   D. 钴   E. 钼

4. 细胞内液的主要阳离子是（ ）
   A. Na^+ B. K^+ C. Mg^{2+}
   D. Zn^{2+} E. Ca^{2+}

5. 体内缺乏铁可能导致哪种疾病（ ）
   A. 夜盲症   B. 软骨病   C. 贫血
   D. 克山病   E. 糖尿病

6. 参与调节体内水电解质平衡的激素是（ ）
   A. 降钙素   B. 生长激素
   C. 集落刺激因子   D. 胰高血糖素
   E. 醛固酮

7. 患者，男性，36 岁。反复上腹痛 5 年，为空腹及夜间发作，加重伴呕吐 2 周。该患者可能存在哪种电解质紊乱（ ）
   A. 高血钙   B. 低血镁
   C. 高血钠   D. 高血钾
   E. 低血钾

8. 下列不属于微量元素的是（ ）
   A. 铁   B. 钙   C. 氟
   D. 碘   E. 钴

9. 下列不属于水的排出方式的是（ ）
   A. 肾排出   B. 循环系统排出
   C. 皮肤蒸发   D. 消化道排出
   E. 呼吸蒸发

10. 机体内碘缺乏可引起下列哪种疾病（ ）
    A. 侏儒症   B. 佝偻病
    C. 龋齿   D. 克山病
    E. 呆小症

（二）多项选择题

11. 妨碍钙吸收的是（ ）
    A. 乳酸   B. 柠檬酸
    C. 草酸   D. 植酸
    E. 维生素 D

12. 肾脏对钾的调节是（ ）
    A. 多吃多排   B. 少吃少排
    C. 不吃不排   D. 少吃多排

E. 不吃也排
13. 肾脏对钠的调节是（　　）
   A. 多吃多排　　B. 少吃少排
   C. 不吃不排　　D. 少吃多排
   E. 不吃也排
14. 下列调节钙和磷代谢的主要激素有（　　）
   A. 活性维生素 D　　B. 甲状旁腺激素
   C. 降钙素　　D. 肾上腺素
   E. 抗佝偻病维生素

三、填空题

1. 体内水的主要生理功能有_____、_____、_____、_____。
2. 体内无机盐的主要生理功能有_____、_____、_____、_____。

四、简答题

1. 简述体内水的来源与去路。
2. 体液的电解质含量有何特点？

（莫小卫）

第14章 酸碱平衡

机体在生命活动过程中不断地受到体内外酸碱物质的冲击,使体液 pH 总是不断地发生变动,但通过一系列精细机制的调节,使体液 pH 维持在恒定的范围,此过程称为酸碱平衡(acid-base balance)。酸碱平衡主要取决于体液的缓冲、肺及肾的作用。三者相互协调、相互制约,共同调节体液 pH 的相对恒定。pH 相对恒定是机体各组织细胞正常生命活动的必要条件。正常人血浆的 pH 为 7.35~7.45。如果体内的酸碱物质超过了机体的调节范围,或三种调节作用中的某一方出现障碍,就可能导致体液酸碱平衡紊乱(acid-base imbalance)。

第1节 体内酸碱物质的来源

在化学反应中,凡能释放出 H^+ 的化学物质称为酸,如 H_2SO_4、H_2CO_3、HCl、NH_4^+ 等。反之,凡能结合 H^+ 的化学物质称为碱,如 HCO_3^-、NH_3、OH^-。

一、酸性物质的来源

体内酸性物质主要来源于糖、脂类、蛋白质及核酸的分解代谢,故这些物质被称为成酸物质。除了体内代谢过程中所产生的酸性物质,另外有少量来自于某些食物及药物。酸性物质可分为挥发性酸和非挥发性酸两大类。

(一)挥发性酸(碳酸)

挥发性酸即碳酸。正常成人每日分解代谢产生约 350L(15mol)的 CO_2,所生成的 CO_2 主要在红细胞内碳酸酐酶(CA)的催化下与水结合生成碳酸。碳酸随血液循环运至肺部后重新分解成 CO_2 并呼出体外,故称碳酸为挥发性酸,是体内酸的主要来源。

(二)非挥发性酸(固定酸)

除碳酸外,体内有些酸性物质不能由肺呼出,故称为非挥发性酸或固定酸。如糖分解代谢产生的丙酮酸和乳酸;脂肪酸在肝内代谢产生的酮体等。

二、碱性物质的来源

机体在物质代谢过程中也可产生少量的碱性物质,碱性物质主要来源于食物中的蔬菜和水果。蔬菜和水果中含有较多有机酸盐,如苹果酸钾盐或钠盐、柠檬酸钾盐或钠盐等,这些有机酸根在体内氧化生成 CO_2 和 H_2O,剩下的 Na^+、K^+ 则与 HCO_3^- 结合生成碳酸氢盐。所以蔬菜和水果被称为碱性食物。此外,某些药物本身就是碱,如抑制胃酸的药物碳酸氢钠等。正常情况下,体内产生的酸性物质多于碱性物质,故机体对酸碱平衡的调节作用以对酸的调节为主。

第 2 节 体内酸碱平衡的调节

 血液的缓冲作用

无论是体内代谢产生还是由体外进入的酸性或碱性物质,都要进入血液并被血液缓冲体系缓冲,然后再通过肺、肾的调节共同维持机体的酸碱平衡。

(一)血液的缓冲体系

血浆的缓冲体系如下:

$$\frac{NaHCO_3}{H_2CO_3}, \frac{Na_2HPO_4}{NaH_2PO_4}, \frac{Na\text{-}Pr}{H\text{-}Pr} \quad (Pr:血浆蛋白)$$

红细胞的缓冲体系如下:

$$\frac{NaHCO_3}{H_2CO_3}, \frac{K_2HPO_4}{KH_2PO_4}, \frac{K\text{-}Hb}{H\text{-}Hb}, \frac{K\text{-}HbO_2}{H\text{-}HbO_2} \quad (Hb:血红蛋白;HbO_2:氧合血红蛋白)$$

在血液的缓冲系统中,血浆中的缓冲体系以碳酸氢盐缓冲体系最为重要,红细胞中以血红蛋白及氧合血红蛋白缓冲体系最重要。血液中各缓冲体系的缓冲能力如表 14-1 所示。

表 14-1 血液缓冲体系的组成

缓冲体系	占全血缓冲体系能力的百分数(%)
HbO_2 和 Hb	35
有机磷酸盐	3
无机磷酸盐	2
血浆蛋白质	7
血浆碳酸氢盐	35
红细胞碳酸氢盐	18

血液的缓冲系统中,血浆中的缓冲体系以碳放氢盐缓冲体系最为重要,红细胞中以血红蛋白及氧合血红蛋白缓冲体系最重要。

(二)血液的缓冲机制

血浆的 pH 主要取决于血浆中 $NaHCO_3$ 与 H_2CO_3 浓度的比值。在正常情况下,血浆 $NaHCO_3$ 的浓度约为 24mmol/L,H_2CO_3 的浓度约为 1.2mmol/L,两者比值为 24/1.2=20/1。血浆 pH 可

由亨德森-哈塞巴（Henderson-Hassalbach）方程式计算：

$$pH = pK_a + \lg \frac{[NaHCO_3]}{[H_2CO_3]}$$

其中 pK_a 是 H_2CO_3 解离常数的负对数，温度在37℃时为6.1，将数值代入上式：

$$pH = 6.1 + \lg \frac{20}{1} = 6.1 + 1.3 = 7.4$$

上式充分说明了血浆 pH 与血浆 $[NaHCO_3]/[H_2CO_3]$ 之间的关系：只有当血浆 $[NaHCO_3]/[H_2CO_3]$ 维持在20/1时，血浆 pH 才能维持在7.4不变；如二者之间的比值变化，则血浆 pH 也随之改变。酸碱平衡调节的实质就是通过调节 $NaHCO_3$ 与 H_2CO_3 浓度的比值来维持血浆 pH 的相对恒定。$NaHCO_3$ 称为代谢性因素；H_2CO_3 称为呼吸性因素。

进入血液的固定酸或碱性物质，主要由碳酸氢盐缓冲体系缓冲；挥发性酸主要由血红蛋白缓冲体系缓冲。

1. 对固定酸的缓冲作用　代谢过程中产生的乳酸、磷酸、酮体等固定酸（H-A）进入血浆时，主要由 $NaHCO_3$ 中和，使酸性较强的固定酸转变为酸性较弱的 H_2CO_3。H_2CO_3 进一步分解成 H_2O 及 CO_2，CO_2 可经肺呼出体外，从而使血浆 pH 变化不太明显。对固定酸的缓冲作用可表示如下。

$$H\text{-}A + NaHCO_3 \longrightarrow Na\text{-}A + H_2CO_3$$
（固定酸）　　　　　　（固定酸钠）

另外，血浆中其他缓冲体系也有一定的缓冲作用。

$$H\text{-}A + Na\text{-}Pr \longrightarrow Na\text{-}A + HPr$$
$$H\text{-}A + Na_2HPO_4 \longrightarrow Na\text{-}A + NaH_2PO_4$$

2. 对碱性物质的缓冲作用　碱性物质进入血液后，可被血浆中的 H_2CO_3、NaH_2PO_4 及 H-Pr 所缓冲，使碱性变弱。

$$Na_2CO_3 + H_2CO_3 \longrightarrow 2\,NaHCO_3$$
$$Na_2CO_3 + NaH_2PO_4 \longrightarrow NaHCO_3 + Na_2HPO_4$$
$$Na_2CO_3 + H\text{-}Pr \longrightarrow NaHCO_3 + Na\text{-}Pr$$

通过以上反应，使碱性较强的 Na_2CO_3 转变为碱性较弱的 $NaHCO_3$。其中所消耗的 H_2CO_3 可由体内不断产生的 CO_2 得以补充。因此 H_2CO_3 是对固定碱进行缓冲的主要成分，缓冲后生成的过多 $NaHCO_3$ 可由肾排出体外，从而保持了血液 pH 的恒定。

3. 对挥发性酸的缓冲作用　体内各组织细胞代谢产生的 CO_2 主要经红细胞内的血红蛋白缓冲体系缓冲，此缓冲作用与血红蛋白的运氧过程相偶联。

当动脉血流经组织时，组织中的 CO_2 扩散入血，大部分 CO_2 扩散进入红细胞，在碳酸酐酶的作用下生成 H_2CO_3，后者解离成 HCO_3^- 和 H^+。其中的 H^+ 与 HbO_2^- 释放出 O_2 后转变成的 Hb^- 结合 H^+ 生成 HHb 而被缓冲，红细胞内 HCO_3^- 因浓度增高而向血浆扩散。此时红细胞内阳离子（主要是 K^+）较难通过红细胞膜，不能随 HCO_3^- 逸出，因此血浆中等量的 Cl^- 进入红细胞以维持电荷平衡，这种通过红细胞膜进行 HCO_3^- 与 Cl^- 交换的过程称为氯离子转移（图14-1）。

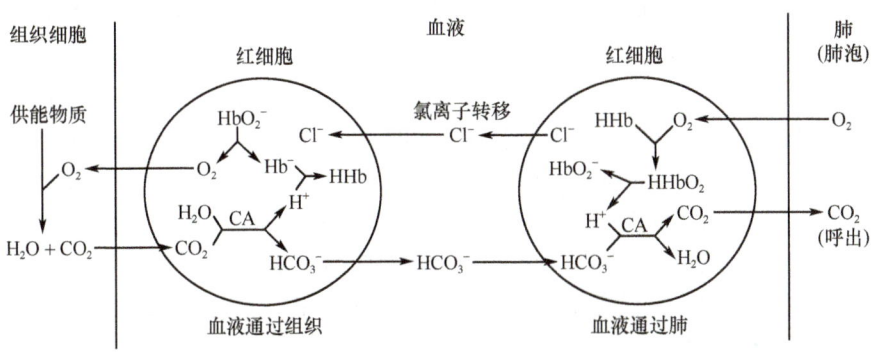

图 14-1 血红蛋白对挥发性酸的调节作用

当血液流经肺部时，HHb 解离成 H^+ 和 Hb^-，Hb^- 和大量扩散入血的 O_2 结合形成 HbO_2^-，H^+ 与 HCO_3^- 结合生成 H_2CO_3，并立即经碳酸酐酶催化分解成 CO_2 和 H_2O，CO_2 从红细胞扩散入血浆后，再扩散入肺泡而呼出体外。此时，红细胞中的 HCO_3^- 很快减少，继而血浆中的 HCO_3^- 进入红细胞，与红细胞内的 Cl^- 进行又一次等量交换。

在严重呕吐丢失大量胃液时，损失较多的 H^+ 和 Cl^-，血浆 Cl^- 浓度降低，HCO_3^- 从红细胞进入血浆，血浆 HCO_3^- 浓度代偿性增加，从而导致低氯性碱中毒。

肺对酸碱平衡的调节作用

肺通过增加或减少 CO_2 的排出量来调节血浆中 H_2CO_3 的浓度。肺呼出 CO_2 的作用受呼吸中枢的调节，而呼吸中枢的兴奋性又受血液中 PCO_2 及 pH 的影响。当体内产酸增多时，$NaHCO_3$ 减少而 H_2CO_3 增多，使血浆中 $[NaHCO_3]/[H_2CO_3]$ 比值变小。血中的 H_2CO_3 经碳酸酐酶催化分解为 CO_2 及 H_2O，使血浆 PCO_2 增高，刺激延髓的呼吸中枢，呼吸加深加快，呼出更多的 CO_2，从而降低了血中 H_2CO_3 的浓度，使 $[NaHCO_3]/[H_2CO_3]$ 比值及 pH 恢复正常。

总之，动脉血 PCO_2 增高或 pH 降低时，呼吸中枢兴奋，呼吸加深加快，CO_2 呼出增多；反之，当动脉血 PCO_2 降低或 pH 升高时则呼吸中枢受抑制，呼吸变浅变慢，CO_2 呼出减少。肺通过呼出 CO_2 来调节血中 H_2CO_3 的浓度，以维持 $[NaHCO_3]/[H_2CO_3]$ 的正常比值。

肾对酸碱平衡的调节作用

肾对酸碱平衡的调节，主要是通过排出机体过多的酸或碱，调节血浆中 $NaHCO_3$ 浓度，以维持血浆 pH 的恒定。当血浆中 $NaHCO_3$ 浓度降低时，肾则加强对酸的排泄及对 $NaHCO_3$ 的重吸收作用，以恢复血浆中 $NaHCO_3$ 的正常浓度；当血浆中 $NaHCO_3$ 浓度升高时，肾则减少对 $NaHCO_3$ 的重吸收并排出过多的碱性物质，使血浆中 $NaHCO_3$ 浓度仍维持在正常范围。

（一）肾小管泌 H^+ 及 $NaHCO_3$ 的重吸收（H^+-Na^+ 交换）

在肾小管上皮细胞内含有碳酸酐酶，在该酶催化下 CO_2 与 H_2O 化合生成 H_2CO_3，H_2CO_3 又解离为 H^+ 和 HCO_3^-。

$$CO_2 + H_2O \rightleftharpoons H_2CO_3 \longrightarrow H^+ + HCO_3^-$$

解离出的 H^+ 从肾小管上皮细胞主动分泌到小管液中，而 HCO_3^- 则保留在细胞内。分泌到小管液中的 H^+ 与其中的 Na^+ 交换，称为 H^+-Na^+ 交换。进入肾小管上皮细胞中的 Na^+ 可通过钠泵主动转运回血浆，肾小管细胞中 HCO_3^- 则被动吸收入血，二者重新结合生成 $NaHCO_3$，以补充缓冲固定酸所消耗的 $NaHCO_3$。人体每天由肾小球滤过的 HCO_3^- 90% 在近曲小管重吸收，其余的在髓袢及远曲小管重吸收。小管液中的 H^+ 一部分与 HCO_3^- 结合生成 H_2CO_3，H_2CO_3 又分解为 CO_2 和 H_2O。CO_2 可扩散入肾小管细胞，也可进入血液运至肺部呼出。此过程没有 H^+ 的真正排出，只是管腔中的 $NaHCO_3$ 全部重吸收回血液，故称为 $NaHCO_3$ 的重吸收。

血液中 $NaHCO_3$ 的正常值为 22~28mmol/L。当血浆 $NaHCO_3$ 浓度低于 28mmol/L 时，原尿中的 $NaHCO_3$ 可完全被肾小管重吸收。当血浆中 $NaHCO_3$ 的浓度超过此值时，则不能完全吸收，多余的部分随尿排出体外。故代谢性碱中毒时，有较多的 $NaHCO_3$ 随尿排出（图 14-2）。

（二）尿液的酸化

在正常血液 pH 条件下，Na_2HPO_4/NaH_2PO_4 的比值为 4 : 1。在近曲小管管腔中，这一缓冲对仍保持原来的比值，但终尿中这一比值变小，尿中排出 NaH_2PO_4 增加，尿液 pH 降低，这一过程称为尿液的酸化（图 14-3）。

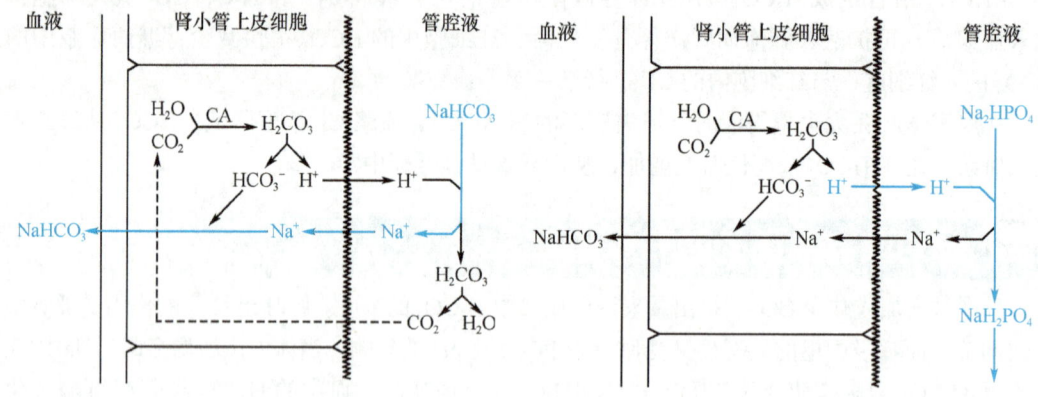

图 14-2 H^+-Na^+ 交换及 $NaHCO_3$ 的重吸收　　　　图 14-3 尿液的酸化

当原尿流经肾远曲小管时，其中的 Na_2HPO_4 解离的 Na^+ 与肾小管上皮细胞分泌的 H^+ 交换，Na^+ 进入肾小管上皮细胞并与 HCO_3^- 重吸收进入血液结合形成 $NaHCO_3$，而管腔中的 H^+ 和 Na^+ 与 HPO_4^{2-} 结合形成 NaH_2PO_4 随尿排出，使尿液的 pH 降低。正常人尿液 pH 在 4.6~8.0。在食入混合食物时，终尿的 pH 在 6.0 左右。当小管液的 pH 由原尿中的 7.4 下降到 4.8 时，Na_2HPO_4/NaH_2PO_4 比值下降，Na_2HPO_4 几乎全部转变为 NaH_2PO_4。

（三）肾小管泌 NH_3 及 Na^+ 的重吸收（NH_4^+-Na^+ 交换）

肾远曲小管和集合管上皮细胞有泌 NH_3 功能。NH_3 主要来源于血液转运的谷氨酰胺（占 60%），在谷氨酰胺酶的催化下可分解为谷氨酸和 NH_3；另一部分 NH_3 则来源于氨基酸的脱氨基作用（占 40%）。

NH_3 生成后与分泌入小管液中的 H^+ 结合生成 NH_4^+，并与强酸盐（如 NaCl、Na_2SO_4 等）的负离子结合生成酸性的铵盐随尿排出。同时，小管液中强酸盐解离出的 Na^+ 重吸收入细胞与 HCO_3^- 进入血液结合生成 $NaHCO_3$，而维持血浆中 $NaHCO_3$ 的正常浓度（图 14-4）。

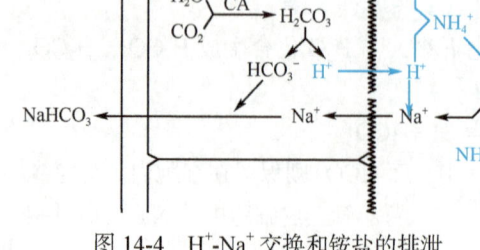

图 14-4 H^+-Na^+ 交换和铵盐的排泄

NH_3 的分泌量随尿液的 pH 而变化，尿液酸性越强，NH_3 的分泌越多；如尿液呈碱性，NH_3 的分泌减少甚至停止。这种调节酸碱平衡的强大代偿作用对于迅速排除体内多余的强酸具有重要意义。

第3节 体内酸碱平衡失调

● 案例 14-1

患者，男性，45岁，糖尿病史10年，因昏迷入院。体检血压12/5.3kPa，脉搏101次/分，呼吸28次/分。实验室检查：血糖10.1mmol/L、β-羟丁酸1.0mmol/L、尿素8.0mmol/L、K^+ 5.0mmol/L、Na^+ 160mmol/L、Cl^- 104mmol/L；pH 7.136、PCO_2 4.06kPa、PO_2 9.91kPa、BE −18.0mmol/L、HCO_3^- 9.9mmol/L；尿：酮体（+++），糖（+++），酸性；脑脊液常规检查未见异常。临床诊断：糖尿病；糖尿病合并酮症酸中毒。

问题： 1. 患者诊断糖尿病合并酮症酸中毒的指标有哪些？
2. 酮症酸中毒是属于哪种类型的酸碱失调？
3. 分析此时患者体内通过血液缓冲、肺、肾调节的机制。

当体内酸或碱的产生过多或不足，肺和肾的调节功能不健全，以致消耗过多的缓冲体系并得不到及时的补充和维持时，血浆 $NaHCO_3$ 与 H_2CO_3 的浓度及比值就会发生改变，从而导致酸碱平衡失调，其基本类型有四种，即呼吸性酸中毒、呼吸性碱中毒、代谢性酸中毒、代谢性碱中毒。

酸碱平衡失调的基本类型

（一）呼吸性酸中毒

呼吸性酸中毒是由于肺的呼吸功能障碍，CO_2 呼出不畅，使血浆 H_2CO_3 浓度原发性升高。当血浆 PCO_2 及 H_2CO_3 浓度升高时，肾小管细胞泌 H^+、泌 NH_3 作用增强，$NaHCO_3$ 重吸收增多，结果导致血浆 $NaHCO_3$ 浓度相应继发性升高，如果 $[NaHCO_3]/[H_2CO_3]$ 的比值仍维持在20 : 1，pH仍在正常范围之内，则称为代偿性呼吸性酸中毒。

当血浆 H_2CO_3 浓度过高，超出机体的代偿能力时，则 $[NaHCO_3]/[H_2CO_3]$ 的比值变小，血浆pH随之降低至7.35以下，称为失代偿性呼吸性酸中毒。

呼吸性酸中毒的特点是血浆 PCO_2、H_2CO_3 浓度升高，血浆 $NaHCO_3$ 浓度也相应升高。

（二）呼吸性碱中毒

呼吸性碱中毒是由于肺的换气过度，CO_2 呼出过多，使血浆 H_2CO_3 浓度原发性降低。若血浆 PCO_2 及 H_2CO_3 浓度降低时，肾小管细胞泌 H^+、泌 NH_3 作用减弱，$NaHCO_3$ 重吸收减少，血浆中 $NaHCO_3$ 浓度相应继发性降低，使 $[NaHCO_3]/[H_2CO_3]$ 的比值仍然在20 : 1，pH仍维持在正常范围之内，称为代偿性呼吸性碱中毒。

当血浆 H_2CO_3 浓度过低，超出机体的代偿能力时，则 $[NaHCO_3]/[H_2CO_3]$ 的比值增大，pH升高至7.45以上，称为失代偿性呼吸性碱中毒。

呼吸性碱中毒的特点是血浆 PCO_2、H_2CO_3 浓度降低，血浆 $NaHCO_3$ 浓度也相应降低。

（三）代谢性酸中毒

代谢性酸中毒最常见，是由于固定酸过多造成血浆 $NaHCO_3$ 浓度原发性降低引起的。

固定酸产生过多引起代谢性酸中毒时，固定酸经 $NaHCO_3$ 缓冲，生成固定酸的钠盐和 H_2CO_3，结果导致血浆 $NaHCO_3$ 浓度降低，H_2CO_3 浓度升高，pH 降低。此种酸中毒的代偿过程：由于血浆 H_2CO_3 浓度升高和 pH 降低，一方面可刺激呼吸中枢的兴奋性，引起呼吸加深加快，CO_2 排出增多，使血浆 H_2CO_3 浓度降低；另一方面可使肾小管细胞泌 H^+ 和泌 NH_3 作用增强，增加 $NaHCO_3$ 的重吸收和固定酸的排出。通过上述代偿过程，虽然血浆 $NaHCO_3$ 和 H_2CO_3 的绝对浓度都有所减少，但二者的比值仍为 20∶1，血浆 pH 仍维持在正常范围之内，则称为代偿性代谢性酸中毒。

超出机体的代偿能力时，血浆 $[NaHCO_3]/[H_2CO_3]$ 的比值则变小，pH 随之降低至 7.35 以下，称为失代偿性代谢性酸中毒。

代谢性酸中毒的特点是血浆 $NaHCO_3$ 浓度降低，血浆 H_2CO_3 浓度也相应降低。

（四）代谢性碱中毒

代谢性碱中毒是由于各种原因导致血浆 $NaHCO_3$ 原发性增多，如严重呕吐时酸性物质丢失过多，碱性药物摄入过多或低血钾等。

当血浆 $NaHCO_3$ 浓度升高时，血浆 pH 升高，抑制了呼吸中枢兴奋性，使呼吸变浅变慢，保留较多的 CO_2，血浆 H_2CO_3 浓度升高；同时，肾小管细胞泌 H^+ 和泌 NH_3 作用减弱，减少了 $NaHCO_3$ 的重吸收。结果仍能使 $[NaHCO_3]/[H_2CO_3]$ 的比值维持在 20∶1，血浆 pH 仍维持在正常范围内，称为代偿性代谢性碱中毒。

当超出代偿能力时，血浆 $[NaHCO_3]/[H_2CO_3]$ 的比值增大，pH 随之升高至 7.45 以上，称为失代偿性代谢性碱中毒。

代谢性碱中毒的特点是血浆 $NaHCO_3$ 浓度升高，血浆 H_2CO_3 浓度也相应升高。

酸碱失衡的主要生化诊断指标

为了全面、准确地了解体内的酸碱平衡状况，一般需要测定血液的 pH、代谢性因素和呼吸性因素三方面的指标，如 PCO_2、缓冲碱或碱剩余等。

（一）血液的 pH

血浆 pH 是表示血浆中 H^+ 浓度的指标。正常人动脉血 pH 变动范围为 7.35～7.45，平均为 7.40。pH 大于 7.45 为失代偿性碱中毒；pH 小于 7.35 为失代偿性酸中毒。血浆 pH 的测定并不能区分酸碱中毒是代谢性的还是呼吸性的。

（二）血浆二氧化碳分压（PCO_2）

血浆 PCO_2 是指物理溶解于血浆中的 CO_2 所产生的张力。动脉血浆 PCO_2 的正常范围为 4.5～6.0kPa，平均为 5.3kPa。血浆 PCO_2 是呼吸性酸碱平衡失调的重要诊断指标，反映了呼吸因素的变化。PCO_2 降低提示肺通气过度，CO_2 排出过多，为呼吸性碱中毒；PCO_2 升高提示肺通气不足，有 CO_2 蓄积，为呼吸性酸中毒。代谢性酸中毒时由于肺的代偿作用，血浆 PCO_2 降低；相反，代谢性碱中毒时在肺的代偿作用下，血浆 PCO_2 升高。

（三）血浆二氧化碳结合力（CO_2-CP）

血浆 CO_2-CP（CO_2 combining power）由 Van Slyke 引进临床后，成为广泛应用于了解酸碱平衡是否失常的重要诊断指标。它是指 25℃、PCO_2=5.3kPa 时，每升血浆中以 $NaHCO_3$ 形

式存在的 CO_2 毫摩尔数。其正常参考范围为 23~31mmol/L，平均为 27mmol/L。代谢性酸中毒时血浆 CO_2-CP 降低；代谢性碱中毒时 CO_2-CP 升高。但呼吸性酸中毒时，经肾代偿作用继发地引起血浆 $NaHCO_3$ 含量的变化，使血浆 CO_2-CP 升高；呼吸性碱中毒时，经肾代偿后 CO_2-CP 降低。

（四）实际碳酸氢盐（AB）和标准碳酸氢盐（SB）

AB（actual bicarbonate）是指在隔绝空气的条件下取血分离血浆，测得血浆中 $NaHCO_3$ 的真实含量。AB 的正常变动范围为 24±2mmol/L，平均为 24mmol/L，AB 反映血液中代谢性成分的含量，但也受呼吸性成分的影响。SB（standard bicarbonate）是全血在标准条件下（即 Hb 的氧饱和度为 100%，温度 37℃，PO_2 为 5.3kPa）测得的血浆中 $NaHCO_3$ 的含量，不受呼吸性成分的影响，是反映代谢性成分的指标，SB 降低表示代谢性酸中毒，SB 升高表示代谢性碱中毒；但在呼吸性酸中毒或碱中毒时，由于肾脏的代偿作用，SB 也可相应升高或降低。

（五）碱过剩（BE）或碱欠缺（BD）

血浆碱过剩（base excess，BE）或碱欠缺（base deficient，BD）是指在标准条件下（温度为 37℃、PCO_2 为 5.3kPa、血红蛋白的氧饱和度为 100%）处理的全血，分离血浆后用酸或碱滴定至 pH 为 7.40 时，所消耗的酸或碱的量。如果系酸滴定，结果用"+"表示；如果系用碱滴定，结果则用"-"表示。血浆 BE 的正常参考范围为 -3.0~+3.0mmol/L。BE>+3.0mmol/L 时，表示体内碱过剩，为代谢性碱中毒；BE<-3.0mmol/L 时，表示体内碱欠缺，为代谢性酸中毒。

自 测 题

一、名词解释

1. 酸碱平衡　2. 固定酸　3. 代谢性酸中毒
4. PCO_2　5. CO_2-CP

二、选择题

（一）单项选择题

1. 挥发性酸是指（　　）
   A. 乳酸　　　　　　B. 柠檬酸
   C. H_2SO_4　　　　D. H_2CO_3
   E. H_3PO_4

2. 血浆中最重要的缓冲对是（　　）
   A. KHb/HHb
   B. $NaHPO_4/NaH_2PO_4$
   C. $NaHCO_3/H_2CO_3$
   D. NaPr/HPr
   E. K_2HPO_4/KH_2PO_4

3. 肾脏调节酸碱平衡的主要作用是（　　）
   A. 直接排出酮体　　B. 排 Ca^{2+} 保 Na^+
   C. 排 H^+ 保 Na^+　　D. 排出铵盐
   E. 对抗挥发性酸

4. 呼吸深而快是下列哪种酸碱失衡的特征（　　）
   A. 代谢性酸中毒　　B. 代谢性碱中毒
   C. 呼吸性酸中毒　　D. 呼吸性碱中毒
   E. 混合性碱中毒

5. 某肺心病患者，因感冒肺部感染而住院，血气分析为 pH 7.32，PCO_2 71mmHg，HCO_3^- 37mmol/L，最可能的酸碱平衡紊乱类型是（　　）
   A. 代谢性酸中毒
   B. 急性呼吸性酸中毒
   C. 慢性呼吸性酸中毒
   D. 混合性酸中毒
   E. 代谢性碱中毒

6. 碱中毒时出现手足搐搦的重要原因是（　　）
   A. 血清 K^+ 降低　　B. 血清 Cl^- 降低

C. 血清 Ca^{2+} 降低　　D. 血清 Na^+ 降低

E. 血清 Mg^{2+} 降低

（二）多项选择题

7. 酸碱平衡的调节因素主要有（　　）

　　A. 体液缓冲系统　　B. 肺调节

　　C. 肾调节　　　　　D. 心脏的调节

　　E. 神经调节

8. PCO_2 降低可见于（　　）

　　A. 代谢性酸中毒　　B. 代谢性碱中毒

　　C. 呼吸性酸中毒　　D. 呼吸性碱中毒

　　E. 混合性碱中毒

9. 引起代谢性碱中毒的原因有（　　）

　　A. 剧烈呕吐

　　B. 应用碳酸酐抑制剂

　　C. 肾上腺皮质激素过多

　　D. 低钾血症

　　E. 大量输入柠檬酸盐抗凝的库存血液

10. 单纯性酸碱平衡紊乱包括（　　）

　　A. 代谢性酸中毒　　B. 代谢性碱中毒

　　C. 呼吸性酸中毒　　D. 呼吸性碱中毒

　　E. 原发性酸碱中毒

三、填空题

1. 血浆中的缓冲体系有_____、_____、_____。

2. 代谢性因素是指_____，呼吸性因素是指_____。

3. 正常血浆 pH 为_____，平均_____。

四、简答题

1. 肺脏、肾脏如何调节酸碱失衡？
2. 酸碱失衡的基本类型及特点。

（吕慧玲）

第 15 章 遗传信息传递与表达

自然界中，各种生物体的遗传信息可通过基因传递给子代。基因（gene）是 DNA 分子上的功能片段，DNA 通过转录合成 mRNA，mRNA 通过翻译表达出具有一定功能的蛋白质；DNA 还能通过复制，将遗传信息代代相传，这种遗传信息的传递方式称为遗传学中心法则。1970 年，Temin 和 Baltimore 发现了逆转录现象，即以 RNA 为模板，指导 DNA 合成，且某些病毒的 RNA 也可以进行复制，进一步补充和完善了遗传学中心法则（图 15-1）。

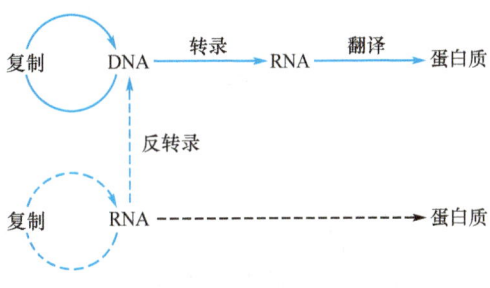

图 15-1 中心法则及补充

第 1 节 DNA 的生物合成（复制）

● 案例 15-1

患者，男性，28 岁，酒吧调酒师，自述近半年来常感觉疲劳，还常出现口腔溃疡，社区医院检查且用药后无改善。近两个月舌头牙床有溃烂，开始出现吞咽困难和心口痛，再次来到医院就诊，常规查体发现颈部腋窝等多处可触及 1cm 以上无痛性无粘连的肿大淋巴结，血液检出 HIV 及 p24 抗原，CD4$^+$T 淋巴细胞数 < 200/μl，诊断为艾滋病。

问题：HIV 的遗传物质载体是什么？感染活细胞后如何繁殖？

DNA 生物合成的方式主要包括 DNA 复制和逆转录。DNA 复制是体内合成 DNA 的主要方式。一些 RNA 病毒可以用 RNA 为模板，通过逆转录作用合成 DNA。

一、DNA 的复制

（一）DNA 的复制的方式——半保留复制

1958 年 Meselson 和 Stahl 做了一个实验，他们将大肠杆菌放在含有 ^{15}N 标记的 NH_4Cl 培养基中繁殖了 15 代，使所有的大肠杆菌 DNA 被 ^{15}N 所标记。然后将细菌转移到含有 ^{14}N 标记

的 NH_4Cl 培养基中进行培养，在培养到第二代时，收集细菌并提取 DNA，用氯化铯（CsCl）密度梯度离心法观察 DNA 所处的位置。由于 ^{15}N-DNA 的密度比普通 DNA（^{14}N-DNA）的密度高大约 1%，在氯化铯密度梯度离心时，两种密度不同的 DNA 分布在不同的区带。这个实验证明，亲代 DNA 复制之后，是以半保留形式存在于子代 DNA 分子中的（图 15-2）。

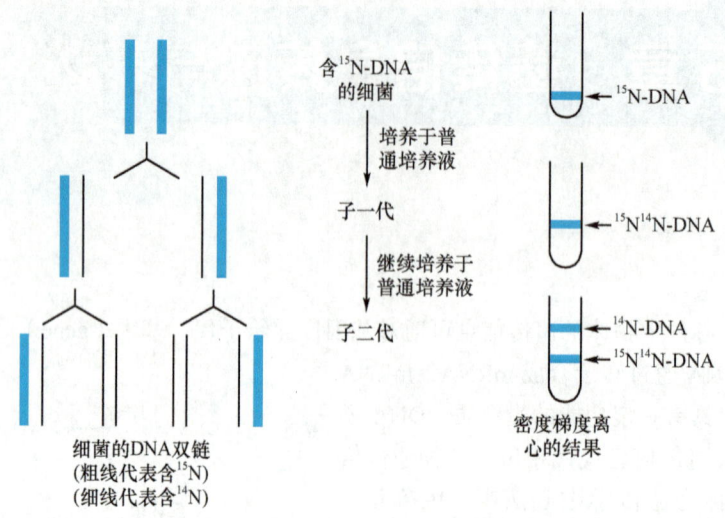

图 15-2　DNA 半保留复制的实验验证

DNA 复制时，首先 DNA 双链间的氢键断裂，解开成两股单链。然后，以每条 DNA 单链作为模板，以脱氧核苷三磷酸（dNTP）为原料，按照 A 与 T、G 与 C 的碱基配对规律，合成两个与亲代 DNA 完全相同的子代 DNA。新合成的子代 DNA，一条链来自亲代，而另一条链则是新合成的，保留了亲代的一半，这种复制方式称为半保留复制。DNA 碱基配对规律决定了合成的子代 DNA 与亲代 DNA 完全相同，故 DNA 半保留复制能充分保证 DNA 代谢稳定性与复制忠实性。

（二）参与 DNA 复制的酶及蛋白因子

1. DNA 解旋酶　DNA 解旋酶的作用是利用 ATP 将一小段 DNA 双链间的氢键打开，形成单股 DNA 链，再沿着模板移动继续解开 DNA 双链。

2. 拓扑异构酶　拓扑异构酶的作用是松解 DNA 超螺旋结构，克服扭结现象。

3. 单链 DNA 结合蛋白　在 DNA 双链解开之后，单链 DNA 结合蛋白（SSB）能结合在解开的单股 DNA 链上，维持模板链于单链状态。

4. 引物酶　催化 RNA 引物合成的酶称为引物酶。引物酶是一种特殊的 RNA 聚合酶，它以 4 种核苷三磷酸（NTP）为原料，以解开的 DNA 链为模板，按 $5' \rightarrow 3'$ 方向合成短片段的 RNA 作为引物。

5. DNA 聚合酶　DNA 聚合酶是复制中最重要的酶，又称为依赖 DNA 的 DNA 聚合酶，它能催化四种 dNTP 通过与模板链的碱基互补配对，聚合成新的 DNA 互补链。

6. DNA 连接酶　DNA 连接酶催化双股 DNA 中一股缺口上的 $3'$-OH 与 $5'$-磷酸形成 $3', 5'$-磷酸二酯键，从而使两个片段的 DNA 链连接起来形成一条 DNA 长链。

（三）DNA 复制的过程

DNA 复制大体分为起始、延长和终止三个阶段。

1. 复制的起始　DNA 复制时，DNA 拓扑异构酶和解旋酶在 DNA 复制起始部位解开 DNA 超螺旋结构，使 DNA 双链形成局部的 DNA 单链，然后单链 DNA 结合蛋白附着在复制起动位点起到保护和稳定 DNA 单链的作用，各复制点形状像一个叉，称为复制叉。引物酶识别起始部位，并以解开的一段 DNA 链为模板，按碱基配对规律，从 5′→3′方向合成引物 RNA 片段。引物的生成标志着复制的正式开始。

2. 复制的延长　复制的延长是在 DNA 聚合酶催化下，以 4 种 dNTP 为原料进行的聚合反应。由于 DNA 分子的两条模板链是反向平行的，而互补 DNA 新链合成方向都是 5′→3′。日本学者冈崎提出了 DNA 的半不连续复制模型：以复制叉向前移动的方向，3′→5′走向的模板链，其 DNA 可以顺利地按 5′→3′方向连续合成，这一条连续合成的 DNA 新链称为前导链；而另一条 5′→3′走向的模板链，其合成 DNA 链也按 5′→3′方向合成，但与解链方向正好相反，故 DNA 不能连续合成，而是，形成许多不连续片段，其合成速度慢于前导链，故称为后随链。后随链上不连续合成的 DNA 片段称为冈崎片段（图 15-3）。

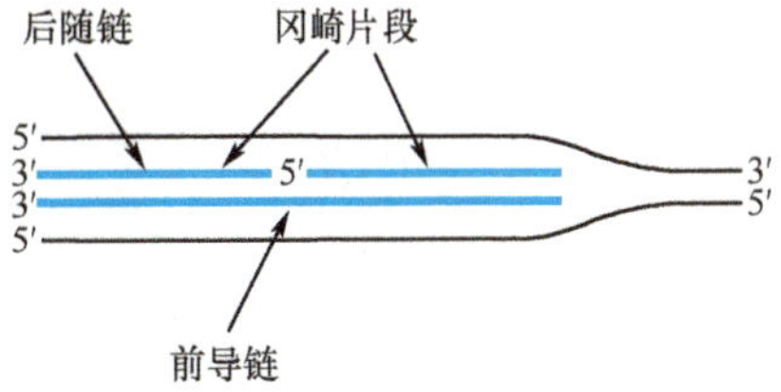

3. 复制的终止　当复制延长到具有特定碱基序列的复制终止区时，在 DNA 聚合酶 I 的作用下，切除前导链和后随链的最后一个 RNA 引物，并以 5′→3′方向延长 DNA 以填补引物水解留下的空隙。前一个冈崎片段和后一个冈崎片段之间的缺口由 DNA 连接酶催化以磷酸二酯键连接生成完整的 DNA 子链（图 15-4）。

图 15-3　DNA 半不连续复制

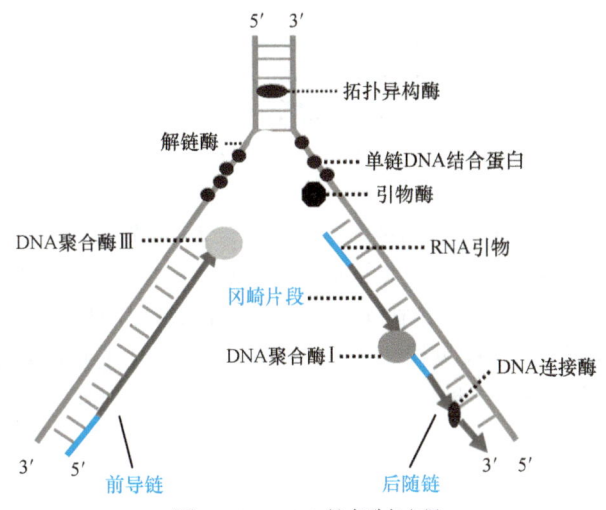

图 15-4　DNA 的复制过程

抑制 DNA 复制则可抑制细胞分裂。恶性肿瘤的 DNA 复制和细胞分裂较正常细胞活跃，故可使用一些化学药物，如核苷代谢拮抗物，可抑制 DNA 复制，进而抑制肿瘤细胞分裂增殖，从而达到抗肿瘤的目的。

二、逆转录

大多数生物体的遗传信息储存在 DNA 分子中，而某些病毒如 RNA 病毒，其遗传信息则储存在 RNA 分子中，RNA 病毒能以 RNA 为模板合成 DNA，这个过程称为逆转录或反转录。

（一）逆转录酶

催化逆转录反应的酶是逆转录酶，又称 RNA 依赖性 DNA 聚合酶（RDDP）。1970 年 Termin 在 Rous 肉瘤病毒中发现了逆转录酶，以后发现在所有 RNA 肿瘤病毒中都含有逆转录酶。

（二）逆转录过程

在逆转录酶作用下，以逆转录病毒 RNA 为模板，利用宿主细胞中 4 种 dNTP 为原料，以病毒本身携带的 tRNA 为引物，在引物的 3′—OH 端以 5′→3′方向合成与 RNA 互补的一条单核苷酸链（cDNA），形成 RNA-DNA 杂交分子，逆转录酶随后水解杂交分子中 RNA 部分，然后以此 cDNA 单链为模板合成与之互补的另一条 DNA 链，形成双链 DNA 分子（图 15-5）。

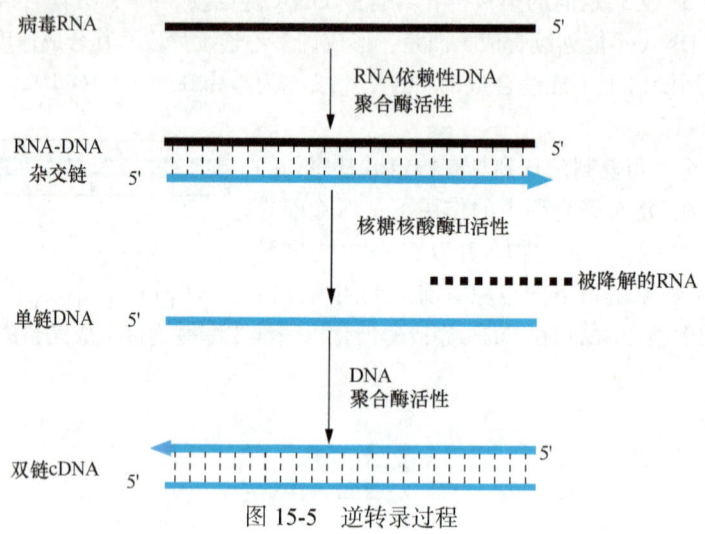

图 15-5　逆转录过程

（三）逆转录的意义

逆转录的发现，一是对中心法则的补充和发展；二对病毒致癌机制的研究有极大的推动作用。研究发现，很多肿瘤病毒就是逆转录病毒，其 RNA 信息中含有病毒癌基因，肿瘤病毒就是通过逆转录的方式在宿主细胞中表达出病毒癌基因的相关信息，可使宿主细胞发生癌变。人类免疫缺陷病毒（HIV）就是一种逆转录病毒，它主要攻击人体免疫系统中最重要的 CD4 T 淋巴细胞，大量破坏该细胞，使人体丧失免疫功能。另外，逆转录酶是基因工程等分子生物学技术中的常用工具酶。

第 2 节　RNA 的生物合成（转录）

● 案例 15-2

患者，男性，61 岁，因"咳嗽、咳痰" 4$^+$ 个月，加重伴痰中带血 2 天入院。体格检查：慢性病容，营养差，体型消瘦，余均正常。辅助检查：胸部 CT 示双肺粟粒型肺结核。入院后予利福平、异烟肼、吡嗪酰胺、乙胺丁醇、链霉素抗结核，头孢噻肟钠抗感染，谷胱甘肽保肝等措施综合治疗。

问题：抗结核药物利福平的抗菌作用机制是什么？

一 转录的概念

转录是以 DNA 为模板合成 RNA 的过程。转录是基因表达的第一步,是遗传信息传递的重要环节。

二 RNA 生物合成体系

参与 RNA 合成的成分包括 DNA 模板、四种 NTP、RNA 聚合酶、某些蛋白质因子及无机离子等,称为转录体系。

(一) DNA 模板

转录以 DNA 为模板,根据碱基配对原则,按照 DNA 模板中核苷酸的排列顺序合成互补的 RNA 分子,从而将 DNA 的遗传信息传给 RNA。模板 DNA 的序列决定着转录 RNA 的序列,与 DNA 复制不同,转录具有不对称性,即在一个包含多个基因的双链 DNA 分子中(设为 A 链及 B 链),某个基因节段只以 A 链为模板进行转录,B 链不转录,而在另一个基因节段可由 B 链为模板,A 链不转录,这种特性被称为不对称转录(asymmetric transcription)。在转录过程中,基因的 DNA 双链中可以指引合成 mRNA 的那条链称为模板链或反义链,不作为模板的另一条 DNA 链,因其序列与模板链序列互补,故其碱基序列与新合成的 mRNA 链一致(只是 T 被 U 取代),故称为编码链或有意义链。转录总是从 5′→3′ 方向进行,也就是转录是沿着模板链的 3′→5′ 方向进行(图 15-6)。

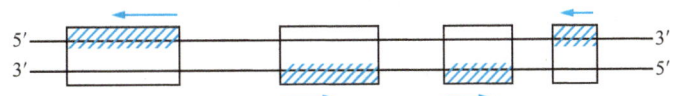

图 15-6 不对称转录

注:箭头表示产物链延长方向

(二) 原料

转录所需的原料是四种 NTP,即 ATP、GTP、CTP、UTP。每聚合 1 分子核糖核苷酸需水解掉 NTP 的 1 个磷酸键以提供所需能量。

(三) RNA 聚合酶

RNA 聚合酶是 DNA 依赖性 RNA 聚合酶(DNA dependent RNA polymerase,DDRP)。RNA 聚合酶无需引物即可直接启动 RNA 链的合成。它以 DNA 为模板,Mg^{2+} 等金属离子参与,四种 NTP 作为 RNA 合成的原料。原核生物细胞只有一种 RNA 聚合酶,由四种亚基(α、β、β′、σ)组成全酶,各亚基的功能见表 15-1。真核细胞中已发现三种 RNA 聚合酶,分别称为 RNA 聚合酶 Ⅰ、Ⅱ、Ⅲ,RNA 聚合酶 Ⅰ 转录 rRNA,RNA 聚合酶 Ⅱ 转录 mRNA,RNA 聚合酶 Ⅲ 转录 tRNA 和其他小分子 RNA。

表 15-1 *E.coli* RNA 聚合酶各亚基性质及功能

亚基	基因	功能
α	rpoA	酶的装配及结合启动子上游元件和活化因子
β	rpoB	结合核苷酸底物,催化磷酸二酯键形成
β′	rpoC	与模板 DNA 结合
σ	rpoD	识别启动子,促进转录起始

三 转录过程

RNA 的转录过程可分为起始、延长及终止三个阶段，真核生物与原核生物转录的基本过程和机制大致相同，但更为复杂。

（一）转录的起始

转录是从 DNA 分子的特定部位开始的，这个部位称为启动子。在原核生物中 RNA 聚合酶的 σ 因子辨认 DNA 的启动子部位，并带动 RNA 聚合酶的全酶与启动子结合，形成复合物。RNA 聚合酶可以"挤"入 DNA 双螺旋结构之内，起到解旋作用，并使 DNA 的局部结构松弛，解开约十几个碱基对长的 DNA 双链形成转录泡，暴露出 DNA 模板链。转录起始不需要引物，RNA 聚合酶进入起始部位后，直接催化 NTP，使其与模板链上相应的碱基配对（U-A、A-T、G-C），并结合到 DNA 模板链上，形成第一个磷酸二酯键。

（二）RNA 链的延长

RNA 链的延长反应由核心酶催化。核心酶沿模板 DNA 链向下游方向滑动，每滑动一个核苷酸的距离，则有一个核糖核苷酸按 DNA 模板链的碱基互补关系进入模板，即 U-A、A-T、C-G，形成一个磷酸二酯键，如此不断延长下去。与 DNA 复制一样，RNA 链的合成也是有方向性的，即从 5′→3′ 进行（图 15-7）。

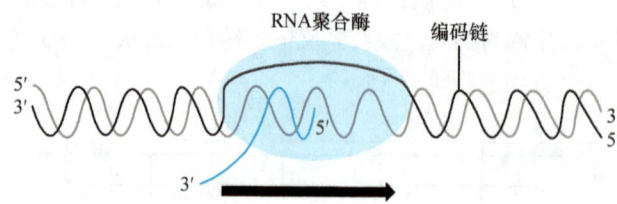

图 15-7　原核生物 RNA 聚合酶催化的转录过程

（三）转录的终止

细菌和真核生物转录一旦开始，通常都能继续下去，直至转录完成而终止，DNA 中有一段特殊序列，能提供转录停止信号，称为终止子。当核心酶沿 3′→5′ 方向滑行到终止信号时，转录即告终止。

转录过程是基因表达的中心环节，转录能被一些特异性的抑制剂抑制，如抗结核药物利福平、利福定，抑制细菌 RNA 聚合酶活性，从而阻碍细菌 RNA 的合成，临床常用于结核病的治疗。

四 转录后的修饰

转录生成的 RNA 初级产物是 RNA 的前体，它们没有生物学活性，需要经过一系列加工修饰过程，才能成为成熟、有活性的 RNA 分子。

（一）mRNA 的加工

真核细胞的 mRNA 前体是核内分子量较大而不均一的 RNA（hnRNA），hnRNA 形成 mRNA 的加工过程包括 5′ 端和 3′ 端的首尾修饰及剪接等。

1. 5′ 端加帽　mRNA 的 5′ 端帽子结构是在 hnRNA 转录后加工过程中形成的。转录产物第一个核苷酸常是鸟苷 -5′- 三磷酸（5′-pppG），在细胞核内的磷酸酶作用下水解释放出无机焦磷酸，然后，5′端与另一GTP反应生成三磷酸双鸟苷，在甲基化酶作用下，第一或第二个鸟嘌呤碱基发生甲基化反应，形成帽子结构（5′-m7GpppGp）。

2. 3′端加多聚腺苷酸尾 mRNA分子的3′端的多聚腺苷酸尾（poly A tail）也是在加工过程中完成的。在细胞核内，首先由特异核酸外切酶切去3′端多余的核苷酸，再由多聚腺苷酸聚合酶催化，以ATP为底物，进行聚合反应形成20～200个腺苷酸（poly A）。

3. 剪接 hnRNA在加工成为成熟mRNA的过程中，有50%～70%的核苷酸链片段被剪切。真核细胞的基因通常是一种断裂基因，即由几个编码区被非编码区序列相间隔并连续镶嵌组成。在结构基因中，具有表达活性的编码序列称为外显子；无表达活性、不能编码相应氨基酸的序列称为内含子。在转录过程中，外显子和内含子均被转录到hnRNA中。在细胞核中，hnRNA进行剪接，即切掉内含子部分，然后将各个外显子部分再拼接起来。

（二）tRNA的加工

1. 剪切 在真核细胞中，tRNA前体分子的5′端、3′端及反密码环的部位由核糖核酸酶切去部分核苷酸链而形成tRNA。有些前体分子中还包含几个成熟的tRNA分子，在加工过程中，通过核酸水解酶的作用而将它们分开。

2. 3′端加CCA—OH tRNA分子在转录后由核苷转移酶催化，以CTP和ATP为供体，氨基酸臂上的3′端添加CCA—OH结构，从而具有携带氨基酸的功能。

3. 碱基修饰 在tRNA的加工过程中，由修饰酶实现碱基的修饰。例如，碱基的甲基化反应产生甲基鸟嘌呤(mG)、甲基腺嘌呤(mA)，还原反应使尿嘧啶转变成二氢尿嘧啶(DHU)，脱氨基反应使腺嘌呤转变为次黄嘌呤（I），碱基转位反应产生假尿苷（Ψ）等，故成熟的tRNA分子中拥有多种稀有碱基。

（三）rRNA的加工

rRNA的转录和加工与核糖体的形成同时进行。真核细胞在转录过程中首先生成的是45S大分子rRNA前体，然后通过核酸酶作用，断裂成28S、5.8S及18S等不同rRNA。这些rRNA与多种蛋白质结合形成核糖体。rRNA成熟过程中也包括碱基的修饰，碱基的修饰以甲基化为主。

第3节 蛋白质的生物合成（翻译）

案例15-3

患者，男性，20岁，因受寒后出现发热、胸痛、咳嗽、咳铁锈色痰，经医院检查诊断为肺炎链球菌感染引起的大叶性肺炎，医生首选青霉素治疗，但皮试阳性，改用红霉素抗菌治疗。

问题：红霉素抗菌机制是什么？

蛋白质的生物合成是遗传信息表达的最终阶段，而蛋白质是遗传信息表现的功能形式。生物体DNA的遗传信息转录到mRNA，再以mRNA为直接模板合成多肽链，这个过程就是蛋白质的生物合成。

翻译的概念

因为mRNA的核苷酸序列与蛋白质的氨基酸序列是两种不同的语言，所以常把mRNA中的遗传信息转换成蛋白质氨基酸序列的过程称为翻译（translation）。

蛋白质生物合成体系

（一）mRNA

mRNA 是蛋白质合成的直接模板。mRNA 分子从 5′→3′ 方向每三个相邻的核苷酸所构成的三联体称为遗传密码或密码子。mRNA 中三联体遗传密码的排列顺序，决定了蛋白质分子一级结构中氨基酸的排列顺序和基本结构。生物体内由 A、U、G、C 四种核苷酸组成 64 个密码子，其中 61 个分别代表 20 种不同的编码氨基酸（表 15-2）。AUG 既编码多肽链中的甲硫氨酸，又作为多肽链合成的起始信号，称为起始密码子，而 UAA、UAG、UGA 则代表多肽链合成的终止信号，称为终止密码子。遗传密码具有以下重要特点：

1. 简并性　20 种编码氨基酸中，除色氨酸和甲硫氨酸各有一个密码子外，其余氨基酸都有 2 个或 2 个以上密码子，最多有 6 个。一种氨基酸具有 2 个或 2 个以上密码子的现象，称为遗传密码的简并性。遗传密码的简并性对于减少有害突变，保证遗传的稳定性具有一定的意义。

表 15-2　遗传密码表

5′ 末端 （第 1 位碱基）	中间碱基（第 2 位碱基）				3′ 末端 （第 3 位碱基）
	U	C	A	G	
U	苯丙氨酸	丝氨酸	酪氨酸	半胱氨酸	U
	苯丙氨酸	丝氨酸	酪氨酸	半胱氨酸	C
	亮氨酸	丝氨酸	终止密码	终止密码	A
	亮氨酸	丝氨酸	终止密码	色氨酸	G
C	亮氨酸	脯氨酸	组氨酸	精氨酸	U
	亮氨酸	脯氨酸	组氨酸	精氨酸	C
	亮氨酸	脯氨酸	谷氨酰胺	精氨酸	A
	亮氨酸	脯氨酸	谷氨酰胺	精氨酸	G
A	异亮氨酸	苏氨酸	天冬酰胺	丝氨酸	U
	异亮氨酸	苏氨酸	天冬酰胺	丝氨酸	C
	异亮氨酸	苏氨酸	赖氨酸	精氨酸	A
	甲硫氨酸（起始密码）	苏氨酸	赖氨酸	精氨酸	G
G	缬氨酸	丙氨酸	天冬氨酸	甘氨酸	U
	缬氨酸	丙氨酸	天冬氨酸	甘氨酸	C
	缬氨酸	丙氨酸	谷氨酸	甘氨酸	A
	缬氨酸	丙氨酸	谷氨酸	甘氨酸	G

2. 连续性　编码蛋白质氨基酸序列的各个三联体密码连续阅读，两个相邻的密码子之间没有任何间隔，翻译时从某一特定的起始点开始，连续地一个密码子挨着一个密码子"阅读"下去，直到终止密码子为止。

3. 摆动性　密码子与反密码子的配对有时会出现不遵守碱基配对原则的现象，称为遗传密码的摆动现象。该现象常见于密码子的第 3 位碱基与反密码子的第 1 位碱基不严格互补,但也能相互辨认。

4. 通用性　目前这一套遗传密码基本上适用从病毒、细菌到人类几乎所有物种,称为遗传密码的通用性。但近些年研究表明,在动物细胞的线粒体及植物细胞的叶绿体中,遗传密码的通用性存在某些例外,如线粒体起始密码是 AUA。

5. 方向性　mRNA 中密码子的排列有一定的方向性。翻译时从起始密码子开始,沿 $5'→3'$ 方向进行,直到终止密码子为止。

(二) tRNA 与氨基酸活化

1. tRNA　tRNA 在蛋白质的生物合成中具有双重作用。一方面是转运氨基酸的工具,即在酶的催化下,将氨基酸结合在 3' 端的 CCA—OH 上以氨酰 -tRNA 的形式携带活化的氨基酸;另一方面,可识别 mRNA 上的遗传密码,通过其反密码子与 mRNA 的密码子配对结合,使它所携带的活化氨基酸在核糖体上按一定顺序"对号入座"合成多肽链。

2. 氨基酸的活化　氨基酸通过活化才能参与蛋白质的生物合成。氨基酸的活化是指氨基酸获得能量被激活后与 tRNA 结合形成氨酰 -tRNA 的过程。

$$氨基酸 + tRNA + ATP \xrightarrow{\text{氨酰-tRNA合成酶}} 氨酰\text{-tRNA} + AMP + PPi$$

(三) rRNA

rRNA 与多种蛋白质共同构成核糖体,是蛋白质生物合成的场所,在蛋白质生物合成中起"装配机"的作用。无论真核生物或原核生物,核糖体均由大小两个亚基组成。小亚基有结合模板 mRNA 的功能,核糖体能沿着 mRNA $5'→3'$ 方向阅读遗传密码;大亚基具有结合氨酰 -tRNA 的氨基酰位点(A 位)、结合肽酰 -tRNA 的肽酰基位点(P 位)及结合空载 tRNA 的位点(E 位)。P 位同时还具有转肽酶活性,催化肽键形成(图 15-8)。

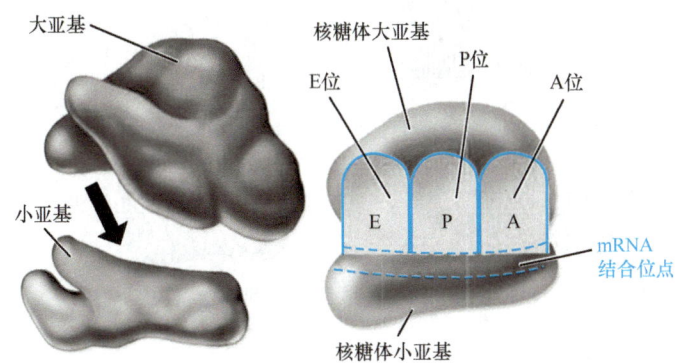

图 15-8　核糖体结构示意图

(四) 参与蛋白质合成的酶类和蛋白质因子

1. 氨酰 -tRNA 合成酶　又称氨基酸活化酶。其作用是在 ATP 的参与下,催化氨基酸的活化并且与对应 tRNA 的结合生成相应氨酰 -tRNA。此酶位于胞液,具有绝对特异性。

2. 转肽酶　此酶可使大亚基 P 位上肽酰 -tRNA 所携带的肽酰基转移到 A 位上的氨酰 -tRNA 的氨基酸的氨基上形成肽键,使肽链延长。

3. 蛋白质因子　有起始因子(IF-1、IF-2、IF-3,真核细胞为 eIF),延长因子(EF),释放因子(RF,真核细胞为 eRF)。

4. 其他　包括原料 20 种氨基酸;无机离子 K^+、Mg^{2+};供能物质 ATP、GTP 等。

三 蛋白质生物合成的过程

多肽链的合成是蛋白质合成的中心环节,原核生物和真核生物合成的步骤基本相似。整个翻译过程可分为起始、延长、终止三个阶段。现以目前了解比较清楚的大肠杆菌为例介绍。

(一) 肽链合成的起始

肽链合成的起始阶段是核糖体的大、小亚基与 mRNA 和具有启动作用的甲酰甲硫氨酰 -tRNA（fMet-tRNA^{fMet}）共同构成了起始复合体。这一过程还需要 Mg^{2+}、三种 IF、ATP 和 GTP 的参与。其过程大致如下。

1. mRNA 和小亚基结合　小亚基、mRNA 和起始因子组合成一组三元复合体,mRNA 的起始密码子 AUG 正好位于小亚基中。

2. fMet-tRNA^{fMet} 与 mRNA 结合　起始 fMet-tRNA^{fMet} 以其反密码子与 mRNA 上的起始密码子进行碱基配对结合,促使 fMet-tRNA^{fMet} 定位于 mRNA 序列上的起始密码子 AUG,保证了 mRNA 准确就位。而起始时 A 位被 IF-1 占据,不与任何氨酰 -tRNA 结合。

3. 核糖体大亚基结合　fMet-tRNA^{fMet}、小亚基和 mRNA 结合完成后,大亚基结合到小亚基上,形成完整的起始复合物。此时,mRNA 上的起始密码、fMet-tRNA^{fMet} 正处于大亚基的给位（P 位）,mRNA 的第二个密码子处于受位（A 位）,以便接受下一个氨酰 -tRNA（图 15-9）。

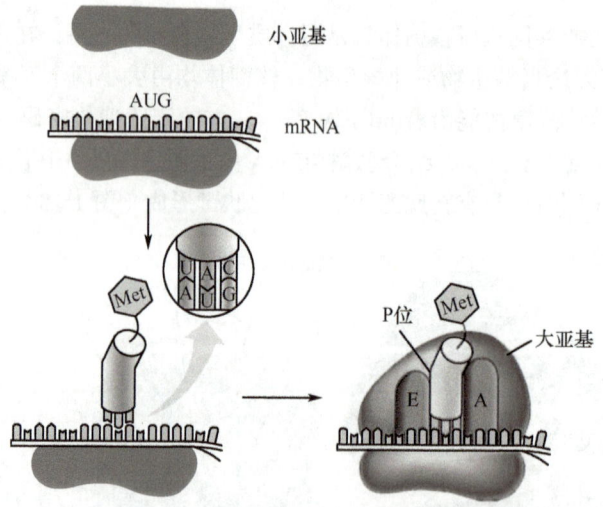

图 15-9　原核生物肽链合成的起始阶段

(二) 肽链合成的延长

肽链合成的延长阶段是指在翻译起始复合物的基础上,各种氨酰 -tRNA 按照 mRNA 上密码子的顺序在核糖体上一一对号入座,由 tRNA 带到核糖体上的氨基酸依次以肽键相连接,直到新生肽链达到应有的长度为止。这一阶段是在核糖体上连续循环进行的,故又称核糖体循环。每个循环又可分为三步,即进位、转肽和移位。

1. 进位　又称注册,是按照 mRNA 链上位于核糖体 A 位的密码子,相应的氨酰 -tRNA 对号入座,并通过反密码子结合在 mRNA 位于 A 位的密码子上。这一过程需要延长因子 EF、GTP 和 Mg^{2+} 的参与。

2. 转肽　转肽是在大亚基上转肽酶的催化下,P 位上肽酰 -tRNA 所携带的肽酰基（第一次延伸反应为甲硫氨酰基）转移到 A 位上的氨酰 -tRNA 的氨基酸的氨基上形成肽键,使新生肽链延长一个氨基酸单位。该步反应需 Mg^{2+} 及 K^+ 的参与。

3.移位　移位又称转位,指在转位酶的催化下,核糖体沿 mRNA 向 3'端移动一个密码子的距离。此时,原位于 P 位上的密码子离开了 P 位,原位于 A 位上的密码子连同结合于其上的肽酰 -tRNA 一起进入 P 位,而与之相邻的下一个密码子进入 A 位,为下一个能与之对号入座的氨酰 -tRNA 的进位准备了条件。转位消耗的能量由 GTP 供给,并需要 Mg^{2+} 的参与（图 15-10）。

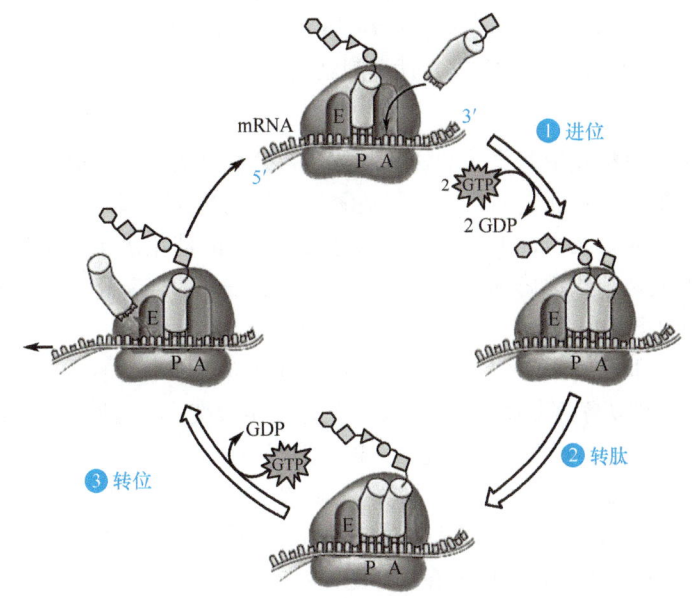

图 15-10　原核生物肽链合成的延长过程

新生肽链上每增加一个氨基酸单位都需要经过上述三步反应,连续进行进位、转肽、移位的循环过程,每次循环均向肽链 C 端添加一个氨基酸,使相应肽链的合成从 N 端向 C 端延伸,直到终止密码子出现在核糖体的 A 位为止。此过程需 2 种 EF 参与并消耗 2 分子 GTP。

（三）肽链合成的终止

当肽链合成至 A 位上出现终止信号（UAA、UAG、UGA）时,氨酰 -tRNA 无法识别,只有释放因子（RF）能辨认终止密码,进入 A 位。RF 的结合可诱导转肽酶变构,使 P 位上的肽链被水解释放下来,然后由 GTP 供能使 tRNA 及 RF 释出,核糖体与 mRNA 分离,最终核糖体也解离成大、小亚基。解离后的大小亚基又可重新聚合形成起始复合物,开始另一条肽链的合成（图 15-11）。

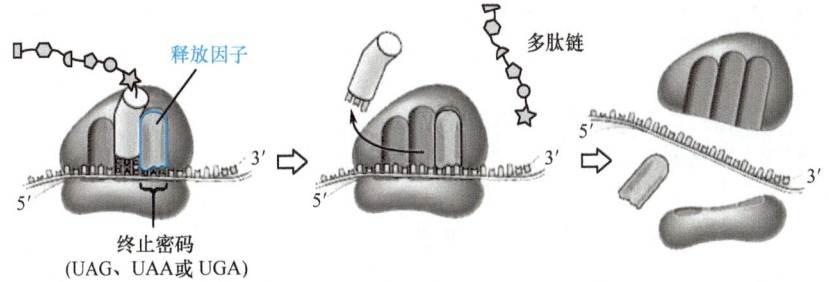

图 15-11　原核生物肽链合成的终止阶段

蛋白质合成时,在一条 mRNA 链上常常有多个核糖体成串珠状排列,每个核糖体之间相隔约 80 个核苷酸,我们称此结构为多聚核糖体。通过多个核糖体在一条 mRNA 上同时进行翻译,可以大大加快蛋白质合成的速度,使 mRNA 得到充分的利用。

四、蛋白质合成后的修饰

从核糖体上释放出来的新生多肽链,还不具有生物学活性,大多数新合成的肽链需要经过一定的加工和修饰才具有生物学活性,这种肽链合成后的加工过程称翻译后加工。常见的翻译后加工包括肽链一级结构修饰和蛋白质空间结构的修饰。

(一) 肽链一级结构修饰

1. N 端甲酰甲硫氨酸或甲硫氨酸的切除　虽然新生肽链的第一个氨基酸是甲酰甲硫氨酸或甲硫氨酸,但是绝大多数肽链的第一个氨基酸是其他氨基酸,因此甲酰甲硫氨酸或甲硫氨酸氨基在肽链合成后或合成中,由肽脱甲酰基酶或氨基肽酶催化水解去除。

2. 个别氨基酸残基的化学修饰　如赖氨酸、脯氨酸残基的羟基化;丝氨酸、苏氨酸或酪氨酸的磷酸化;组氨酸的甲基化;谷氨酸的羟基化等。

3. 蛋白质前体中部分肽段的水解切除　例如,酶原的激活,就是在专一蛋白酶的作用下,肽链的某一处或多处被切除部分肽段后,使分子构象发生改变,从而形成具有催化活性的酶。此种合成后的加工,是分泌蛋白生成过程的一种普遍规律。

4. 二硫键的形成　肽链内或两条肽链间的二硫键是在肽链合成后,通过两个半胱氨酸的巯基氧化形成的。二硫键对维持蛋白质的空间结构起重要作用。例如,胰岛素由 A、B 两条肽链组成,两链之间就是靠二硫键联系在一起的。

(二) 空间结构的修饰

1. 新生肽链的折叠　新生肽链需要经过折叠形成特定的空间结构才具有生物学活性。

2. 亚基的聚合　具有两个或两个以上亚基的蛋白质,在各条肽链合成后,还需通过非共价键将亚基聚合成多聚体,才能形成具有生物学活性的特定构象。

3. 辅基的连接　各种结合蛋白质如脂蛋白、糖蛋白、色蛋白及各种带辅基的酶,合成后还需进一步与辅基连接,才能成为具有功能活性的天然蛋白质。

第 4 节　蛋白质生物合成与医学的关系

一、分子病

由于 DNA 分子上碱基的变化(基因突变),引起 mRNA 和蛋白质结构异常,导致蛋白质功能障碍,由此造成的疾病称为分子病,如镰状细胞贫血。

二、干扰素

干扰素是病毒感染宿主细胞后由宿主细胞释放出的小分子蛋白。病毒进入动物细胞,在繁殖过程中复制产生的双链 RNA 能诱导宿主细胞转录并翻译成干扰素。干扰素能作用于邻近细胞,诱导产生寡核苷酸合成酶、核酸内切酶和蛋白激酶等抗病毒蛋白。使这些细胞具有抗病毒的能力,从而抑制病毒的繁殖。

抗生素对蛋白质合成的影响

抗生素是一类微生物来源的药物，医学上应用多种抗生素分别作用于遗传信息传递过程中复制、转录和翻译各个环节，通过抑制细菌或肿瘤细胞蛋白质合成，达到抗菌或抗癌的作用。常用抗生素的抑制作用见表 15-3。

表 15-3 常见抗生素抑制蛋白质合成的机制

抗生素	作用位点	作用机制
四环素、土霉素	原核核糖体小亚基	抑制氨酰-tRNA 与小亚基结合，阻碍起始复合物的形成
氯霉素、红霉素、林可霉素	原核核糖体大亚基	抑制转肽酶活性，阻断肽链延长
链霉素、新霉素、卡那霉素	原核核糖体小亚基	改变构象引起读码错误；抑制起始复合物形成
嘌呤霉素	原核、真核核糖体	氨酰-tRNA 类似物，进位后引起未成熟肽链释放
放线菌酮	真核核糖体大亚基	抑制转肽酶活性，阻止肽链延长

第 5 节 基因工程与分子生物学常用技术

从 20 世纪 70 年代起，DNA 技术得到突飞猛进的发展，基因工程技术日趋完善。随着人类基因组计划的完成，人类进入后基因组时代，分子生物学技术已经渗透到生命科学研究的每一个学科，对医学领域的发展起着巨大的推动作用。

 基因工程

不同的 DNA 分子可通过磷酸二酯键相连重新组合成新的 DNA 分子，这个过程称为基因重组（genetic recombination）。基因重组包括天然重组和人工重组，人工重组技术也被称为基因工程（genetic engineering），即在体外按照预定的目的和方案，对 DNA 进行剪切和重新连接，然后导入宿主细胞，并对目的基因片段做选择性扩增和表达，以进行基因功能或表达等相关分析的过程。

（一）基因工程的工具酶

基因工程中所用到的酶统称为工具酶，主要有以下几种。

1. 限制性内切酶 能识别并切割特异的双链 DNA 序列中磷酸二酯键的核酸内切酶称为限制性内切酶（RE）。它主要存在于细菌中，与相伴存在的甲基化酶共同构成细菌的限制-修饰系统，可限制外源 DNA 的入侵，从而保护细胞原有遗传信息。

2. DNA 聚合酶 常用作工具酶的 DNA 聚合酶有大肠杆菌 DNA 聚合酶 I 和 Taq DNA 聚合酶，它们都具有 5′→3′ 聚合酶活性。大肠杆菌 DNA 聚合酶 I 用于合成双链 cDNA、缺口平移法标记 DNA 探针等。Taq DNA 聚合酶常用于 PCR 中 DNA 扩增。

3. DNA 连接酶 催化 DNA 分子中相邻的 5′-磷酸和 3′-羟基端之间形成磷酸二酯键，使 DNA 切口封合，或使两个 DNA 分子或片段相连。

4. 逆转录酶 逆转录酶是依赖于 RNA 的 DNA 聚合酶，常用于 cDNA 合成、替代 DNA

聚合酶Ⅰ进行填补、标记或 DNA 序列分析。

（二）载体

载体是指携带目的基因的外源 DNA 片段，是为实现外源 DNA 在受体细胞中的无性繁殖或表达有意义的蛋白质所采用的一些 DNA 分子。载体具有如下几个特点：①能在宿主细胞中稳定高效地自我复制；②具有便于筛选和鉴定的标记；③具有多克隆位点（多个限制性内切酶的单一酶切位点构建在一段特异性核苷酸序列）；④容易从宿主细胞中分离纯化；⑤容易进入宿主细胞。常见的载体有质粒、噬菌体、黏粒及病毒等。

（三）基因工程的原理和过程

基因工程的核心是重组 DNA 技术，基本步骤如下。

1. 目的基因获取　重组 DNA 技术是为了得到某一种需要的基因或 DNA 序列，或者是为了得到其表达的蛋白质产物，这种基因或 DNA 序列就是目的基因。获得目的基因的方法如下。

（1）人工合成法：利用已知的基因核苷酸序列，或根据产物的氨基酸序列反推出核苷酸序列后，用 DNA 合成仪合成。

（2）细胞提取：根据目的基因的理化性质，直接从细胞基因组中分离提取。

（3）聚合酶链反应扩增：利用聚合酶链反应扩增特异性目的基因。

（4）cDNA 文库筛选：以 mRNA 为模板，利用逆转录酶合成互补的 cDNA。

2. 目的基因与载体连接　通过 DNA 连接酶和双链 DNA 黏性末端序列互补结合，可在体外重新连接成人工重组体。

3. 重组 DNA 导入宿主细胞扩增　常用的导入宿主细胞的方法有转化和感染。转化是将质粒或其他外源 DNA 导入处于感受态（具有摄取外源 DNA 能力）的宿主细胞，并使其获得新的表型的过程；感染是指噬菌体进入宿主菌或病毒进入宿主细胞中繁殖的过程。

4. 阳性克隆的筛选和鉴定　重组 DNA 导入细胞时并非全部的宿主细胞都获得了可遗传特性，即使导入成功的细胞也并非都含有目的 DNA，因此需要加以筛选以鉴定出重组 DNA 分子确实含有目的基因。

5. 克隆基因的表达　通过外源 DNA 重组、克隆及鉴定，可以获得特异性 DNA 克隆。外源克隆基因在某种表达载体及适宜的宿主细胞中表达为相应的蛋白质。表达后的蛋白质须具有原来的生物学活性。

（四）基因工程与医学的关系

1. 人类基因组计划与疾病相关基因的研究　遗传信息决定生物的形态和特征，如果人类能了解自身的全部遗传信息的结构、功能及表达调控，便能更为深刻地了解人类生老病死的规律，对疾病的治疗和预防提出有效措施。随着人类基因组计划（human genome project, HGP）的完成，疾病基因的发现将越来越多，HGP 对医学的发展具有重大意义。

2. 基因工程与药物　利用基因工程技术生产有应用价值的药物是当今生物医药的发展方向。利用基因工程生产药物有两种途径：一是利用基因工程技术改造传统的制药工业，如利用经过 DNA 重组技术改造或创建的菌种生产药物，以提高抗生素、氨基酸等的产量；二是用克隆的基因表达生产有用的肽类和蛋白质药物或疫苗。

> **链接**
>
> **基因工程乙肝疫苗**
>
> 乙型肝炎（乙肝）是常见的传染病，以往从患者血液中分离乙肝病毒的表面抗原作为疫苗，来源有限且价格昂贵，有潜在交叉感染危险。现在克隆得到病毒编码的 *HbsAg* 基因，使其表达获得大量 HbsAg 作为疫苗。美国在 1986 年正式批准基因工程乙肝疫苗投放市场。我国也克隆得到在我国流行的乙肝病毒亚型的 *HbsAg* 基因，研制出适用于我国人群的乙肝基因工程疫苗，该疫苗的生产和广泛使用，使得20世纪90年代后出生的人乙肝感染率大大降低。

3. 基因诊断　基因诊断是以 DNA 和 RNA 为诊断材料，通过检查基因的存在、缺陷或表达异常，对人体状态和疾病做出诊断的方法和过程。基因诊断具有特异性高、灵敏度好、稳定性高和适用范围广等特点，能对疾病做出早期、确切的诊断，也能确定个体对疾病的易感性及疾病的分期分型、疗效检测、预后判断等。

4. 基因治疗　基因治疗是以基因转移为基础，将某种遗传物质导入患者细胞内，使其在体内表达并发挥作用，从而达到治疗疾病目的的方法。基因治疗导入的遗传物质可以是与缺陷基因对应的并在体内表达特异功能蛋白的同源基因，也可以是与缺陷基因无关的治疗基因或其他遗传物质。

分子生物学常用技术

分子生物学技术是在分子水平上开展生物医学研究的工具，在临床疾病的诊断和治疗方面有重要的应用价值。

（一）核酸分子杂交技术

核酸分子在变性后再复性的过程中，来源不同但互补配对的 DNA 或 RNA 单链可以相互结合形成杂合双链，依据此特性建立一种对目的核酸分子进行定性和定量分析的技术称为核酸分子杂交技术。

1. Southern 印迹法　指 DNA 和 DNA 杂交，常用于基因组 DNA 的分析，可以检测基因组中某一特定的基因的大小、拷贝数和它在染色体中的位置。其原理是将经限制性内切酶消化和变性后电泳分离的待测 DNA 片段转印到一种固相支持物上，然后与标记的 DNA 杂交并显色。

2. Northern 印迹法　将待测 RNA 样品经电泳分离后转移到固相支持物上，然后与标记的核酸探针进行杂交，原理与过程基本与 Southern 印迹相同，是检测 mRNA 的常用经典方法。

3. 斑点印迹　是先将被测的 DNA 或 RNA 变性后固定在滤膜上，然后加入过量的标记号的 DNA 或 RNA 探针进行杂交。该法特点是耗时短，操作简单，主要用于基因组中特定基因及其表达的定性及定量研究。

4. 原位杂交　是以特异性探针与细菌、细胞或组织切片中的核酸进行杂交并对其进行检测的一种方法。原位杂交不需要从组织或细胞中提取核酸，对组织中含量极低的靶序列有很高的灵敏度，常应用于染色体数量突变和结构突变所致遗传病的诊断。

（二）聚合酶链反应

聚合酶链反应（PCR）是一种在体外对特定的 DNA 片段进行高效扩增的技术，具有高敏感、高特异性、高产率、可重复及快速简便等优点，是分子生物学研究中应用最为广泛的方法。

PCR 的反应体系包括模板 DNA、引物、四种 dNTP、DNA 聚合酶及含 Mg^{2+} 的缓冲液。基本反应步骤包括变性、退火和延伸三个阶段。

1. 模板 DNA 变性　将模板 DNA 加热至 95℃左右，使得 DNA 双链变性解离成单链。

2. 模板 DNA 与引物退火　将反应体系的温度缓慢下降至适宜温度，引物与变性的模板 DNA 单链的互补序列配对结合。

3. 引物的延伸　将反应体系的温度升到 DNA 聚合酶的适宜温度（约 72℃），与 DNA 模板结合的引物在聚合酶的作用下，以 dNTP 为反应原料，按碱基互补配对与半保留原理，合成一条与模板 DNA 链互补的新链。

上述三个步骤循环进行，可将微量的目的 DNA 片段扩增至 100 万倍以上（图 15-12）。

聚合酶链反应已被应用于特异 DNA 序列的扩增、诊断人类的某些遗传病、检测传染病的病原体、法医学鉴定，此外，PCR 技术还可用于药物疗效观察、预后判断、流行病学调查等。

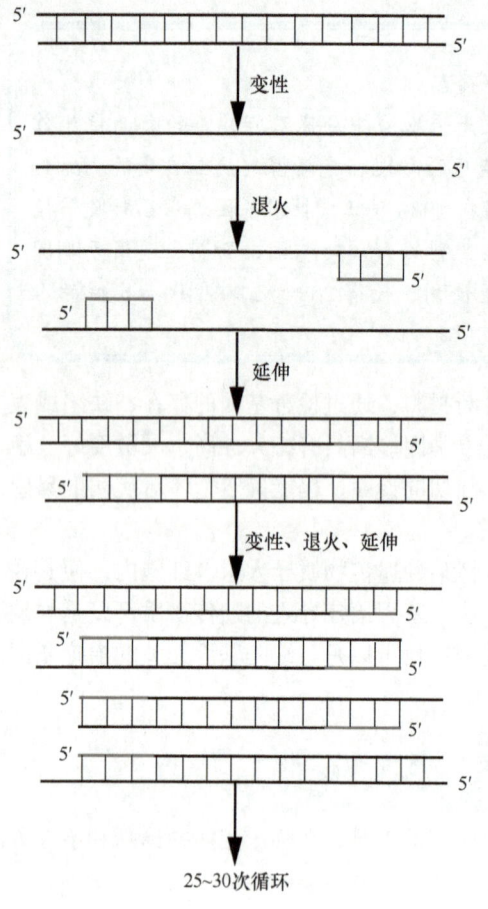

图 15-12　PCR 反应扩增示意图

（三）DNA 测序技术

DNA 测序技术，即对 DNA 的一级结构进行测定的技术。DNA 序列的分析有赖于基因工程技术的发展，是进一步研究和改造目的基因的基础。在进行序列测定前，一般需要将一段待测 DNA 分子克隆入质粒或噬菌体中。如今，DNA 的测序工作已高度自动化与高速化，目前测定 DNA 序列的技术都是建立在双脱氧链终止法（Sanger-Coulson 法）和化学降解法的基础上。

（四）基因芯片技术

基因芯片又称 DNA 芯片、DNA 微阵列或寡核苷酸微芯片，其原理是将大量核苷酸分子固定在支持物上，然后与标记的待测样品进行杂交，通过检测杂交信号的强弱对待测样品中的核酸进行定性和定量分析。

自　测　题

一、名词解释

1. 半保留复制　2. 冈崎片段　3. 转录
4. 逆转录　5. 翻译　6. 密码子

二、选择题

（一）单项选择题

1. DNA 复制过程中形成的冈崎片段位于（　　）

A. 模板链　B. 编码连　C. 前导链
D. 后随链　E. 反义链

2. DNA 复制过程中子链合成的方向是（　　）
   A. $5'\to 3'$　　　　B. $3'\to 5'$
   C. N 端→C 端　　　D. C 端→N 端
   E. 以上都不是

3. DNA 复制最重要的特点是（　　）
   A. 不对称复制　　　B. 半保留复制
   C. 半不连续复制　　D. 复制的精准性
   E. 复制的方向性

4. 关于 DNA 聚合酶的叙述，错误的是（　　）
   A. 需模板 DNA　　B. 需引物 RNA
   C. 延伸方向为 $5'\to 3'$　D. 以 NTP 为原料
   E. 具有 $3'\to 5'$ 外切酶活性

5. 下列关于复制和转录过程异同点的叙述，错误的是（　　）
   A. 复制和转录的合成方向均为 $5'\to 3'$
   B. 复制和转录过程均需以 RNA 为引物
   C. 复制的原料 dNTP，转录的原料为 NTP
   D. 二者的聚合酶均催化形成 $3',5'$-磷酸二酯键
   E. DNA 的双链中只有一条链转录，两条链均可被复制

6. 遗传密码的简并性是指（　　）
   A. 甲硫氨酸密码可作起始密码
   B. 一个密码子可代表多个氨基酸
   C. 多个密码子可代表同一氨基酸
   D. 密码子与反密码子之间不严格配对
   E. 所有生物可使用同一套密码

7. 反密码子 ACU 识别的 mRNA 上的密码子是（　　）
   A. UCA　　B. TCA　　C. UGA
   D. TGA　　E. ACU

8. 蛋白质合成的起始信号是（　　）
   A. UCA　　B. UAA　　C. AUG
   D. AUC　　E. ACU

9. 链霉素抑制蛋白质合成的机制是（　　）
   A. 抑制氨酰-tRNA 与原核细胞糖体结合
   B. 与原核生物核糖体大亚基结合阻断翻译延长过程
   C. 改变原核生物核糖体构象引起读码错误
   D. 引起未成熟肽链释放
   E. 阻止氨基酸与 tRNA 结合

10. 关于重组 DNA 技术的叙述，错误的是（　　）
    A. 质粒、噬菌体可作为载体
    B. 限制性内切酶是主要工具酶之一
    C. 重组 DNA 由载体 DNA 和目标 DNA 组成
    D. 重组 DNA 分子经转化或感染可进入宿主细胞
    E. 进入细胞内的重组 DNA 均可表达目标蛋白

（二）多项选择题

11. DNA 复制过程所需的酶有（　　）
    A. DNA 聚合酶　　B. DNA 连接酶
    C. RNA 聚合酶　　D. 拓扑异构酶
    E. 引物酶

12. 复制与转录过程相似的地方有（　　）
    A. 新链合成方向都是 $5'\to 3'$
    B. 都以 DNA 为模板
    C. 都以核苷三磷酸为原料
    D. 遵循碱基互补配对原则
    E. 产物都是多聚核苷酸链

13. 下列有关原核生物 DNA 复制叙述正确的是（　　）
    A. 生成冈崎片段
    B. 双螺旋中一条链不连续合成
    C. 需要 RNA 引物
    D. 单链结合蛋白可防止复制期间的螺旋解链
    E. DNA 聚合酶Ⅰ是 DNA 复制最主要的酶

14. DNA 复制需要的原料有（　　）
    A. DNA 模板　　B. DNA 聚合酶
    C. 逆转录酶　　D. 四种 NTP
    E. RNA 引物

15. 基因工程的基本过程包括（　　）
    A. 目的基因的制备
    B. 目的基因与克隆载体的重组

C. 重组体转入受体细胞
D. 克隆子的筛选和鉴定
E. 克隆基因表达

三、填空题

1. DNA复制时，连续合成的链称为_____链，不连续合成的链称为_____链。
2. 以DNA为模板合成RNA的过程称为_____；以RNA为模板合成DNA的过程称为_____。
3. 转录的特点是_____，转录过程中，能指引mRNA合成的DNA链称为_____，其互补链被称为_____。
4. 合成DNA的原料是_____，合成RNA的原料是_____。
5. 遗传密码具有_____、_____、_____、_____、_____的个特点。
6. 翻译过程的终止密码子是_____、_____、_____。

四、简答题

简述DNA半保留复制与半不连续复制的内容。

（郭赟婧）

生物化学实验指导

实验一　生物化学实验基本操作

【实验目的】

1. 掌握生化实验的一些基本操作技能及一些实验仪器的正确使用方法和维护。

2. 养成认真操作、细心观察和善于思考的良好习惯，培养实事求是的科学态度和团结协作的工作作风。

玻璃仪器的洗涤与清洗

生物化学实验常用各种玻璃仪器，其清洁程度将直接影响实验结果的可靠性。因此，玻璃仪器的清洁不仅是实验前后的常规工作，而且是一项重要的基本技术。

（一）清洁剂及使用范围

最常用的洁净剂是皂液、洗衣粉、去污粉、洗液、有机溶剂等。皂液、洗衣粉、去污粉等用于可以用刷子直接刷洗的玻璃仪器，如量杯、量筒、烧杯、三角烧瓶、试剂瓶等；洗液多用于不便于用刷子洗刷的玻璃仪器，如滴定管、移液管、容量瓶、蒸馏器等特殊形状的玻璃仪器，也用于洗涤长久不用的玻璃仪器和刷子刷不掉的结垢。有机溶剂是针对属于某种类型的油腻性污物，而借助有机溶剂能溶解油脂的作用洗除的，如甲苯、二甲苯、汽油等。

（二）洗涤方法

1. 一般非计量玻璃仪器或粗容量仪器　如试管、烧杯、量筒等先用肥皂液刷洗，再用自来水冲洗干净，最后用蒸馏水冲洗 2～3 次后，倒置于清洁处晾干。

2. 容量分析仪器　如吸量管、滴定管、容量瓶等，先用自来水冲洗，沥干后，浸于铬酸洗液浸泡数小时。然后用自来水和蒸馏水冲洗干净，干燥备用。

3. 比色杯　用毕立即用自来水反复冲洗，如有污物黏附于杯壁，宜用盐酸或适当溶剂清洗。然后用自来水、蒸馏水冲洗干净。切忌用刷子、粗糙的布或滤纸等擦拭。洗净后，倒置晾干备用。

二 移取溶液

实验室移取溶液常用移液枪和移液管。下面分别做介绍。

（一）移液枪的使用

1. 调节量程　在调节量程时，如果要从大体积调为小体积，则按照正常的调节方法即可；如果要从小体积调为大体积时，可先旋转刻度旋钮至超过设定体积的刻度，再回调至设定体积，这样可以保证量取的最高精确度。在该过程中，千万不要将按钮旋出量程，否则会卡住内部机械装置而损坏移液枪。

2. 装配枪头　在将枪头套上移液枪时，正确的方法是将移液枪垂直插入枪头中，稍微用力左右微微转动即可使其紧密结合。

3. 移液的方法　吸取液体时，移液枪保持竖直状态，将枪头插入液面下 2～3mm。在吸液之前，可以先吸放几次液体以润湿吸液嘴（尤其是要吸取黏稠或密度与水不同的液体时）。这时可以采取两种移液方法：一是前进移液法。用拇指将按钮按下至第一停点，然后慢慢松开按钮回原点。接着将按钮按至第一停点排出液体，稍停片刻继续按按钮至第二停点吹出残余的液体，最后松开按钮。二是反向移液法。此法一般用于转移高黏液体、生物活性液体、易起泡液体或极微量的液体，其原理就是先吸入多于设置量程的液体，转移液体的时候不用吹出残余的液体。先按下按钮至第二停点，慢慢松开按钮至原点。接着将按钮按至第一停点排出设置好量程的液体，继续保持按住按钮位于第一停点（千万别再往下按），取下有残留液体的枪头，弃之。

4. 移液枪的正确放置　使用完毕，可以将其竖直挂在移液枪架上，但要小心移液枪勿从架上掉下。当移液枪枪头里有液体时，切勿将移液枪水平放置或倒置，以免液体倒流腐蚀活塞弹簧。

（二）移液管的使用

使用移液管时，用拇指和中指夹近顶端部分，将管的下端插入液体，用洗耳球吸入液体到需要刻度标线上 1～2cm 处，用示指封闭上口，将已充满液体的吸量管提出液面，把移液管提到与眼睛同一水平线上，然后小心松开上口，调节液面至需要的刻度处。将移液管移到另一容器，松开上口，使液体自由流出。最后再根据规定吹出或不吹出尖端的液体。

三 混匀

样品与试剂的混匀是保证化学反应充分进行的一种有效措施。为使反应体系内各物质迅速地互相接触，必须借助于外加的机械作用。混匀的方法通常有以下几种。

1. 搅拌混匀法　适用于烧杯内溶液的混匀，如固体试剂的溶解和混匀。搅拌时必须使搅棒沿着器壁运动，以免搅入空气或溶液溅出。

2. 旋转混匀法　适用于锥形瓶、大试管内溶液的混匀。手持容器使溶液作离心旋转，以手腕、肘或肩作轴旋转。

3. 指弹混匀法　适用于离心管或小试管内溶液的混匀。左手持试管上端，用右手指轻轻弹动试管下部，或用一只手的拇指和示指持管的上端，用其余三个手指弹动离心管，使管内的液体作旋涡运动。

4. 振荡混匀法　适用振荡器使多个试管同时混匀，或试管置于试管架上，双手持管架轻轻振荡，达到混匀的目的。

5. 倒转混匀法　适用于有塞量筒和容量瓶及试管内容物的混匀。
6. 吸量管混匀法　用吸量管将溶液反复吸放数次，使溶液混匀。
7. 甩动混匀法　右手持试管上部，轻轻甩动振荡即可混匀。
8. 电磁搅拌混匀法　在电磁搅拌机上放上烧杯，在烧杯内放入封闭于玻璃或塑料管中的小铁棒，利用磁力使小铁棒旋转以达到混匀杯中液体的目的。
9. 混匀器法　将容器置于混匀器的振动盘上，逐渐用力下压，使内容物旋转。

四 过滤

过滤是分离沉淀和滤液的一种方法，可用于收集滤液，收集或洗涤沉淀。可用漏斗及滤纸或吸滤法。操作时应注意以下几点。

1. 制备血滤液等实验时，要用干滤纸而不能用水把滤纸先弄湿。
2. 折叠滤纸的角度应与漏斗相合，使滤纸上缘能与漏斗壁完全吻合，不留缝隙。一般采用平折法（即对折后再对折）。
3. 向漏斗中加溶液时，使其沿玻璃棒慢慢流下；玻璃棒不能在漏斗中搅动。倒入速度不要太快，以防损失，不得使液面超过滤纸上缘。
4. 较粗的过滤可用脱脂棉或纱布代替滤纸，有时也可用离心沉淀法代替过滤法。

（宋庆凤）

实验二　蛋白质沉淀

【实验目的】
1. 了解蛋白质胶体溶液的稳定因素。
2. 掌握蛋白质沉淀的原理和操作方法。

【实验原理】
在水溶液中，蛋白质分子表面的水化膜和表面电荷是蛋白质胶体溶液稳定存在的两个重要因素，若去掉其水化膜，中和表面电荷，蛋白质极易从溶液中析出。蛋白质分子聚集从溶液中以固体状态析出的现象称为蛋白质的沉淀。蛋白质主要沉淀方法有盐析法、重金属盐沉淀法、酸沉淀法、有机溶剂沉淀法等。

【实验准备】
1. 器材　试管、试管架、吸管、水浴箱、200ml锥形瓶、100ml容量瓶。
2. 试剂　鸡蛋清、95%乙醇、3%硝酸银溶液、0.5%醋酸铅溶液、苦味酸饱和溶液、鞣酸饱和溶液、20%磺基水杨酸溶液、5%三氯乙酸溶液、1%乙酸溶液。

【操作流程】
取7支试管编号，按下表操作。

试管编号	1	2	3	4	5	6	7
试剂（滴）	1	2	3	4	5	6	7
鸡蛋清	20	20	20	20	20	20	20
95%乙醇	20	—	—	—	—	—	—

续表

试管编号	1	2	3	4	5	6	7
3% 硝酸银溶液	—	5	—	—	—	—	—
0.5% 醋酸铅溶液	—	—	5	—	—	—	—
苦味酸饱和溶液	—	—	—	2	—	—	—
鞣酸饱和溶液	—	—	—	—	2	—	—
20% 磺基水杨酸溶液	—	—	—	—	—	2	—
5% 三氯乙酸溶液	—	—	—	—	—	—	2
1% 乙酸溶液	1	—	—	1	1	1	—

混匀，静置片刻，观察实验结果。

【注意事项】

本实验要求试剂的浓度与加入量必须准确。

【思考题】

1. 蛋白质沉淀的方法有哪些？
2. 在等电点时，蛋白质溶液为什么易发生沉淀？

（张晓燕）

实验三　醋酸纤维素薄膜电泳分离血清蛋白

【实验目的】

1. 了解电泳法分离血清蛋白的原理。
2. 掌握醋酸纤维素薄膜电泳的操作方法。

【实验原理】

电泳（electrophoresis）是指带电粒子在电场中向带电相反的电极移动的现象。许多重要的生物分子如氨基酸、蛋白质、核苷酸等都含有带电基团，在非等电点条件下均带有电荷，在电场作用下，它们向着与其电性相反的电极移动。电泳技术就是利用样品中各分子带电性质、分子大小等的差异，在电场中移动速度不同，从而对样品分子进行分离、纯化、鉴定的一种实验技术。

血清蛋白种类很多，功能各异，含量也不尽相同。大多血清蛋白质的 pI < 7.0，在 pH8.6 的缓冲液中，它们均解离成负离子，电泳时向正极移动。在电场中，各种蛋白质带电荷多少、分子量大小及分子形状不同，导致移动速度不同。带电荷多、分子量小、球形分子移动快；带电荷少、分子量大、纤维状分子移动慢。经一段时间的电泳，便可将血清中各种蛋白质分离。

被分离的蛋白质是无色的，用对蛋白质有亲和力的氨基黑 10B 处理，可显示各种蛋白质在支持物上的位置及大致含量。因各种血清蛋白质所带的电荷量及分子大小有差别，在电场中运动的速度不同，因此利用醋酸纤维素为支持物的电泳方法，将血清蛋白从正极起依次分为清蛋白、α_1-球蛋白、α_2-球蛋白、β-球蛋白、γ-球蛋白。

【实验准备】

1. 器材　电泳仪、电泳槽、定性滤纸、醋酸纤维素薄膜（2cm×8cm）、加样器、盖玻片、镊子、培养皿、纱布。

2. 试剂

（1）巴比妥缓冲液（pH8.6，离子强度0.06）：称取巴比妥1.66g、巴比妥钠12.76g，加蒸馏水500ml，加热溶解，冷却至室温后，用蒸馏水稀释至1000ml。

（2）染色液：称取氨基黑10B 0.5g，加冰醋酸10ml，甲醇50ml，用蒸馏水稀释至100ml。

（3）漂洗液：取95%乙醇45ml，冰醋酸5ml，混匀后，用蒸馏水稀释至100ml。

【操作流程】

1. 电泳槽准备　电泳槽内放入巴比妥缓冲液。电泳槽应密闭使蒸汽饱和，避免水分蒸发。将电泳槽与直流电源接好。

2. 浸膜　将准备好的醋酸纤维素薄膜膜面朝下浸在缓冲液中数小时，使膜完全浸透（薄膜无白斑）。

3. 取膜、划线　将完全浸透的醋酸纤维素薄膜取出，夹于滤纸中，轻轻吸取多余的缓冲液，在醋酸纤维素薄膜无光泽面上一端约1.5cm处，用铅笔画一条直线作为点样线，并将薄膜编号。

4. 点样　取少量血清置玻璃板上，用加样器（X线片或盖玻片）取血清2～3μl均匀地加在薄膜的点样线上，待血清渗入膜后移开加样器。

5. 电泳　将薄膜的加样面朝下，加样端置于负极端，薄膜两端分别用双层纱布连接电泳槽。薄膜条应平直，并与纱布紧贴。盖好电泳槽盖，平衡5分钟。通电，调节电压为100～160V，电流0.4～0.6A/cm膜宽。通电30～60分钟，待电泳区带展开约3.5cm，关闭电源。

6. 染色与漂洗　将薄膜从电泳槽中取出，置于染色液中5～10分钟，取出后再依次浸入2～3个盛有漂洗液的培养皿中漂洗，每次约5分钟，直到背景颜色漂净。取出晾干，辨认图谱中的蛋白区带。

【注意事项】

1. 浸膜时一定要将醋酸纤维素薄膜完全浸透无白斑。
2. 点样时，一定要将血清样品均匀地加到点样线上，点样量不宜过多。
3. 醋酸纤维素薄膜一定要加样面朝下平整地架在电泳槽上，中间不可有凹陷。

【思考题】

辨认醋酸纤维素薄膜上的各条区带，哪种蛋白质的含量最高？哪种蛋白质电泳速度最快，为什么？

（张晓燕）

实验四　酶的特异性

【实验目的】

1. 了解酶的特异性。
2. 掌握测定酶特异性的方法和原理。

【实验原理】

唾液淀粉酶可将淀粉水解成麦芽糖及少量葡萄糖，二者均属还原性糖，能使本尼迪克特试剂中的Cu^{2+}还原成Cu^+，生成砖红色氧化亚铜（Cu_2O）沉淀。但唾液淀粉酶不能催化蔗糖水解，且蔗糖本身也不具有还原性，故不能与本尼迪克特试剂发生颜色反应。以此证明酶对底物催化的专一性。

【实验准备】

1. 试剂

（1）1%淀粉溶液：称取可溶性淀粉1g，加少量蒸馏水调成糊状，再加入蒸馏水80 ml加热溶解，最后用蒸馏水稀释至100ml。

（2）1%蔗糖溶液：称取1g蔗糖，加蒸馏水至100ml溶解。

（3）pH6.8缓冲液：取0.2mol/L Na_2HPO_4 溶液154.5ml，0.1mol/L 柠檬酸溶液45.5ml，混合后即成。

（4）本尼迪克特试剂

A液：取结晶硫酸铜（$CuSO_4 \cdot 5H_2O$）17.3g溶于100ml预热的蒸馏水中，冷却后加水至150ml。

B液：取柠檬酸钠173g，无水碳酸钠100g，加蒸馏水600ml，加热溶解，冷却后稀释至850ml。将A液缓慢倒入B液中混匀后，置于试剂瓶备用。

2. 器材　滴管、烧杯、试管、试管架及试管夹、37℃恒温水浴箱与沸水浴箱。

3. 环境　pH=6.8，37℃恒温水浴，沸水浴。

【操作流程】

（一）实验方法

1. 制备稀释唾液　实验者先将痰咳尽，用自来水漱口，以清除口腔内食物残渣，再在口腔内含蒸馏水约15ml，并做咀嚼运动，3分钟后吐入垫有脱脂纱布的漏斗内，过滤于小烧杯中用蒸馏水稀释至20ml，混匀备用。

2. 取试管2支，编号，按下表操作。

加入物（滴）	1号管	2号管
pH6.8缓冲液	20	20
1%淀粉溶液	10	—
1%蔗糖溶液	—	10
稀释唾液	5	5
将各管混匀，置于37℃水浴箱中保温10分钟后取出		
本尼迪克特试剂	15	15
将各管混匀，置于沸水浴箱中煮沸5分钟		

（二）实验结果及分析

在下表中如实填写实验结果。

	1号管	2号管
结果		
结果分析		

【思考题】

1. 试以唾液淀粉酶为例，解释酶的特异性及本实验的原理。

2. 观察各管颜色反应并说明原因。

（莫小卫）

实验五　温度、pH、激活剂与抑制剂对酶促反应速度的影响

【实验目的】

1. 掌握检测温度、pH、激活剂与抑制剂影响酶促反应速度的方法和原理。
2. 观察温度、pH、激活剂与抑制剂对酶促反应速度的影响。

【实验原理】

酶促反应在低温时，反应速度较慢甚至停止；随着温度升高，反应速度逐渐加快；当达到最适温度时，酶促反应速度达到最大值，人体最适温度在37℃左右。如温度过高，反应速度反而下降甚至停止，这主要由于酶蛋白因高温变性失活之故。

酶活性与溶液的pH有关。pH既影响酶蛋白质本身构象，也影响底物的解离程度，从而改变酶与底物结合和催化作用，故每种酶都有其自身最适pH的作用环境，过酸过碱均可引起酶蛋白质变性而降低或失去活性。唾液淀粉酶的最适pH为6.8，氯离子对该酶活性有激活作用，铜离子则有抑制作用。

本实验用碘与淀粉及其水解产物（大分子糊精、麦芽糖）的颜色反应，来比较唾液淀粉酶在不同条件下催化淀粉水解的速度，从而判断温度、pH、激活剂、抑制剂对酶促反应速度的影响。

淀粉————→糊精————→麦芽糖
（与碘呈蓝色）（与碘呈紫红至红色）　（与碘不呈色）

【实验准备】

1. 试剂

（1）1%淀粉溶液：称取可溶性淀粉1g，加少量蒸馏水调成糊状，再加入蒸馏水80ml加热溶解，最后用蒸馏水稀释至100ml。

（2）pH6.8缓冲液：取 0.2mol/L Na_2HPO_4 溶液 154.5ml，0.1mol/L 柠檬酸溶液 45.5ml，混合后即成。

（3）pH4.0缓冲液：取 0.2mol/L Na_2HPO_4 溶液 385.5ml，0.1mol/L 柠檬酸溶液 614.5ml，混合后即成。

（4）pH8.0缓冲液：取 0.2mol/L Na_2HPO_4 溶液 194.5ml，0.1mol/L 柠檬酸溶液 5.5ml，混合后即成。

（5）0.9% NaCl 溶液。

（6）1% $CuSO_4$ 溶液。

（7）1% Na_2SO_4 溶液。

（8）碘液：称取碘2g，碘化钾4g溶于1000ml蒸馏水中，置于棕色瓶内贮存备用。

2. 器材　滴管、试管、试管架、试管夹、小烧杯、恒温水浴箱、冰浴箱（冰箱）、沸水浴箱。

3. 环境　pH6.8，pH4.0，pH8.0，37℃恒温水浴，冰浴，沸水浴。

【操作流程】

（一）实验方法

1. **制备稀释唾液** 实验者先将痰咳尽，用自来水漱口，以清除口腔内食物残渣，再在口腔内含蒸馏水约15ml，并做咀嚼运动，3分钟后吐入垫有脱脂纱布的漏斗内，过滤于小烧杯中用蒸馏水稀释至20ml，混匀备用。

2. **pH对酶促反应速度的影响** 取试管3支，编号，按下表操作。

加入物（滴）	1号管	2号管	3号管
pH4.0 缓冲液	20	—	—
pH6.8 缓冲液	—	20	—
pH8.0 缓冲液	—	—	20
1% 淀粉溶液	10	10	10
稀释唾液	5	5	5
将各管混匀，置于37℃水浴箱中保温10分钟后取出			
碘液	1	1	1

3. **温度对酶促反应速度的影响** 取试管3支，编号，按下表操作。

加入物（滴）	1号管	2号管	3号管
pH6.8 缓冲液	20	20	20
1% 淀粉溶液	10	10	10
将1、2、3号管分别置于0℃、37℃、100℃预温5分钟			
稀释唾液	5	5	5
继续将1、2、3号管分别置于0℃、37℃、100℃预温5分钟			
碘液	1	1	1

4. **激活剂与抑制剂对酶促反应速度的影响** 取试管4支，编号，按下表操作。

加入物（滴）	1号管	2号管	3号管	4号管
pH6.8 缓冲液	20	20	20	20
1% 淀粉溶液	10	10	10	10
蒸馏水	10	—	—	—
0.9% NaCl 溶液	—	10	—	—
1% $CuSO_4$ 溶液	—	—	10	—
1% Na_2SO_4 溶液	—	—	—	10
稀释唾液	5	5	5	5
将各管混匀，置于37℃水浴箱中保温10分钟后取出				
碘液	1	1	1	1

（二）实验结果及分析

1. pH 对酶促反应速度的影响

	1号管	2号管	3号管
结果			
结果分析			

2. 温度对酶促反应速度的影响

	1号管	2号管	3号管
结果			
结果分析			

3. 激活剂与抑制剂对酶促反应速度的影响

	1号管	2号管	3号管	4号管
结果				
结果分析				

【思考题】
1. 简述温度、pH、激动剂及抑制剂等因素对淀粉酶活性的影响。
2. 简述淀粉酶活性测定的原理及注意事项。

（莫小卫）

实验六　丙二酸对琥珀酸脱氢酶的竞争性抑制作用

【实验目的】
1. 掌握竞争性抑制的概念和特点。
2. 观察丙二酸对琥珀酸脱氢酶的竞争性抑制作用。

【实验原理】
心肌、肝脏和骨骼肌等组织中都含有琥珀酸脱氢酶。此酶催化琥珀酸脱氢生成延胡索酸，脱下的 2H 由辅基 FAD 接受还原生成 $FADH_2$。本实验在无氧条件下用甲烯蓝（蓝色）作为受氢体，甲烯蓝接受 $FADH_2$ 的 2 个 H 后被还原为甲烯白（白色）。丙二酸与琥珀酸结构相似，是琥珀酸脱氢酶的竞争性抑制剂，实验通过观察不同浓度的琥珀酸与丙二酸组成的反应体系中甲烯蓝的褪色程度，从而鉴别丙二酸对琥珀酸脱氢酶的抑制作用。

【实验准备】
1. 试剂
（1）0.2mol/L 琥珀酸钠。

（2）0.02mol/L 琥珀酸钠。

（3）0.2mol/L 丙二酸钠。

（4）0.02mol/L 丙二酸钠。

（5）1/15mol/L pH7.4 磷酸盐缓冲溶液：量取 1/15mol/L Na_2HPO_4 溶液 80.8ml 与 1/15mol/L K_2HPO_4 溶液 19.2ml 混合即成。

（6）0.02% 甲烯蓝。

（7）液状石蜡。

2. 器材　滴管、试管、试管架、试管夹、小烧杯、恒温水浴箱、组织剪、组织粉碎机等。

【操作流程】

（一）实验方法

1. 制备肝匀浆或肌匀浆的制备：取新鲜肝或肌肉组织适量，用组织剪将其剪碎，加入 pH7.4 磷酸缓冲溶液，置入组织粉碎机内进行加工，制备成 20% 匀浆液备用。

2. 取干净试管 6 支，编号，按下表操作。

加入物（滴）	1号管	2号管	3号管	4号管	5号管	6号管
匀浆液	20	20	20	20	20	—
0.2mol/L 琥珀酸钠	10	10	10	—	—	10
0.02mol/L 琥珀酸钠	—	—	—	10	10	—
0.2mol/L 丙二酸钠	—	10	—	10	—	—
0.02mol/L 丙二酸钠	—	—	10	—	10	—
蒸馏水	10	—	—	—	—	40
0.02% 甲烯蓝	4	4	4	4	4	4

将各管混匀，各加少量的液状石蜡覆盖在溶液的液面上，然后将各管放入 37℃ 水浴中保温，在 15～20 分钟观察各管颜色的改变，并记录在下表内。

（二）实验结果及分析

	1号管	2号管	3号管	4号管	5号管	6号管
记录颜色变化						
结果分析						

【注意事项】

观察实验结果时，不要振动试管，以防氧化。

【思考题】

1. 举出一例以竞争性抑制为作用机制的药物，并简述其生化机制。

2. 液状石蜡在实验中起什么作用？

（杨胜萍）

实验七　葡萄糖氧化酶法测定血糖浓度

【实验目的】
1. 了解分光光度计的原理及使用。
2. 熟悉葡萄糖氧化酶法测定血糖浓度的操作方法。
3. 掌握葡萄糖氧化酶法测定血糖浓度的原理及临床意义。

【实验原理】
葡萄糖可由葡萄糖氧化酶氧化生成葡萄糖酸及过氧化氢，后者在过氧化物酶的作用下，能与苯酚及4-氨基安替比林作用生成红色醌化合物（醌亚胺）。醌的生成量与葡萄糖量成正比。

【实验准备】
1. 用物准备
（1）器材：试管、试管架、吸管、洗耳球、恒温水浴箱、离心机、分光光度计、血糖测定试剂盒、移液器、一次性注射器、消毒酒精、碘伏、无菌棉球、止血带。
（2）试剂

1）12 mmol/L 的苯甲酸溶液：溶解苯甲酸 1.4g 于蒸馏水 800ml 中，加温助溶，冷却后加蒸馏定容至 1L。

2）葡萄糖标准贮存液（100mmol/L）：称取无水葡萄糖（预先置80℃烤箱内干燥恒重，移置于干燥器内保存）1.802g，溶于 12mol/L 的苯甲酸溶液约 70ml 中，再以 12mmol/L 的苯甲酸溶液溶至 100ml。放置 2 小时后方可使用。

3）葡萄糖标准应用液（5mmol/L）：吸取葡萄糖标准贮存液 5ml 于 100ml 容量瓶中，用 12mmol/L 苯甲酸溶液稀释至刻度，混匀。

4）0.1mol/L 磷酸盐缓冲液（pH7.0）：溶解无水磷酸氢二钠 8.67g 及无水磷酸二氢钾 5.3g 于 800ml 蒸馏水中，用 1mol/L 氢氧化钠或盐酸调节 pH 至 7.0，然后用蒸馏水稀释至 1L。

5）酶试剂：取葡萄糖氧化酶 1200U、过氧化物酶 1200U、4-氨基安替比林 10mg、叠氮钠 100mg，加上述磷酸盐缓冲液至 80ml 左右，调节 pH 至 7.0，加磷酸盐缓冲液至 100ml，置冰箱保存，至少可稳定 3 个月。

6）酚溶液：重蒸馏酚 100mg 溶于 100ml 蒸馏水中，贮存于棕色瓶中。

7）酶酚混合试剂：酶试剂及酚溶液等量混合，在冰箱内可以存放 1 个月。

2. 操作者准备　穿戴整齐、使用合格的一次性检验用品。
3. 患者准备　从前一日晚餐后至次日清晨做检查时空腹 8～12 小时。

【操作流程】
1. 取 3 支试管，分别编号后按下表加液。

试剂	空白管（O）	标准管（S）	测定管（U）
待测血清	—	—	0.02ml
葡萄糖标准应用液	—	0.02ml	—
蒸馏水	0.02ml	—	—
酶酚混合试剂	3.0ml	3.0ml	3.0ml

2. 将各管混匀，于 37℃水浴保温 15 分钟。
3. 取出各试管，在波长 505nm 处比色，空白管调零，读取标准管和测定管的吸光度。
4. 结果计算。

血清葡萄糖（mmol/L）= $\dfrac{\text{测定管吸光度}}{\text{标准管吸光度}}$ × 葡萄糖标准液浓度

【注意事项】

1. 加样品和试剂时，看准试管标示和用量。
2. 试剂中酶的质量影响测定结果，试剂盒应在冰箱中保存，酶酚试剂最好现配现用。
3. 葡萄糖标准液及血清加液量较少，尽量不要粘在试管壁上，以免影响测定结果。

【思考题】

1. 计算患者的血糖浓度，判断是否在人体血糖浓度的正常范围。
2. 葡萄糖氧化酶法测定血糖浓度的原理及临床意义是什么？

（宋庆凤）

实验八　血清谷丙转氨酶（ALT）活性测定（赖氏法）

【实验目的】

1. 掌握血清谷丙转氨酶活性测定的基本原理及临床意义。
2. 了解血清谷丙转氨酶的测定方法及临床意义。
3. 了解赖氏法测定血清谷丙转氨酶的操作方法。

【实验原理】

谷丙转氨酶（ALT）催化丙氨酸与α-酮戊二酸生成丙酮酸和谷氨酸，丙酮酸生成多少即反应酶活性的大小。丙酮酸可与2,4-二硝基苯肼在酸性溶液中反应形成相应的2,4-二硝基苯腙，呈黄色，后者在碱性条件下呈红棕色。根据颜色的深浅，通过测定其在505nm波长处的光吸收来了解丙酮酸的生成量，求得血清中ALT的活力。

【实验准备】

1. 器材　恒温水浴箱，721、722分光光度计，液体混合器，滴管，试管，吸管等。
2. 试剂

（1）0.1mol/L 磷酸盐缓冲液（pH7.4）：称取无水磷酸二氢钾（KH_2PO_4）2.69g 和磷酸氢二钾 $K_2HPO_4 \cdot 3H_2O$ 13.97g，加蒸馏水溶解后移至1000ml容器瓶中，校正pH至7.4，然后加蒸馏水至刻度。贮存于冰箱中备用。

（2）丙酮酸标准溶液：取分析纯丙酮酸钠22mg 溶解于少量磷酸盐缓冲液（pH7.4）后，转入100ml磷酸缓冲液内，冷藏备用。此试剂需现用现配。

（3）ALT底物液（pH7.4）：取分析纯α-酮戊二酸29.2mg、DL-丙氨酸1.78g 置于小烧杯内，加1mol/L氢氧化钠溶液或1mol/L盐酸调整pH至7.4后，加磷酸缓冲液至100ml。然后加三氯甲烷数滴防腐。此溶液每毫升含α-酮戊二酸2.0μmol，丙氨酸200μmol（在冰箱内可保存1周）。

（4）2,4-二硝基苯肼溶液：在200ml锥形瓶内放入分析纯2,4-硝基苯肼19.8mg，加100ml 1 mol/L 盐酸。把锥形瓶放在暗处并不时摇动，待2,4-二硝基苯肼全部溶解后，滤入棕色玻璃瓶中暗处4℃保存。

（5）0.4mol/L氢氧化钠溶液。

（6）人血清（冰箱内保存）。

【操作流程】

1. 标准曲线的制作　取干燥洁净试管6支试管，分别标上0、1、2、3、4、5六个号。

按下表所列的次序添加各试剂，混匀。

实验表 1　血清 ALT 测定（赖氏法）标准曲线绘制操作步骤

试剂	0	1	2	3	4	5
丙酮酸标准溶液（ml）	0	0.05	0.10	0.15	0.20	0.25
ALT 底物液（ml）	0.50	0.45	0.40	0.35	0.30	0.25
磷酸盐缓冲液（pH7.4）（ml）	0.10	0.10	0.10	0.10	0.10	0.10
混匀，置 37℃水浴，保温 30 分钟						
2,4- 二硝基苯肼溶液（ml）	0.05	0.05	0.05	0.05	0.05	0.05
混匀，置 37℃水浴，保温 20 分钟						
0.4mol/L 氢氧化钠溶液（ml）	5.0	5.0	5.0	5.0	5.0	5.0
相当于 ALT 单位	0	28	57	97	150	200

血清 ALT 测定（赖氏法）标准曲线绘制操作步骤：混匀，静置 10 分钟，用 505nm 波长比色，以蒸馏水调零，读取各管吸光度值，将各管吸光度值减去"0"号管吸光度值，以吸光度值为纵坐标，各管相应的酶活力单位为横坐标，绘制成标准曲线。

2. 血清 ALT 活性的测定　取干燥洁净试管 2 支，标明测定管和对照管，按实验表 2 操作。

实验表 2　血清 ALT 活性测定操作加样表

加入物（ml）	测定管	对照管
血清	0.1	0.1
ALT 底物液	0.5	—
混匀，置 37℃水浴，保温 30 分钟		
2,4- 二硝基苯肼溶液	0.5	0.5
ALT 底物液	—	0.5
混匀，置 37℃水浴，保温 20 分钟		
0.4mol/L 氢氧化钠溶液	5.0	5.0

混匀后静置 10 分钟，用分光光度计，在 505nm 波长，用蒸馏水调节零点，读取测定管和对照管光密度，以测定管光密度值减去对照管光密度值，然后从标准曲线上查出其酶的活力单位。

正常值参考范围：5～25 卡门单位。

【注意事项】

1. 标本应空腹取血，当时即进行测定或将分离的血清贮存于冰箱内。
2. 酶的测定结果与酶作用时间、温度、pH 及试剂加入量等有关，在操作时均应准确掌握，温度要求控制在 37℃±0.5℃。
3. 测定试剂更换时，要重新制作标准曲线。

【思考题】

1. 简述 ALT 测定的原理及实验条件（包括最适温度、最适 pH、酶促反应时间等）。
2. ALT 的正常值是多少？
3. 根据理论，分析 ALT 升高的临床意义。

（卢秀真）

参考文献

陈辉，张雅娟 . 2015 . 生物化学 . 第 2 版 . 北京：高等教育出版社
陈少华 . 2007 . 生物化学 . 南京：江苏科学技术出版社
程伟 . 2007 . 生物化学 . 第 2 版 . 北京：科学出版社
冯明功 . 2008 . 生物化学 . 第 2 版 . 北京：科学出版社
高怀军 . 2016 . 生物化学 . 北京：科学出版社
何旭辉 . 2014 . 生物化学 . 北京：人民卫生出版社
何旭辉 . 2015 . 生物化学 . 北京：人民卫生出版社
黄纯 . 2015 . 生物化学 . 北京：科学出版社
黄纯 . 2016 . 生物化学 . 第 3 版 . 北京：科学出版社
李秀敏，张文利 . 2011 . 生物化学 . 北京：科学出版社
刘新光，罗德生 . 2007 . 生物化学 . 案例版 . 北京：科学出版社
潘文干 . 2009 . 生物化学 . 北京：人民卫生出版社
宋方舟 . 2016 . 生物化学 . 北京：科学出版社
宋庆凤，卢庭婷 . 2016 . 生物化学与分子生物学实验指导 . 天津：天津科学技术出版社
孙树秦 . 2011 . 生物化学 . 北京：人民卫生出版社
田华 . 2015 . 生物化学 . 第 3 版 . 北京：科学出版社
田余祥 . 2013 . 生物化学 . 北京：科学出版社
童红梅，梁金香 . 2016 . 生物化学 . 北京：中国协和医科大学出版社
杨胜萍 . 2015 . 生物化学 . 北京：中央广播电视大学出版社
杨淑兰，张玉环 . 2010 . 生物化学 . 北京：科学出版社
于晓红 . 2012 . 生物化学 . 杭州：浙江大学出版社
于有江 . 2016 . 正常人体功能 . 北京：人民卫生出版社
翟静，吴剑 . 2015 . 生物化学与分子生物学应试向导 . 第 2 版 . 上海：同济大学出版社
查锡良 . 2000 . 生物化学 . 北京：人民卫生出版社
查锡良 . 2011 . 生物化学 . 第 7 版 . 北京：人民卫生出版社
查锡良，药立波 . 2013 . 生物化学 . 第 8 版 . 北京：人民卫生出版社
查锡良，药立波 . 2015 . 生物化学与分子生物学 . 第 8 版 . 北京：人民卫生出版社
赵瑞巧 . 2010 . 生物化学 . 案例版 . 北京：科学出版社
赵瑞巧 . 2014 . 生物化学 . 第 2 版 . 北京：科学出版社
周爱儒 . 2006 . 生物化学 . 第 6 版 . 北京：人民卫生出版社
周剑涛，杨胜萍，谭红军 . 2013 . 生物化学 . 北京：中国协和医科大学出版社
周剑涛，杨胜萍，谭红军 . 2015 . 生物化学 . 北京：教育科学出版社
D. A. 米克勒斯，G. A. 弗里尔，D. A. 克罗蒂 . 2005 . DNA 科学导论 . 陈永青，谢建平，等译 . 北京：科学出版社
Richard A. Harvey，Denise R. Ferrier . 2011 . 图解生物化学 . 林德馨主译 . 北京：科学出版社

生物化学教学基本要求

（54学时）

 课程性质和课程任务

生物化学是研究生物体物质的组成和物质在体内发生的化学变化及其规律的科学，它是从分子水平来探讨生命现象的本质，是临床医学、高职护理专业重要的专业基础课程。通过本课程的学习，使学生系统地获得生物化学的基本理论、基本知识、基本技能，为后续学习相关专业基础课程和专业临床课程奠定坚实的基础，并能灵活运用生化知识解释临床疾病的发病机制和采取相应的防治及护理措施；培养学生科学思维、独立思考、分析问题和解决问题的能力。

 课程教学目标

（一）知识目标

1. 掌握生物化学的基本概念。
2. 掌握人体主要物质的化学组成、理化性质和功能。
3. 掌握人体各物质代谢途径的主要过程、特点及生理意义。
4. 掌握重要器官组织的代谢特点及它们在医学上的意义。
5. 熟悉遗传信息传递的基本过程。
6. 初步掌握分光光度法、电泳等基本的生物化学实验技能，能完成一些简单的生物化学实验。

（二）能力目标

1. 能灵活运用生化基本理论知识从分子水平上探讨疾病病因，阐明疾病发病机制，培养理论联系临床实际、学以致用、分析问题、解决问题的能力。
2. 养成自主学习、勤学善思的学习习惯。通过课内知识的学习和课外知识的拓展，使学生逐步形成良好的学习习惯和学习方法，培养独立获取知识和终身学习的能力。
3. 具有运用比较、分类、归纳、概括等方法对获取信息进行加工的能力。
4. 能正确判断临床常用生化检验项目在临床疾病诊断中的意义。

（三）素养目标

1. 通过学习认识生命现象的本质，树立热爱科学、热爱生命的科学态度。
2. 具有健康的心理、较强的适应能力、较好沟通能力、团队合作能力。

3. 通过学习和实践培养学生善于合作、勤于思考、严谨求实、勇于创新和实践的科学精神和勤奋自学的习惯。

 教学内容和要求

教学内容	教学要求			教学活动参考	教学内容	教学要求			教学活动参考
	了解	熟悉	掌握			了解	熟悉	掌握	
一、绪论					3. 蛋白质的胶体性质			√	
（一）生物化学的定义及研究内容			√	理论讲授多媒体	4. 蛋白质变性			√	理论讲授多媒体教师演示学生观察分组实验记录结果教师总结书写报告
（二）生物化学的发展简史	√				5. 蛋白质沉淀与凝固			√	
（三）生物化学与医学的关系		√			6. 蛋白质显色反应			√	
实验一 生物化学实验基本操作		√		理论讲授多媒体教师演示学生观察学生操作教师总结	实验二 蛋白质沉淀 实验三 醋酸纤维素薄膜电泳分离血清蛋白			√	
二、蛋白质结构与功能					三、核酸结构与功能				
（一）蛋白质的分子组成					（一）核酸的分子组成				
1. 蛋白质的元素组成		√			1. 核酸的元素组成		√		
2. 蛋白质的基本组成单位——氨基酸			√		2. 核酸的基本组成成分		√		
3. 肽与生物活性肽		√			3. 核酸的基本组成单位——核苷酸			√	
（二）蛋白质的分子结构					4. 其他重要的游离核苷酸		√		
1. 蛋白质的基本结构			√	理论讲授多媒体网络教学案例讨论自主学习	（二）核酸的分子结构				理论讲授多媒体自主学习
2. 蛋白质的空间结构		√			1. 核酸的一级结构		√		
3. 蛋白质的分类	√				2. DNA的分子结构与功能			√	
（三）蛋白质结构与功能的关系					3. RNA的分子结构与功能			√	
1. 蛋白质一级结构与功能的关系			√		（三）核酸的理化性质				
2. 蛋白质空间结构与功能的关系		√			1. 核酸的一般性质		√		
3. 蛋白质构象病	√				2. DNA的变性			√	
（四）蛋白质的理化性质					3. DNA的复性与分子杂交			√	
1. 蛋白质的紫外吸收		√			四、维生素				
2. 蛋白质的两性解离与等电点		√			（一）概述				

续表

教学内容	教学要求			教学活动参考	教学内容	教学要求			教学活动参考
	了解	熟悉	掌握			了解	熟悉	掌握	
1. 维生素的命名与分类		√		理论讲授 多媒体 网络教学 案例讨论 自主学习	1. 用于解释疾病的发生			√	理论讲授 多媒体 教师演示 学生观察 分组实验 记录结果 教师总结 书写报告
2. 维生素缺乏原因			√		2. 用于疾病的诊断			√	
（二）脂溶性维生素					3. 用于疾病的治疗	√			
1. 维生素 A			√		实验四　酶的特异性		√		
2. 维生素 D			√		实验五　温度、pH、激活剂与抑制剂对酶促作用的影响		√		
3. 维生素 E			√						
4. 维生素 K			√						
（三）水溶性维生素									
1. 维生素 B_1			√	理论讲授 多媒体 网络教学 案例讨论	六、生物氧化				
2. 维生素 B_2			√		（一）生物氧化的特点		√		
3. 维生素 PP			√		（二）生物氧化过程中 CO_2 和 H_2O 的生成				
4. 维生素 B_6			√						
5. 泛酸		√			1. CO_2 的生成		√		
6. 维生素 B_{12}			√		2. H_2O 的生成			√	
7. 叶酸			√		（三）ATP 的生成与能量的转换及利用				理论讲授 多媒体 网络教学 案例讨论 自主学习
8. 维生素 C			√						
五、酶									
（一）概述					1. 高能键与高能化合物		√		
1. 酶的概念			√		2. ATP 的生成方式			√	
2. 酶促反应的特性			√		3. ATP 与能量的释放、储存和利用			√	
3. 酶的分类与命名	√								
（二）酶的分子组成与分子结构					（四）线粒体外 NADH 的氧化				
1. 酶的分子组成		√			1. α-磷酸甘油穿梭作用		√		
2. 酶的分子结构		√		理论讲授 多媒体 网络教学 案例讨论 自主学习	2. 苹果酸 – 天冬氨酸穿梭作用		√		
3. 酶的特殊存在形式		√			（五）其他重要的氧化体系				
4. 酶的作用机制	√				1. 活性氧族氧化体系		√		
（三）影响酶促反应速度的因素					2. 微粒体氧化体系		√		
1. 酶浓度			√		实验六　丙二酸对琥珀酸脱氢酶的竞争性抑制作用			√	理论讲授 多媒体 教师演示 学生观察 分组实验 记录结果 教师总结 书写报告
2. 底物浓度			√						
3. pH			√						
4. 温度			√						
5. 激活剂			√						
6. 抑制剂			√						
（四）酶在医学上的应用									

续表

教学内容	教学要求			教学活动参考	教学内容	教学要求			教学活动参考
	了解	熟悉	掌握			了解	熟悉	掌握	
七、糖代谢					1. 三酰甘油的分解代谢			√	
（一）概述					2. 三酰甘油的合成代谢		√		
1. 糖的种类与生理功能		√			（三）类脂的代谢				
2. 糖的消化吸收	√				1. 甘油磷脂的代谢	√			
3. 糖代谢概况					2. 鞘磷脂的代谢	√			理论讲授
（二）糖的分解代谢		√			（四）胆固醇代谢				多媒体
1. 糖的无氧氧化			√		1. 胆固醇的合成			√	网络教学
2. 糖的有氧氧化			√		2. 胆固醇的酯化	√			案例讨论
3. 磷酸戊糖途径			√		3. 胆固醇的转化与排泄		√		自主学习
（三）糖原合成与分解				理论讲授	（五）血脂及血浆脂蛋白				
1. 糖原合成		√		多媒体	1. 血脂		√		
2. 糖原分解		√		网络教学	2. 血浆脂蛋白		√		
3. 糖原合成与分解的生理意义				案例讨论 自主学习	九、氨基酸代谢				
（四）糖异生					（一）概述				
1. 概念			√		1. 蛋白质的生理功能	√	√		
2. 糖异生途径		√			2. 蛋白质的消化与吸收	√			
3. 糖异生生理意义		√			3. 氮平衡		√		
（五）血糖					4. 蛋白质的营养互补作用		√		理论讲授
1. 血糖的来源和去路		√			5. 蛋白质代谢概况		√		多媒体
2. 血糖的调节		√			（二）氨基酸的一般代谢				网络教学
3. 糖代谢异常	√								案例讨论 自主学习
实验七 葡萄糖氧化酶法测定血糖浓度				理论讲授 多媒体 教师演示 学生观察 分组实验 记录结果 教师总结 书写报告	1. 氨基酸脱氨基作用		√		
					2. α-酮酸的代谢		√		
					3. 氨的代谢		√		
					（三）个别氨基酸的代谢				
八、脂类代谢					1. 氨基酸脱羧基作用		√		
（一）概述				理论讲授 多媒体 网络教学 案例讨论 自主学习	2. 一碳单位的代谢		√		
1. 脂类的分布和功能		√			3. 含硫氨基酸的代谢	√			
2. 脂类的消化与吸收	√				4. 芳香族氨基酸的代谢	√			
（二）三酰甘油的代谢					5. 支链氨基酸的代谢	√			

续表

教学内容	教学要求			教学活动参考	教学内容	教学要求			教学活动参考
	了解	熟悉	掌握			了解	熟悉	掌握	
实验八 血清谷丙转氨酶（ALT）活性测定（赖氏法）			√	理论讲授 多媒体 教师演示 学生观察 分组实验 记录结果 分析结果 书写报告	1. 成熟红细胞的代谢特点			√	理论讲授 网络教学 多媒体
					2. 血红蛋白的合成		√		
					十二、肝的生物化学				
					（一）肝脏在物质代谢中的作用				
十、核苷酸代谢					1. 肝在糖代谢中的作用		√		
（一）核酸的消化与吸收	√				2. 肝在脂代谢中的作用		√		
（二）核苷酸的合成代谢					3. 肝在蛋白质代谢中的作用		√		
1. 嘌呤核苷酸的合成		√			4. 肝在维生素代谢中的作用		√		
2. 嘧啶核苷酸的合成		√							
3. 脱氧核糖核苷酸的合成		√		理论讲授 多媒体 网络教学 案例法 自主学习	5. 肝在激素代谢中的作用		√		
4. 多磷酸核苷的合成		√			（二）肝脏的生物转化作用				理论讲授 多媒体 网络教学 案例分析 自主学习
（三）核苷酸的分解代谢					1. 生物转化的概念及特点		√		
1. 嘌呤核苷酸的分解			√		2. 生物转化的反应类型		√		
2. 嘧啶核苷酸的分解			√		3. 影响生物转化作用的因素	√			
（四）核苷酸抗代谢物					（三）胆汁酸代谢				
1. 嘌呤核苷酸的抗代谢物			√		1. 胆汁	√			
2. 嘧啶核苷酸的抗代谢物			√		2. 胆汁酸的种类		√		
十一、血液的生物化学					3. 胆汁酸的代谢与功能		√		
（一）血液的组成及其化学成分					（四）胆色素代谢				
1. 血液的组成		√		理论讲授 多媒体 网络教学 案例法 自主学习	1. 胆红素的来源与生成		√		
2. 血液的化学成分		√			2. 胆红素在血液中的转运		√		
（二）血浆蛋白质									
1. 血浆蛋白质分类		√			3. 胆红素的转化与排泄		√		
2. 血浆蛋白质功能		√			4. 血清胆红素及胆红素代谢异常		√		
（三）红细胞代谢									

续表

教学内容	了解	熟悉	掌握	教学活动参考	教学内容	了解	熟悉	掌握	教学活动参考
十三、水和无机盐代谢					2.肺对酸碱平衡的调节作用			√	理论讲授 多媒体 网络教学 案例分析
（一）体液					3.肾对酸碱平衡的调节作用			√	
1.体液的分布与组成		√			（三）体内酸碱平衡失调				
2.体液的交换	√				1.酸碱平衡失调的基本类型	√			
（二）水代谢					2.酸碱失衡的主要生化诊断指标		√		
1.水的生理功能		√			十五、遗传信息传递与表达				理论讲授 多媒体 网络教学 案例讨论 自主学习
2.水的摄入和排出		√			（一）DNA的生物合成（复制）				
（三）无机盐代谢					1.DNA的复制			√	
1.无机盐的生理功能		√			2.逆转录		√		
2.钠和氯的代谢		√			（二）RNA的生物合成（转录）				
3.钾的代谢		√			1.转录的概念			√	
（四）水和无机盐平衡的调节				理论讲授 多媒体 网络教学 案例分析 自主学习	2.RNA生物合成体系		√		
1.神经系统的调节	√				3.转录过程		√		
2.抗利尿激素的调节		√			4.转录后的修饰	√			
3.醛固酮的调节		√			（三）蛋白质的生物合成（翻译）				
（五）钙磷代谢					1.翻译的概念			√	
1.钙和磷的含量与分布			√		2.蛋白质生物合成体系		√		
2.钙和磷的生理功能			√		3.蛋白质生物合成的过程		√		
3.钙和磷的吸收与排泄		√			4.蛋白质合成后的修饰	√			
4.血钙和血磷		√			（四）蛋白质生物合成与医学的关系				
5.钙、磷代谢的调节			√		1.分子病		√		
（六）微量元素代谢					2.干扰素		√		
1.铁		√			3.抗生素对蛋白质合成的影响		√		
2.锌		√			（五）基因工程与分子生物学常用技术				
3.铜		√			1.基因工程	√			
4.硒		√			2.分子生物学常用技术	√			
5.碘		√							
十四、酸碱平衡				理论讲授 多媒体 网络教学 案例分析					
（一）体内酸碱物质的来源									
1.酸性物质的来源		√							
2.碱性物质的来源		√							
（二）体内酸碱平衡的调节									
1.血液的缓冲作用			√						

四 学时分配建议（54学时）

教学内容	学时数		
	理论	实践	小计
一、绪论	1		1
二、蛋白质结构与功能	3	2	5
三、核酸结构与功能	2		2
四、维生素	2		2
五、酶	4	2	6
六、生物氧化	2	2	4
七、糖代谢	5	2	7
八、脂类代谢	5		5
九、氨基酸代谢	4	2	6
十、核苷酸代谢	2		2
十一、血液的生物化学	2		2
十二、肝的生物化学	4		4
十三、水和无机盐代谢	2		2
十四、酸碱平衡	2		2
十五、遗传信息传递与表达	4		4
合计	44	10	54

五 教学基本要求说明

1. 适用专业　本大纲适用于高职高专护理、临床医学、助产及医学类相关专业使用。

2. 学时分配及内容安排　本课程共计54学时，教学中各学校可根据各自的情况自行调整。

3. 教学方法　本课程教学中根据教材本身的特色和各章节内容特点进行教学设计，可运用启发式讲授、多媒体、网络、小组学习、案例讨论、作业、阶段测试、自主学习等多种手段开展教学。通过多形式的教学，激发学生的学习兴趣，启发学生积极思维，充分调动学生学习的主动性，以理解和掌握生物化学基本理论、基础知识，提高学习效率。通过学习，不仅让学生获得必备的知识，更注重学生能力的培养。

4. 考核方法　注重知识和能力的考核。采用形成性评价与终结性评价综合评定。

自测题选择题参考答案

第 2 章 蛋白质结构与功能

单项选择题：1. C　　2. B　　3. A　　4. A　　5. C
多项选择题：6. ABCDE　　7. BCDE　　8. ACE　　9. ABC　　10. ABCD

第 3 章 核酸结构与功能

单项选择题：1. E　　2. A　　3. A　　4. C　　5. B　　6. B　　7. A
多项选择题：8. BC　　9. BCDE

第 4 章 维 生 素

单项选择题：1. B　　2. A　　3. E　　4. A　　5. C　　6. C　　7. A　　8. C　　9. A
10. A
多项选择题：11. ADE　　12. ABCDE　　13. ABD

第 5 章 酶

单项选择题：1. A　　2. C　　3. B　　4. A　　5. B　　6. E　　7. A　　8. A　　9. C
10. A
多项选择题：11. ACDE　　12. BCD　　13. ABCDE

第 6 章 生 物 氧 化

单项选择题：1. B　　2. C　　3. B　　4. A　　5. B　　6. A　　7. B　　8. E　　9. D
10. B
多项选择题：11. BCDE　　12. BC　　13. BCDE

第7章 糖代谢

单项选择题: 1. D 2. B 3. D 4. C 5. A 6. C 7. A 8. B 9. A
10. E 11. D 12. C 13. D 14. E

多项选择题: 15. ABCDE 16. BD 17. CDE 18. AB 19. BCDE

第8章 脂类代谢

单项选择题: 1. C 2. E 3. C 4. C 5. D 6. A 7. C 8. B 9. B
10. A 11. A 12. C

多项选择题: 13. ABC 14. AD 15. ABCE

第9章 氨基酸代谢

单项选择题: 1. E 2. A 3. A 4. B 5. A 6. A 7. A 8. D 9. C
10. D 11. C 12. A 13. C 14. B 15. A

多项选择题: 16. ABCDE 17. ABC 18. BCDE

第10章 核苷酸代谢

单项选择题: 1. C 2. B 3. E 4. D 5. A 6. C 7. B 8. C 9. D
10. C

多项选择题: 11. ABCD 12. ABDE 13. AD

第11章 血液的生物化学

单项选择题: 1. C 2. C 3. A 4. B 5. A 6. B 7. B 8. E 9. D
10. B

多项选择题: 11. DE 12. ABCE

第12章 肝的生物化学

单项选择题: 1. B 2. B 3. C 4. C 5. C 6. B 7. A 8. C 9. E
10. B

多项选择题: 11. ACDE 12. BE 13. ABC

第13章 水和无机盐代谢

单项选择题: 1. A 2. D 3. B 4. B 5. C 6. E 7. E 8. B 9. B
10. E

多项选择题: 11. CD 12. ABE 13. ABC 14. AB

第 14 章 酸 碱 平 衡

单项选择题：1. D　　2. C　　3. C　　4. A　　5. B　　6. C
多项选择题：7. ABC　　8. BC　　9. ACDE　　10. ABCD

第 15 章 遗传信息传递与表达

单项选择题：1. D　　2. A　　3. B　　4. D　　5. B　　6. C　　7. C　　8. C　　9. C
10. E
多项选择题：11. ABDE　　12. ABDE　　13. ABE　　14. ABCDE　　15. ABCDE